COFFEE LIFE IN JAPAN

从咖啡到珈琲

日 本 咖 啡 文 化 史

[美] 梅里·艾萨克斯·怀特 / 著　　陈　静 / 译

上海社会科学院出版社
SHANGHAI ACADEMY OF SOCIAL SCIENCES PRESS

丛书弁言

　　人生在世,饮食为大,一日三餐,朝夕是此。

　　《论语·乡党》篇里,孔子告诫门徒"食不语"。此处"食"作状语,框定礼仪规范。不过,假若"望文生义",视"食不语"的"食"为名词,倏然间一条哲学设问横空出世:饮食可以言说吗,或曰食物会否讲述故事?

　　毋庸置疑,"食可语"。

　　是饮食引导我们读懂世界进步:厨房里主妇活动的变迁摹画着全新政治经济系统;是饮食教育我们平视"他者":国家发展固有差异,但全球地域化饮食的开放与坚守充分证明文明无尊卑;也是饮食鼓舞我们朝着美好社会前行:食品安全运动让"人"再次发明,可持续食物关怀催生着绿色明天。

　　一箪一瓢一世界!

　　万余年间,饮食跨越山海、联通南北,全人类因此"口口相连,胃胃和鸣"。是饮食缔造并将持续缔造陪伴我们最多、稳定性最强、内涵最丰富的一种人类命运共同体。对今日充满危险孤立因子的世界而言,"人类饮食共同体"绝非"大而空"的理想,它是无处不在、勤勤恳恳的国际互知、互信播种者——北美街角中餐馆,上海巷口星巴克,莫不如此。

　　饮食文化作者是尤为"耳聪"的人类,他们敏锐捕捉到食物执拗的低音，将之扩放并转译成普通人理解的纸面话语。可惜"巴别塔"未竟而殊方异言，饮食文化作者仅能完成转译却无力"传译"——饮食的文明谈说，尚需翻译"再译"才能吸纳更多对话。只有翻译，"他者"饮食故事方可得到相对"他者"的聆听。唯其如此，语言隔阂造成的文明钝感能被拂去，人与人之间亦会心心相印——饮食文化翻译是文本到文本的"传阅"，更是文明到文明的"传信"。从翻译出发我们览观世间百味，身体力行"人类饮食共同体"。

职是之故，我们开辟了"食可语"丛书。本丛书将翻译些许饮食文化作者"代笔"的饮食述说，让汉语母语读者更多听闻"不一样的饮食"与那个"一样的世界"。"食可语"丛书选书不论话题巨细，力求在哲思与轻快间寻找话语平衡，希望呈现"小故事"、演绎"大世界"。愿本丛书得读者欣赏，愿读者能因本丛书更懂饮食，更爱世界。

编　者
2021 年 3 月

中文版序言

　　1980年,我第一次到访中国,参访了广州、北京、上海和杭州。那时候街上还看不到任何咖啡馆。虽然基于我的家乡美国波士顿的中美贸易已经持续了数百年,波士顿一直积极活跃地进口中国茶叶,但我仍然在这次旅行中发现了许多我以前从未见过的新奇茶品。那时,中国正处在"文化大革命"结束以后的恢复时期,最有趣的茶品都是在那个时期发现的,有些甚至超越了我后来最钟爱的茶叶——"正山小种红茶"。所以,那时候我早上的第一杯饮品自然是茶,而不是咖啡(当时的中国还是以速溶咖啡为主)。光顾喝茶的空间也让我十分享受。比如,我随便走进广州的一家传统茶馆,会看到一些老大爷们把装着自己心爱宠物鸟的鸟笼也带过去,聚在一起,一边喝茶一边聊着鸟儿的话题(有些鸟儿甚至也会说话)。有些茶馆还供应配茶的点心,我必须承认,大多数时候我都是冲着食物去的!

　　然而,当我2002年再一次到访时,我发现一切都变了。大街小巷到处都能发现咖啡的踪迹,不光有速溶咖啡,还有各种以意式浓缩咖啡为基底的咖啡饮品,星巴克也来到了中国,另外还出现了不少跟它类似的本土咖啡馆品牌。那时候,我的研究方向已经从食品人类学转向了饮品及其消费空间的社会历史。我已经迷上了各式各样的日本咖啡馆，无论是传统的"喫茶店"*还是更时髦、能欣赏到咖啡师精湛技艺的"精品"咖啡馆（虽然咖啡师还是以男性为主，但已经能看到一些女性在这个专业领域崛起的信号）。

咖啡馆于 19 世纪晚期开始在日本出现。正如我在本书中提到的，日本历史上有记载的第一家真正意义上的咖啡馆是东京上野广小路地区的可否茶馆。它的创立者出生在长崎，父母是中国人。这个叫郑永庆（在日语中的发音为"Tei Ei-Kei"）的男人，他的故事值得我们在这里反复回忆。郑的父亲时任日本外务省翻译，所以他从小就显现出了极高的语言天赋，这对于生活在那个追求国际化的明治时代（1868—1912）的人来说，是十分宝贵的个人品性。父亲祈盼将他培养成具有国际视野的人才，将他送至位于美国康涅狄格州纽黑文市的知名学府耶鲁大学学习，希望他不但能取得一张含金量极高的证书，还能收获良好的世界大同主义思想。然而，郑虽然在语言方面算个好学生，但他消耗了太多的时间到隔壁纽约市，在各种俱乐部咖啡馆流连忘返，无心上课和学习。结果可想而知，他并没能顺利完成学业，父亲不得不命令他找到一项有用的技能，回日本开创自己的事业。

在回家的旅途中，郑永庆非常享受伦敦奢华咖啡馆的舒适感，并决定将对这个社交和私人空间的热情持续下去。回国以后，他寻找资金，决定在东京如法炮制一个这样的空间。他为自己的咖啡馆配置了厚重的真皮软包扶手椅、报纸架、巨大的光滑原木吧台和其他许多便利的设施，包括写字台、文具，甚至供客人小睡的地方。只要客人花钱买上一杯咖啡，就可以免费享用所有

---

* "喫"是"吃"的异体字。"喫茶"即"吃茶"。但"喫茶店"特指日本大正和昭和时期的咖啡馆，是日本咖啡文化发展史中独有的现象，故本书中保留"喫茶店"的用法。——编者注

这些设施，而那时候一杯咖啡的价格才仅仅 1 钱（"钱"是比 1 日元还要小的货币单位）。

大量的咖啡需求和维持这种舒适环境所需要的资金，单靠卖咖啡的收益是无法维持的，可否茶馆（见第一章介绍）最终倒闭。后来，又经历了一系列的人生变故，郑永庆曾一度倍感绝望而企图自我了断，被朋友救下后改了日本名字"西村"，使他有机会在美国西海岸的华盛顿西雅图开始新的人生。他在美国开始经商，好像也做过咖啡豆生意，但可惜在 39 岁的年纪就早早离开了人世。他在西雅图的墓地，时常有日本和其他地方前来吊唁的咖啡专业人士，纪念他在日本咖啡馆历史上的重要地位。他经商的失败早已被他的身后名掩盖。

那些模仿他的早期咖啡馆的风格被称为"深棕调"（是摄影领域常用的一种古老怀旧的色调，有时也称作"棕色"咖啡馆风格）——舒适、随和、放松，对老板的咖啡手艺绝对信任，相信他肯定每次都能制作出你记忆中那一杯好咖啡，或许也是你记忆中母亲或祖母制作的咖啡味道。同时，它还有强烈的男性风格——就跟早年的美国和伦敦一样，19 世纪末至 20 世纪初，日本咖啡馆那些古老的棕色皮沙发上坐的基本都是男性顾客。这些空间带有浓重的上流社会男性俱乐部氛围，男性们（独自或结伴）出现在那里，邂逅趣味相投的人，多数是与并不认识的陌生人相遇。在当时，与陌生人共享一个公共空间并不是那么司空见惯的体验，能激发出许多不同的交谈和辩论——一种观念上的"民主"交流——这在其他的社交场合中并不那么典型。

咖啡馆提供的这种交谈和人际接触非常重要，不仅拓宽了人们的视野，还将人们从报纸等出版物上获得的现代知识进行了延伸——报纸与咖啡的普遍结合就是典型的象征。咖啡馆还提供了重要的城市和现代"第三空间"：这里是一个与生活中其他两个占支配地位的场合完全不同的地方。它既不是家庭，也不是职场（或学校），且可以给人们提供一些从那些场合的责任和要求中暂时得以喘息休憩的机会。人们可能在那里发现自己身上某些不同以往的身份特性，当然也可以完全不带任何身份，彻底从自己的日常主要身份所肩负的重担中解脱出来。

日本的茶屋（chaya）可以从某种程度上满足这些功能——人们到访这里，并不需要担负任何主要的社会责任。但茶屋也有它自己的社交使命。在那里，你并不完全是个陌生人，而是这个空间中的"流动性社区"的一员，你担当的角色则取决于你在这个（由一家茶馆的常客们组成的）组织中的认知地位。通常，社会需求是十分迫切的，它并不会留意到特定的等级制度和成规礼节会损害一个人在团体中的名誉和声望。这里并不是一个可供"隐姓埋名"的场所。

因此，光顾咖啡馆具有完全不同的作用（当然如果那里有人认识你，它也可以是一个具有社交功能的场所），咖啡馆并不会取代茶屋的角色或社会意义。

日本的咖啡馆持续变化，一方面反映了世界和日本的不断变迁，同时也反映了人们在各自社会中自我处境的变化。长期以来，女性在她们所处的社会环境中处处受限，而随着她们更多地进入到公共领域，咖啡馆为女性的社交活动提供了空间，同时也为女权主义者们的政治活动提供了场所。咖啡和喝咖啡的场所都具有很强的包容性：与茶屋相比，咖啡馆的社会约束性更小，也没有"成员身份"带来的那种对言行举止和身份地位的预设认知——至少在理论上，咖啡馆是面向所有人开放的，无关社会阶层与地位声望，只要付得起一杯咖啡的钱，人人都能光顾。

起先，中国的咖啡馆似乎与日本早期的咖啡馆相似，渗透着浓厚的 20 世纪 20 年代欧洲风格的情怀和手工制品。例如，店内采用一系列的巴黎风家具、灯光和装饰。实际上，这样的店铺也的确是在城市中受外国影响最明显的区域迅速扩散。在上海的外国租界和汉口日本租界曾有不少日式风格的咖啡馆。事实上，它们当中有不少至今仍然存在，这既是一种对颓废衰落旧时代的记忆，也是一种对诸如查理·卓别林电影这样的西方娱乐文化的回忆。然而，咖啡与酒精不同，并不总是与颓废堕落为伍；它也有利于智力活动、改革，甚至革命政治活动的展开。正如早前它在欧洲发挥的功效一样，咖啡还伴随着不少具有煽动性的活动，所以在 20 世纪 20 年代至 30 年代的许多时期，一些咖啡馆都长期处于警察的监控之下。

2000 年，我最后一次到访中国，去了北京故宫。我在那里看到了一番十分离奇的景象：里面有一家设计风格十分浮夸的星巴克咖啡馆，明明是典型的美国品牌，却为了唤起"传统中国风"，店铺外部被涂上了明亮的"东方"色彩，这一切，尤其是在那样的环境中，显得非常格格不入。当然，这样的设计也许只是为了吸引游客光临，但看上去着实有点惊人。这家店最终在 2007 年关门歇业了。虽然，中国有不少星巴克的模仿者，但咖啡确实已经逐渐融入了城市人的生活，就像咖啡在日本很快完成了归化*一样，它在中国也迅速"中国化"，预料之中地成为许多人熟悉的日常消费对象。

---

* 归化：该中文词汇本意是指某个人在出生国以外自愿、主动取得其他国家国籍的行为，一般是指居住在国外的人，依据所居住国的法律规定取得新国籍。译者在本书的翻译中使用该词汇，特指事物传入日本以后受到日本文化、环境、人文等因素影响，逐渐带上浓厚日本色彩的现象。如无特殊说明，本书中的"归化"均以此含义使用。——译者注

对于年轻人和那些可自由支配收入能负担得起高价咖啡的人来说，光顾一家美式连锁咖啡馆是一种带有"附加值"的体验。事实上，人气很高的星巴克还营造了一个创造和满足幻想的空间——2017年，上海星巴克高端烘焙工坊开业。2000年，星巴克初入中国时，还是一个更专注于咖啡的品牌，并没有任何将要占据市场绝对优势的迹象。但17年后，当烘焙工坊开业，则又是完全另外一回事了。星巴克烘焙工坊位于上海的时尚街区，它更像是一个咖啡主题公园，与那些优雅温和、氛围轻松的咖啡馆相比，它可能略显张扬。这个宽敞、光线明亮又充满交互体验的空间，其主要受众是年轻人——并且它其实并不只是与咖啡有关。在阿里巴巴集团和其他参与企业的帮助下，星巴克烘焙工坊可以提供"增强现实技术"体验，即类似于《精灵宝可梦》游戏一般，在这里体验平行宇宙中的生活。比起专业的咖啡鉴赏人士，这一切主要是为追逐潮流的科技发烧友们准备的。人们在这个空间中穿行，人手一部手机，在其指引下寻求虚拟现实体验。当然，这里也有咖啡——烘焙好的咖啡豆装在巨大的铜柱子里冷却，然后像在游乐场里坐过山车一样在管子里流动。这里也能品尝咖啡，选项也很丰富，但要求你至少能正确读出"埃塞俄比亚耶加雪菲"这样的词汇，以及具备从那些看上去像实验室设备一样纷繁复杂的咖啡萃取方式中做出选择的能力。这里是一个极富参与性的剧场，充满挑战性与娱乐性。

中国的咖啡馆并没有被传统文化定型，可以呈现许多不同的形态。确实，中国的咖啡馆拥有许多持续变化的形态和功能。有些店铺十分适合午后的约会，一些则为早起的上班族在通勤途中提供咖啡服务，除此之外，还有许多专门为摄影、音乐或其他艺术类别的爱好者设计的咖啡馆。事实上，还有不少店铺融合了酒吧的功能，白天售卖咖啡，到了晚上就变身为提供酒精饮品和现场音乐演出的场所。比起咖啡的口味，娱乐性在这里更占主导。与美国的情况不同，学生族们大多不会"驻扎"在这样的地方工作或学习。一方面，是因为这样的场所消费水平偏高，并不是人人负担得起——在美国随处可见的那种氛围简单、咖啡价格便宜、普通美国人和学生族都能随便享受到的舒适平价场所，在中国的一些城市中其实很难找到。独立咖啡馆也开始在中国崛起，有的以艺术和音乐为特色，有的带有小花园、玻璃暖房或屋顶座位，还有一些则以书籍为主题。我期盼未来能光顾这些独特的空间。有些店铺带有浓厚的社交色彩，店里有可供四人或以上聚会的大桌子，沙发座位上可能会有年轻的情侣坐在一起用笔记本电脑看电影，当然也有店铺会为喜欢独处的客人提供舒适自在的角落。

星巴克和其他咖啡连锁店已经熏陶出了一种似乎很矛盾的模式：这些场所提供一种标准化的"高雅"——店里配置了沙发、软包扶手椅、阅读灯和小桌子，似乎很欢迎客人们长时间停留，但绝大部分的客人都选择端着装在纸杯里的咖啡匆匆离开店铺。正如一个朋友所说，你都能想象一些客人会这样对自己说："在这里坐坐、写写诗应该非常不错，可惜我没有那个时间"。于是，这里变成了某种"梦寐以求"的空间——它给人一种浪漫的知性主义、富有创造性的休闲活动的印象，而事实上只有极少的客人能真的实现或获得。

如今，美式连锁店那种"拿了就走"的咖啡模式也在中国渐渐有了市场。"第三空间"模式向"Kiosk"*车站便利店模式的转变

---

* Kiosk：该词源于土耳其语，原意为路边无人看管的书报摊。"Kiosk"是日本知名连锁便利小店品牌，多开在车站内。早年的日本电车行业有许多危险的工种，一部分工作人员在施工过程中致残或因公殉职。电车公司为了给这些施工人员的家属提供一条谋生的出路，开设了"Kiosk"便利小店，为妻子们提供工作的机会，确保她们在丈夫丧失劳动能力后也能维持家庭开支。——译者注

虽然还没有完全取代传统的咖啡馆体验，但它为中国的咖啡市场开拓了一片全新的领域。它是一种以平价、快速、科技驱动的新型咖啡服务。人们通过手机 App 点单，然后马上就可以到街边随处可见的咖啡站点取货，这样的体验在中国几乎无处不在，甚至已经作为一种全新的潮流出口到了世界其他地区。这家成立于 2017 年，并迅速崛起的平价咖啡连锁品牌开创了这种独特的"瑞幸模式"。

现在，一家新的连锁品牌班迪特（Bandit）在美国复制了这种模式。班迪特成立于 2019 年，采用与瑞幸类似的小型门店模式，如今已经有近 4 500 家分店。班迪特借用了表示改变和新颖性的潮流术语"颠覆性"一词来进行市场推广，意图至少在外卖咖啡市场占据主导地位。它创造了仅需四小时就可以组装并投入使用的模块化咖啡吧，且只通过"无接触"的移动支付方式销售咖啡。这样的方式十分快捷，所以它可以宣传强调"无需排队"。然而，一些市场营销专家则认为，班迪特（甚至引申到瑞幸）将发生在它（极简且十分有限的）空间内的咖啡消费活动完全变成了一种截然不同的模式，这与咖啡在过去所创造的那种社交性的空间模式完全相反。以往传统的咖啡空间鼓励人们透过咖啡来找到彼此，或塑造一个与职场、学校或家庭等责任空间中完全不同的自我。如果，公共环境中的咖啡完全局限到大街小巷中握在繁忙都市人手中、印有品牌标识的一次性纸杯中，实际上很多东西都已经改变。无论是咖啡馆空间的舒适性和社交性，还是咖啡的高品质，都不会出现在这杯便携的棕色饮品的购买和消费过程中。

然而，越来越多的中国和日本年轻人将咖啡本身视为他们光顾咖啡馆的重要原因。一家咖啡馆和它的咖啡都是由那个站在吧台后面的咖啡师老板定义的。他可以让一家店铺拥有自己独特的个性色彩和令人向往的氛围：你希望可以光顾一家具有场所感的空间，进入一个私人领域，成为那个人创造的环境中的一部分。你期望融入某个团体，成为被大家所熟识的一员或仅仅是感受一下团体中的氛围。但你光顾那里最重要的原因，还是因为你了解并完全确信你将能在那里喝到好咖啡。这所有的一切都包含在咖啡馆体验之中。

无论是在日本还是中国，当今的咖啡体验中还包含另外一个重要的层面，那就是咖啡师的精湛技艺——那一杯你信任的咖啡中所包含的咖啡师的技巧和天赋。世界咖啡师大赛（World Barista Competition）已经吸引了一大批新的受众——就像其他运动赛事一样，不仅咖啡师个人有他们自己的粉丝，大赛本身也有不少的粉丝。这个比赛产生过不少来自东亚地区的冠军。来自中国的咖啡师张寅喆（Jeremy Zhang）曾在 2014 年和 2016 年两次夺得冠军。井崎英典（Hidenori Izaki）曾获得日本冠军，而韩国咖啡师全周妍（Jooyeon Jeon）则在 2019 年的比赛中摘得桂冠。受新冠疫情的影响，2020 年和 2021 年的比赛都未能如期举行。

韩国进入咖啡世界的方式非常杰出又与众不同。韩国平均人口中，"Q 级"咖啡师（在咖啡制作技艺方面经受过专业的训练并得到专业认证）的占比领先于所有其他的国家。这些咖啡师们勤奋努力，学习内容涉及咖啡世界的方方面面，并通过了全球广泛传播、得到公认的咖啡和咖啡豆品鉴测试，且具备专业级别的咖啡制作技术。

与韩国一样，精品咖啡协会（Specialty Coffee Association）在中国的活动也十分活跃。协会有着很高的行业标准，涵盖了对中国各类咖啡从业者的培训，从生豆买手（前往咖啡豆的原产地，直接从种植者手中采购咖啡豆）、加工者到独立咖啡馆老板。在中国各地，常年都有协会赞助的各类培训课程展开。完成了这些培训课程的学员们再接着培训他人：咖啡领域就是有这样极强的链式传播效应。

特别为这些专业人士创造的新技术产品促进了咖啡在全世界范围内的传播，而事实上，有了这些精品咖啡豆，即便是在家中也有可能制作出最好的咖啡。像日本优秀咖啡器具制造商好璃奥（Hario）和卡丽塔（Kalita）的产品已经畅销全世界。伴随着这些高品质的产品，如手冲壶、滤网底座、电子秤和虹吸咖啡设备等，"日式"风格的咖啡已经漂洋过海，声名远播。虽然严格的日本咖啡发烧友们通常更青睐"手工冲煮"的滤纸咖啡，但像拉玛瑞科（La Marzocco）等品牌的意式咖啡机也远销海外，并可通过手动调节来制作出符合日本标准的意式浓缩咖啡。

有一个十分有趣的现象，虽然咖啡只有在非常特殊的环境下才能成功种植生长，但它却带有全球属性。最理想的咖啡种植环境只存在于南北纬20度之间的狭小区域内，对降雨量和海拔高度都有严格的要求。所以，种植出的咖啡豆都需要经过国际统一认定的质量标准检测——检测通常在日本进行，因为日本对咖啡豆的尺寸、颜色和密度方面的标准都非常高。然而，即便是国际标准，也存在着地域性的差异。比如，美国和欧洲的口味偏爱阿拉比卡（Arabica）品种，而东南亚和一些喜欢意式浓缩咖啡的国家则更看中罗布斯塔（Robusta）咖啡豆。罗布斯塔咖啡豆受到重视的另外一个原因是其植株的强韧性——在海拔更低、自然条件更恶劣的地方也可以种植，且抵御病虫害的能力也比大多数的阿拉比卡咖啡豆更强。大部分人也认为，罗布斯塔咖啡豆更适合用来制作冰咖啡和意式浓缩咖啡。在浓咖啡中添加甜味炼乳制作而成的越南咖啡，如果使用罗布斯塔咖啡豆来制作，则风味更佳。所以，相比阿拉比卡咖啡豆，罗布斯塔在越南的种植范围更广。

在中国，几乎所有国内种植的咖啡豆都来自云南省普洱地区和该省范围内的其他地区。19世纪晚期，一名法国传教士将咖啡豆带到云南，完成了咖啡在中国历史上的第一次"着陆"。大范围的咖啡种植则到20世纪80年代末才正式开始。有趣的是，普洱地区不仅出产全中国最多的咖啡，也是中国最著名的茶叶品种之一——普洱茶的产地。这里种植的都是阿拉比卡咖啡豆，多用于出口，而罗布斯塔咖啡豆则在福建省和海南省等地种植。

如今，咖啡产品的潮流趋势不仅受到本地口味的影响，还受到了全世界消费者的影响。因为不种植咖啡的国家对咖啡的消费量高于咖啡原产地国家，所以实际上已经对咖啡原产地国家产生了很强的冲击力，从某种程度上已经形成了一种口味依赖关系。例如，中美洲的咖啡种植者们得向美国和日本的专家们讨教，以便按照这些国家买手们的喜好来调整种植方案，而这通常与他们本地的咖啡口味截然不同。意式浓缩咖啡也许并不是当地人喜欢的咖啡制作方式，但他们却必须要生产出符合咖啡采购国浓缩咖啡文化的咖啡。

日本的咖啡文化已经对全世界产生了巨大影响。这种影响不仅体现在咖啡豆的品质和进口的标准方面，还体现在特定的咖啡制作模式上。首先，对咖啡豆进行手工挑选，凭肉眼来判断，将每350克咖啡豆中的坏豆率控制在相当低的水平。据一位咖啡行业的专家介绍，日本的标准是不超过8粒瑕疵豆。烘焙符合日本口味的咖啡豆也是个非常精细的技术活儿，它包含了对时间的精准把控。烘焙好的咖啡豆如果超过十天或两周仍然未被使用，则会被认为已经不新鲜了。(未经过烘焙的)生豆可以(在适宜的湿度、温度和包装条件下)保存相当长的时间，但一旦它们经过了烘焙，就是咖啡豆劣化的开始。因此，种植者们如果想要将咖啡豆销往日本，则必须确保在各个环节都维持高水平的品质把控。日本的咖啡馆也有很高的行业标准。因为研磨后的咖啡会迅速损失一部分香气和风味，所以要制作符合日本标准的咖啡意味着要等到制作咖啡的前一分钟才开始研磨咖啡豆。水温也必须处于正确的温度。日本的咖啡制作方式多种多样，但最受青睐的方式还是手冲、滴滤或其他"手工"的制作方式。长期以来，用意式浓缩咖啡机来制作咖啡都被认为是一种过于"机械化"、太"自动化"的方式。在东京，有一位咖啡师虽然使用机器制作意式浓缩咖啡，但他会持续不断地动手对机器进行微调，一会儿打开、一会儿合上，正如他自己说的那样："机器其实就是我手臂的延伸。"他坚信，他的咖啡制作方式绝对是一种手艺而并非工业化的产物。

咖啡的口味总是在持续不断地变化，实际上已经出现了多种多样的分支。所以，我们很难定义什么是"日式"的咖啡口味：真正重要的是从种植、采收、分选到运输模式和储存方式，咖啡从方方面面都达到了高标准，最终才能到达咖啡馆的吧台，一切都凝聚在客人面前那一杯咖啡当中。然而，客人们却往往有自己的口味偏好，并按照这个标准来挑选咖啡馆，满足自己的需求。

除此之外，选择什么样的地方喝咖啡，也取决于不同顾客的个人品位偏好。当面临诸多选项时，顾客们往往会通过店内装饰、背景音乐、店铺的个人文化特征等方面的偏好对咖啡馆和饮品进行选择，因为这些因素在未来也是可以确保持续稳定存在的。

从我开始关注咖啡和咖啡场所以来，日本的咖啡发生的变化，尤其是从我开始写这本书以来的变化，其实是一个关于日本和世界其他地区市场变化的故事，其中渗透了咖啡的香味。

咖啡馆总是最能反映历史性和社会性的变迁。在日本，我发现了一个新兴崛起的潮流：由年轻夫妻经营的小型独立咖啡馆在逐渐兴起。夫妻共同经营咖啡馆本身并不是什么新鲜事，但过去往往都是由上了年纪的退休老两口经营的传统"喫茶店"居多。如今，不再愿意像父母辈一样忍受"拿死工资"的生活，年轻的小夫妻或同性情侣们通过开创属于自己的事业，创造了一种全新的生活方式，它并不是"正常"生活以外的"调剂"，而是一种"全新的正常"生活。这种创业生活其实十分艰辛，并不总是带有浪漫色彩；虽然在经济上并不如终身雇佣的上班族稳定，但却能获得满足感。

另一种较新的咖啡行业的范式是"咖啡实验室"风格的咖啡馆。在这样的店铺里，吧台后面和上面的空间都摆满了各种精巧复杂的实验室风格咖啡设备，这类店铺致力于在大众的全面注视下进行各种实验性探索，测试和创造出高品质的咖啡。带着同样对"完美"的追求（当然，大多数时候完美只是一种目标而并非一定真的有达成的可能性），吧台里的咖啡师们利用所有的变量来进行高品质咖啡的制作，其中包含一些我们从来没有想过对咖啡品质产生影响的因素，以此来寻找最好的配方，甚至空气的湿度、房间的温度都会被计算在影响萃取的条件当中。危地马拉地区种植咖啡的山脉斜坡上日照的时长、咖啡树开花的时间、从咖啡果实采收到它们到达晾干场的时间间隔，然后还有干性发酵和湿性发酵……变量似乎是无穷无尽的。这些咖啡师展示了一种"精益求精"和"讲究"（kodawari）的全新舞台，而"讲究"一词已经成为在日本被泛用的品牌推广术语。"讲究"一词所传达的坚持与规则秩序历来被认为是日本咖啡品质的核心要素，它已经因为"滥用"而变得"无用"，然而这些在咖啡领域不断实践练习的人们仿佛又以各种全新的方式将这个词汇具象化。你悄悄地走进这样的空间，安静地与大家互相鞠躬致意。咖啡制作者正将自己全部的精力都关注在咖啡设备和她那只正在冲煮咖啡的手上。这里的一切，都只关乎咖啡。

在这种气氛略显紧张的空间中，服务或日语中所说的"招待"（omotenashi），其实并不会被这样专注的咖啡师完全无视。虽然客人进店时，可能听不到惯常的那句迎宾用语"欢迎光临"（irasshai），但服务最终会体现在端上来的那一杯最好的咖啡之中。日本咖啡馆的服务从客人进入店内的那一瞬间就已经开始了。迎宾，领位入座，再奉上（热的或冷的）擦手湿毛巾、菜单和一杯水。所谓服务就是要贴心、高效且对客人十分敏感。东京的一家咖啡馆会为客人提供免费的绿茶，供客人在浏览咖啡菜单、挑选咖啡时饮用。这杯绿茶体现了好客殷勤，但咖啡才是客人来这里真正的享受所在。

一些古老传统的咖啡和咖啡服务形式留存至今，它们并不是唤起旧时光回忆的怀旧"博物馆"，而是的确能够提供好咖啡和好服务的活跃空间，是像呼吸一样自然的存在。现在，又有不少新的动机参与到了喝咖啡这项极为"自然"的行为之中。关于"晨间套餐"的竞争活动便是其中之一——在早餐时段，各大咖啡馆争相推出包含咖啡的早餐套餐且物美价廉。在这样的竞争中，名古屋（Nagoya）有一段时间独占鳌头。那里的咖啡馆供应的早餐包含奶油和水果装饰的华夫饼或馅料丰富的早餐三明治。当时，甚至出现了专门的"早餐观光游"，各大旅行指南和手机 App 会引导你前往当下最流行的咖啡馆。

标准的咖啡馆早餐内容与名古屋的配置有很大的差距,但也十分受欢迎:一杯咖啡配上厚切的餐包或牛奶白吐司、一个水煮蛋、一小份蔬菜沙拉。显然,这样的标准咖啡馆早餐不会是米饭、味噌汤、烤鱼和小碟泡菜这样的传统日式早餐。

日本的咖啡馆从一开始便是接纳和创造新奇事物的场所。明治时代,咖啡在公共空间中本身就还是一种新鲜事物,随之而来的还有各种西洋风格的食物。到了大正时代,它们以咖啡馆为切入点逐渐繁盛起来——意大利面、肉饭、三明治和咖喱饭——在咖啡馆里,你总能发现一些新奇有趣的东西。如今,在诸如京都这样的城市中,传统咖啡馆依然会保留这些早期传入的食物,虽然带有一些怀旧色彩,但它们已经不再有异域风情或"西洋范儿"——它们已经被彻底同化吸收,归入了日本食物的行列。新奇事物似乎不再总是来自西方,而更多的是由那些富有想象力的咖啡馆老板和大厨所创造。

接下来,日本的咖啡行业还会发生什么样的故事?除了无处不在的车站便利店一般的外带模式,中国还会创造出怎样的新型咖啡模式?悠诗诗(UCC)这样的日本咖啡企业早在星巴克到来之前就已经进军中国市场,日式的咖啡制作手法也已经来到中国。我最期待的是,当我下一次到访中国,将看到中国的咖啡行业又踏上了什么样的新路径。随着咖啡在中国的重要性和文化特殊性不断展现,我们又能从中受到怎样的启发?日益壮大的中国咖啡专业群体,将会从越来越多具有咖啡鉴赏能力的人群中找到他们的受众,在未来,将行业的标准推向一个更高的水平。同时,低端咖啡市场是否也能良好发展,是否会有欢迎接纳各个社会阶层和经济条件的人群的咖啡馆,使那些原本不喝咖啡的人们轻松享受一杯咖啡,或使那些原本偏爱喝茶的老龄人群也能够与自己的同龄伙伴们在咖啡馆享受愉悦的时光。

我们从日本的咖啡饮用者人群中发现，咖啡是属于每一个人的。我希望，有一天我能看到那些带着自己珍爱的宠物小鸟的老年人像在茶馆中一样，也能在咖啡中找到舒适自在的社交空间。

序

　　我第一次去东京时，日本正处在从战后重建向"经济奇迹"迈
进的时期。那时的我还很年轻，刚刚取得人生第一本护照。那也
是我第一次迈出国门，飞往东京的航班甚至是我人生中第一次坐
飞机。20 世纪 60 年代的东京并不是我们现在看到的超现代化
大都市的模样，脏兮兮又补丁斑驳的道路随处可见。当你漫步在
后街小巷，甚至完全不用担心会被汽车或者摩托车撞倒。房屋都
建得低矮又开放：早晨，人们把一种叫作"雨户"（amado）的百叶
折叠防雨门板收起来，邻里之间便可以轻易互相看见。孩子们能
一起玩耍，老人们可以悠闲地坐在安静的小巷里晒着太阳，或剥
豆子，或做点缝缝补补的针线活儿。然而，新的交通工具、陌生的
商品和人，正在悄悄渗透这些还没有现代化、看起来像乡下一样
的地方。1964 年的东京奥运会，为这座城市带来了新的地铁线
路、新的公共体育场馆和有空调系统的奢华酒店。这座城市渐渐
打破了街区之间的明确边界，无限的经济能量把人们推向公共空
间，他们在那里购物、散步和消费。作为这种公共空间之一的咖
啡馆，虽然早在至少五十年前就开始流行，但在战后又以或全新
或传统的形式呈现了它作为社交场所的功能。这比美式风格咖
啡馆的到来至少领先了四十年。

　　那时，我在日本期间逗留最多的场所就是咖啡馆。这里不仅

能让我得到短暂的休息、为我提供能量补给,还让我看到它许许多多其他的功能。它也许是维也纳风格的咖啡馆（*Kaffee Wien*）*,有四层天鹅绒的华丽装潢、镀金的座椅和金银丝工艺装饰的阳台,并伴随着莫扎特的音乐;又或是一间邻家咖啡馆,充满了浓烈的男性友谊气氛,混着烟味和脚臭味。然而那个时期带给我最强烈震撼的是某次深夜到访一家先锋派前卫艺术咖啡馆时看到的场景。

对于一个年轻人来说,坐上一辆喷着浓烟尾气的 1948 年占领时期生产的庞蒂克轿车,伴随着发动机的啸声疾驰在深夜的城市街道上,是一种多么兴奋的体验。接着,我们来到了一家位于半地下室的咖啡馆,并被要求脱掉所有的衣物。咖啡馆的墙壁上贴满了纯白色的纸片,客人们被要求脱得精光。他们用痒痒的大软毛刷子蘸取亮蓝色的颜料,将我们全身涂满,并鼓励我们用自己沾满颜料的身体任意舒展,在墙上的白纸上留下印记。对于当时咖啡的滋味,我已经毫无印象。我只记得当时脑子里一直反复着一个念头:"我不是在明尼苏达……我不是在明尼苏达……"对我来说,这一切都是那么的神秘又迷人。东京在当时是远远领先于西方的(至少领先于我那时候所了解的美国中西部地区)。

多年以后的 2007 年,我在巴黎参观了一场 20 世纪四五十年代著名艺术家伊夫·克莱因（Yves Klein）的作品回顾展。在那里我观看了一段十分老旧的录像,画面中的表演与我那次在东京地下咖啡馆的经历极其相似,只不过用来印出随机身体形状图案的不是东京的咖啡馆客人,而是浑身沾满蓝色颜料的优雅的巴黎模特。在一名管理人员的帮助下,我了解到数年前我在东京经历

---

* *Kaffee Wien*：德语,维也纳咖啡馆。——译者注

的那一场活动正是伊夫·克莱因早前访问东京以后,为了向他表示致敬而发起的。这一次日本咖啡馆的冒险之旅于我而言,是一场"前卫"先锋艺术的初体验;而对于更年长的人来说,这只是一场对他们早已了如指掌的"后卫"艺术的怀旧活动罢了。现在,我们仍然能在咖啡馆里体验各种新奇的事物,但多半都是国内原创的,而非国外引入的。除了为特殊的活动提供场所,咖啡馆也是能为我们提供可预期的日常慰藉的地方。咖啡和咖啡馆本身为我们的公共和私人空间提供新的框架,让我们有新的机会去体验人格统一性。在这里,旧观念中的价值、身份和社会阶层都会被忽略。我们将看到,咖啡是一种代表了在过去130年间日本"现代化"和"民主主义"发展轨迹的饮品。

从我在马萨诸塞州坎布里奇的一家浓重比特尼克风咖啡馆的初体验,到如今坐在明媚阳光下的咖啡馆户外座位上,我的人生已经渗透和布满了咖啡的色彩。在20世纪60年代,我努力以年轻女孩的姿态融入咖啡馆,穿着所谓"正确"的黑色高领线衫,享受着酷酷的爵士乐和苦苦的黑咖啡,努力掩饰内心的激动与兴奋。我周围的人们一边半闭着眼一边吸着粗糙的高卢牌香烟,仿佛是在对店内播放的唱片音乐表示精神上的尊重。在日本,所有的经历对我来说都是新奇而充满挑战的,而咖啡馆是我唯一熟悉的地方。

显然,这里对咖啡馆的描述和研究多少会带上一些我个人经历的色彩。对于更加追求科学性和系统性的人类学家来说,记忆经过了相当长一段时间滤镜的洗礼,信息必会出现一定程度上的偏差和疑问。从某种程度上来说,我的描述会尽量再现那些在日本常年光顾咖啡馆的常客的状态。咖啡馆本身就是他们记忆中的一部分,他们对此有深厚的怀旧之情。

xi

　　起先，我是在阅读关于日本的书籍时接触到它们。它们被当作体现细致入微、服务至上、社会井然有序的日本文化的样本登载在教科书上。然而，进一步的研究让我意识到，在日本，人们之所以对咖啡馆如此的熟悉和亲近，并不是出于对"西方"品质的追求，而是出于更加简单及突破常规的那种普遍对于城市生活的向往。当然，对于日本咖啡馆功能的理解与社会文化因素密切相关；与对日本、对东京、对社区，甚至对坐在邻桌的客人的理解力也紧密关联。但不知为何，这位客人的经历和我的经历之间存在的差异恰恰因为我们之间的相似性而变得明晰。

　　我的咖啡馆体验早在我为这本书做研究和准备的时期之前就开始了。早期为了另外一段研究而探访咖啡馆的经历，更多基于我的记忆，并没有经过严密细致的数据收集。但后来我发现，这些记录为这幅大型的咖啡馆"全景图"增添了不少另类而显著的特色。我也并不是像观察野生动物一样总是躲在远远的隐蔽处默默守望：我是以咖啡馆的日本客人相同的姿态，实际走进它，观察并记录。

　　人类学家其实就是一个解释者和引导者，她以自己的经历带领你向前一步，超越我们过去所熟知的那种"退后一步然后消失"的模式。我并不是第一个做这种记录的人，这种方式也并不是一种当代全新的视角。在过去，霍顿斯·鲍德梅克（Hortense Powdermaker）和罗莎莉·瓦克斯（Rosalie Wax）等人类学家们都会在她们的民族志之外，对开展田野调查时自己的心理和生理状态进行记录并归纳成独立的文本。我们在诠释性的框架中对自身记忆和经历的处理方式可能不同（例如，从我自身来讲，可能在这个过程中将日本咖啡馆浪漫化，因为咖啡馆树立品牌、市场推广和扩展用途的过程本来就极具传奇色彩），但这种做法的重要性是毋庸置疑的。

正如我这本书里所描述,这样的咖啡馆并不缺少对它们感情深厚的忠诚捍卫者。事实上本书的作者本人就可能是他们其中的一员。长时间留守在咖啡馆的工作经历已经让我晋升为一名日本咖啡馆真正的"常住居民"。观察、体验和记忆是一个人类学家的工作装备中最基本的工具。虽然这本书并不是一本回忆录,但这是基于我超过四十年的实地观察,对日本咖啡和日本咖啡馆这一城市现象的讨论。然而,书中的表述也不应该被当作是一种带有怀旧色彩的"往日颂歌",因为咖啡馆并不需要忠诚的捍卫者,咖啡馆的现状也并没有悲惨到需要通过借鉴过去来弥补不足。虽然现存的一些"有历史"的咖啡馆偶尔能给创造当代氛围提供一些灵感启发,但它们并不能代表现代咖啡馆的典型样式。日本咖啡馆最显著的特点在于它们的顺应力和转型能力。它们既可以为社交提供场所,也非常适合独处,实用性极高且并不拘泥于固定的形式和范围。对这些特征的需求是会随着时间的推移而变化的,对于不同的个体,甚至在一天当中不同的时段都会发生变化。咖啡馆持续保持活力,根据社会、个人口味和地理位置的变化与时俱进。它既是我们观察城市生活的窗口,也是推动新的文化现象出现的原动力。

我在东京为论文做田野调查工作期间以及此后待在日本的日子里,咖啡馆是我最常停留的场所。在那里我不但可以得到体力上的恢复,还可以整理我刚完成的采访内容。在两段会面之间的空闲等待时间,我坐在这里进行社会、个体和公共生活的观察。渐渐地,留意这个地方和这里的人成为一个独立的课题。最后,我知道,我终有一天会专门来写点关于他们的内容。经过仔细考量(而并非偶然),我针对咖啡馆研究的田野调查工作渐渐延伸到

xii

了对日本咖啡产业相关人士（包含日裔巴西人）、研究咖啡的史学家、咖啡馆老板和客人们的采访。2002 年至 2009 年，我还收集了咖啡行业和咖啡馆历史方面的数据，研究对象还包含了亚洲其他地区、欧洲和美国等地的日式咖啡馆，并且对不少身在海外的日本籍咖啡专家进行了访问。

　　无论是对于个体还是对于整个社会，日本咖啡馆的用途都是多种多样的。它们究竟如何在服务、口味、空间设计、角色和个性、创造性和表达性等方方面面体现独有的日式精髓？这些都隐藏在咖啡和咖啡馆的故事之中。我不敢说我这里讲述的咖啡馆故事是独一无二的，但它们确实有许多区别于当代世界普通常见的喝咖啡场所的特殊之处。无论是从社会、文化还是历史的层面来看，它们都有自己独特的路线。同时，日本的咖啡馆和咖啡又具有本地性，显得平凡又不易被关注。我走进日本咖啡世界是源于一种熟悉感，让我一直停留其中的却又恰恰是它迷人的独特魅力。

　　* 本书中提及的日本人姓名均是按照日语习惯的姓在前、名在后的方式表示。对日语词汇进行音译时，本书用字母双写（如"uu""cc"等）来代替长音符号的使用。——作者注

目　录

第一章

公共空间中的咖啡：日本城市中的咖啡馆

现在是周六早上六点三十分。这是一家位于东京繁华商业娱乐区某地铁站出入口附近的咖啡馆。我前一天刚刚跨越了好几个时区，今日早早起床，外出散步结束后来到这里。早起准备赶地铁去工作的人们睡眼惺忪地进来，喝上了他们今天的第一口咖啡。就在这同一间咖啡屋，一身俱乐部装扮的年轻人们蓬头垢面，困倦无神。他们喝上一杯咖啡，好让自己能顺利溜下楼梯，搭上回家的地铁。在这一刻，夜晚活动的人和白天活动的人在咖啡馆里相遇了。这个场景向我们呈现了咖啡馆在日本城市生活中担当的多种不同角色。咖啡馆掩映于灯红酒绿的城市之中，在这里，夜晚渐渐向白天转换。

夜晚活动的人们和白天活动的人们在这里完成城市的交接，便是这座城市需要咖啡馆存在的理由之一。公交车和地铁都不会整夜运营，出租车在深夜十一点过后大幅加价。那些晚上出来活动的人们总是不知不觉就会玩到深夜。因为最大牌的乐队组合总是在凌晨三点以后才登场，所以俱乐部往往会营业到早上五点，甚至更晚。这些乐队的忠实粉丝们也会一直坚持到最后，导致他们总能与自己完全不同的另一组人（上早班的人们）在咖啡

图 1 "网鱼(Efish)"咖啡馆 拍摄者：近藤实(Kondo Minoru，音译)

馆里相遇，并上演一场小小的"文化冲突"。

城市咖啡馆里的生活管理术

咖啡馆能帮助我们更好地管理日常生活：它能全方位地支持城市居民多种多样的日程安排，为他们提供休憩和获得社会安全感的空间。这里不仅能让他们快速恢复精力，从某种意义上来说，也能证明他们的品位。从过去到现在，咖啡馆不但拥有受日本城市欢迎和必需的功能，还演变出了不少新的价值。咖啡馆，正如它的名字一样，普遍被定义为就是喝咖啡的地方，但事实上，咖啡馆的功能也是随着街区、顾客和社会的变化而不断改变的。

在京都的鸭川(Kamo River)边上一家现代风格的咖啡馆里，两名学生正在努力完成作业，毫不在意身边的咖啡已经放凉。

他们展示了现代日本咖啡馆一项普遍的新功能：提供一个飘着咖啡香味的空间。在东京新桥（Shinbashi）的一家老红木色的半地下室咖啡馆里，一位九十多岁的老人正默默看着他的客人端起一杯他精心制作的手冲咖啡。这杯咖啡用的是 1992 年采收的陈年也门摩卡咖啡豆。另一边，在东京周边繁华区域的一所有名私立女子大学里，两位优雅的女士正坐在常春藤下的咖啡店里，就着装在精美半透明德国瓷杯里的咖啡，分享着学生时代的美好记忆。在京都一家星巴克的室外座位上，一名年轻女子正在等待她的约会对象，一名美国学生。她小心啜饮着一杯无咖啡因的焦糖玛奇朵，以免弄花自己的口红。在名古屋的一家六十年代怀旧风咖啡馆里，三名退休建筑工人围坐桌前，就像他们过去常年在一起工作时的模样。

　　咖啡馆提供了一个从选择和表达层面上展现个人和社会现代化的空间。在这里，"个体"和"群体"之间的界限变得模糊，人们追求匿名的自由也能得到满足。

　　从 19 世纪晚期进入日本开始，咖啡馆一直是"平凡"与"不凡"交流互动的场所。咖啡本是起源于外国，但到了 20 世纪早期，它已经从文化层面上自然而然地被归化。咖啡馆就是这样的一个缩影。这让那些认为绿茶在日本占绝对优势的人们感到十分惊讶。当然，惊讶不止于此。现在，日本已经成为世界第三大咖啡消费国。这不仅是因为日本喝咖啡的人数众多，也因为日本咖啡行业结构十分完善和有效。[1]日本的咖啡和咖啡馆在历史层面和民族志方面非常复杂。本书的探讨将理清来龙去脉，为社会和文化的变迁提供一条清晰的时间线。从一开始，日本咖啡馆便不仅仅意味着一杯咖啡或一部咖啡机，它能让我们感受到除它出售的饮品之外的某些东西。[2]

日本著名的第一家咖啡馆，那间开在镶嵌了木条的房子里的可否茶馆（Kahiichakan，有时读作"kahiisakan"），最终也让位给了更加舒适现代的"喫茶店"（kissaten），但咖啡馆的历史却并不是像这样直线发展的故事。随着人们品味和社会潮流的不断变化，咖啡馆从它最初的发源地发展出了许多不同的分支流派。这些被我们称为咖啡馆的地方，坚持以其形式上的多变可塑性来反映人们对个体、社会和空间多样性的需求。它可能是一个纯日式的空间，但你在这里可能看不到任何带有"日式"色彩的行为。日本咖啡馆让我们看到，"西洋"和"现代"这两个在19世纪晚期常常被等同起来的概念，已经逐渐开始变化，"现代"一词慢慢带上了日式的特征。很快，咖啡馆就由"西洋范儿"和"现代化"转变成了"日式现代化"。

在日本，没有咖啡就没有咖啡馆，反之亦然，两者交织在一起，密不可分。当然，现代社会，咖啡随处可得。无论是在家、办公室，甚至通过遍布大街小巷的自动售卖机都能喝到咖啡。但这种饮品与场所之间相互依托的关系是最基本的：咖啡没有在茶馆中出现，而是另外创造了咖啡馆。

日本的咖啡馆不仅让群体内的人际联系变得更加紧密，还能创作出一个个新的群体。[3]咖啡馆见证了新旧文化、政治和个人生活中的创新、颠覆和超越。19世纪晚期，日本开始受到欧洲文化的影响。艺术、文学和创意，无论是外国的还是本土的，都能在咖啡馆里找到自己的一席之地。原本旅居上海或其他欧洲首都城市的日本政治活动家、艺术家、作家和音乐家们又重新回归到日本的咖啡馆。由于他们的到来，日本的咖啡馆很快变得更加本土化。虽然这些人崇尚的都是国外的观念和艺术，但他们身上原有的西洋文化气息却完全消失了。[4]咖啡馆本身就没有固定形态，它可以变成人们想要和需要它成为的任何模样。很矛盾的是，虽然咖啡馆本身就是一个展现各种文化现象的场所（比如它提供的服务，虽不如传统旅馆那样细致入微，但也同样意义重大），但它同时也是为了满足人们对文化表现的需求而出现的休息场所。咖啡馆的这些必然属性可能时常被忽略，甚至被质疑。咖啡馆还是一个只要付上一杯咖啡的钱，人人都能进入的场所。

在这份关于日本咖啡馆的研究中，咖啡馆作为城市公共场所的功能是最主要的。在日本，哪怕最小的乡村都有咖啡馆和咖啡屋的存在，但推动咖啡馆与时俱进、不断变化转型的，仍然是城市中的生活体验。我们这里提到的咖啡馆是多元化的：它们不全是用来表现反大众文化的"城中村"或社区，也都是用来逃避乡村社区束缚的场所。咖啡馆更像是一种至关重要且有效的力量，能为我们创造和展示礼仪与美学的新模范。从某种程度上，它还能促进咖啡馆客人们内在的自我转变。从 19 世纪晚期开始，各种新思潮、时尚和文化的全新表现方式从咖啡馆涌现出来，这些现象并不总是能被大众普遍接受。作为一个新兴的场所，咖啡馆往往更容易滋生一些颠覆传统的行为。正如一位评论员所说，如果一家咖啡馆总是在警察的出警记录上"榜上有名"，那意味着这家店里有相当有趣的事儿正在发生。[5]

很快，这款体现这些新场所独特个性的特殊饮品变得十分"正常"，和咖啡馆一样，咖啡巧妙地褪去了"舶来品"的色彩。一位咖啡馆历史学家说，咖啡"浓烈到让人沉醉"，它体贴入微又能给人以慰藉，它比其他任何饮品都更能与"在公开场合保持自我"联系到一起。[6]与日本的酒精饮品不同，咖啡能陪伴我们愉悦的独处时光。

茶是一种适用于社交场合的饮品，而"茶屋"一般是聚会的场所，人们彼此之间往往是早已经熟识的。茶屋最初是开设在路边供路人歇脚休息的地方。咖啡馆出现在日本开始向现代化城市转变的时期。城市中新的商业和娱乐中心不断兴起，对旅客们来说，咖啡馆的功能与茶屋是相似的。然而，它又不仅仅是接替了茶屋的这种功能，它还带来了咖啡、新奇的文化和新的社会形态。正如唐纳德·里奇（Donald Richie）所说，咖啡馆代表了"世界之窗"。[7]

5

　　许多起源于西方的商品和新潮流进入日本，即便最后已经变成人们日常生活的一部分，也仍然保持着它们的舶来品特征，散发着独特的外国"气息"：餐桌和男士西装，直到"二战"后多年还仍然被认为是"洋玩意儿"。然而，咖啡完成归化却十分迅速。我认为，无论是从其复杂性和矛盾性，还是从其生产、引进和消费的过程来看，咖啡都是日本与外部世界发生联系的证明。从第一个日本农民去往巴西开始，咖啡行业就不断发生同化和吸收作用。后来，企业家和商贸企业协同合作，把咖啡带给城市消费者并把它变成人们日常生活中不可或缺的一部分。19 世纪末，巴西的农业政策制定者把葡萄牙人带进来的咖啡豆培育发展成大面积种植的农作物，并选定日本作为第一个海外市场。到 20 世纪早期，咖啡这种饮品已经在日本变成了家喻户晓的寻常饮料。我想说，早期世界咖啡行业的发展扩大，还要得益于喝咖啡在日本的兴起。在巴西从事咖啡相关工作的日本人与巴西咖啡行业通力合作，把日本变成了咖啡豆和咖啡口味最一流的归宿。

　　从发展初期的状况到当代的功能，本书将详细全面探讨咖啡在日本的历史：最初，那些居住在外国人居留区附近的日本人曾把咖啡当成一种药品。到 17 世纪，长崎的娼妓们把咖啡当成一种兴奋剂使用。现在，咖啡仍然有许多普通或不普通的消费方式。日本专业的咖啡进口商和咖啡加工者们的严谨程度远超许多同期的西方国家，这使得日本咖啡能够脱颖而出，达到最高的水准。"日本咖啡"已经成为品质严选、高技术、高工艺的代名词。特别是咖啡豆烘焙机和咖啡机，已经伴随着日本风格的咖啡馆远渡重洋，在亚洲、欧洲和美国的东西海岸都广受欢迎。

　　日本的咖啡店是全领域的，既有像罗多伦（Doutor）这样价格低廉的连锁店，也有严谨到老板要亲自指导制作每一杯咖啡的独立咖啡馆。比如在京都经营咖啡馆的小纱（Sa-chan），她会亲自制作每一杯咖啡，并且从挑选咖啡豆到研磨、慢慢往滤布中注入热水的整个过程，她都会严格计时。位于这两种极端之间，还有各种其他类型的店铺。有彼此熟悉能互道姓名的邻家咖啡馆，也有店内有本土艺术家的作品展出的画廊咖啡馆，还有相比咖啡，漫画书更占主导地位的漫画咖啡馆。除此之外，还有不少不同寻常的猎奇店铺。比如在一些店铺，你可以一边喝着咖啡一边把双脚泡在水里，让水里的肉食小鱼们给你做个"足疗"。

　　创造世界上第一个连锁咖啡屋品牌的圣保罗（Paulista）集团于 1907 年分别在东京和大阪开设了分店，以其巴西风格的装修和法式风格的服务吸引了大批崇尚西学的年轻客人。然而现在，相比西雅图系或日本本土的连锁店，日本的咖啡爱好者们变得更钟情于本地的独立咖啡店。正如一名独立咖啡馆的常客所说："塔利（Tully's）咖啡缺乏点个性。"在海外的日本咖啡馆常客们经常迷失在芝加哥或罗马的某连锁咖啡店里，不知自己身处何方时，便会十分怀念他在日本常去的那家咖啡馆。

　　近期，一些本地咖啡馆开始受到原本倾向于西雅图系店铺的年轻人的青睐。到 2003 年，西雅图系店铺的衰落反映了顾客选择倾向上的变化。人们渐渐开始将兴趣从那种老套又重复没有

6

新意的场所转向了能够表达老板自己情感和品味的店铺。东京的消费分析师鲛岛诚一郎（Seiichiro Samejima）说："日本的星巴克热潮已经结束了。"他特别指出，星巴克已经将他们的新店开设计划缩减了三分之一。[8]现在的年轻女孩子们会从时尚杂志上的"探店栏目"里寻找信息，然后去那种时髦又温馨的独立咖啡馆打卡；男人们或由女孩子们带领着去打卡，或相信口碑和爱好者们的推荐，去寻找能够提升或呈现自己个性的地方。一名快三十岁的年轻人说，学生时代，他经常光顾的咖啡馆有两间，一间用来学习而另一间则用来约会。现在，他有十五至二十间不同的咖啡馆来分别用作各种不同的用途，其中还包含不少他年轻时因为不喜欢那里咖啡味道而不太感兴趣的店铺。相比毫无特色的连锁咖啡馆，稍微年长的人们也渐渐在独立咖啡馆中找到了自己的固定席位，选择的依据通常包含他们的口味、社会需求和预算。

日本社会长期以来的那种同质化、和谐，以共识为导向的虚拟的社会氛围已经被城市和社会的变革打破。此时，咖啡馆在允许和填补社会、当代制度和个体的空白方面起到越来越重要的作用。[9]占社会总人口四分之一的老年人在战后重建时期把喝咖啡当作他们的小众嗜好。现在，他们又在咖啡馆里与自己的同龄伙伴们相聚。"自由工作者"们（做兼职工作或自由职业的年轻人）把咖啡馆作为他们的工作场所和办公室，这与他们的上班族父辈有很大的不同。没有工作的人可以在咖啡馆里坐上好几个小时，有时候是为了填写工作申请，有时候只是单纯地坐在那里什么也不干。我们必须看到，当保护个人隐私成为一个社会性问题、人们没有多少时间和空间可以用来独处时，咖啡馆可以为我们在公共场所提供一个相对安全的私人空间。当然，男男女女也可以毫无顾忌地选择在这样的公共场所碰面，符合更加安全的社会习

7

惯，这一功能从 20 世纪 90 年代初第一家咖啡馆问世时起就已经存在了。

咖啡馆也是一个极富教育意义的场所。在这里，科技、身体与心灵的创新能得到充分的展现。20 世纪头十年晚期到 20 年代早期，日本版的摩登女郎"Moga"*们以她们新奇的着装风格和跷着二郎腿的姿态成为时髦样片一样的存在，给咖啡馆里的大众们好好上了一课。其他值得学习的新事物还包括最新的唱片音乐、有机食品和艺术作品。新的社交媒体并没有马上在咖啡馆中变得常见，但这只是因为他们常常使用的是非常小型化的设备。在独立咖啡馆里，我们很少看到有人使用笔记本电脑，能提供无线网络的场所也非常有限，但许多人都在使用智能手机、或iPod 之类的数字多媒体播放器，这些工具让"社交群体"早已穿越咖啡馆的墙壁，向更广阔的范围扩展延伸。咖啡馆里可能会播放背景音乐，但绝不会是刺耳又嘈杂的那种：大部分的咖啡馆客人还是偏好安静一些的环境。

本书对咖啡和咖啡馆的探究将从以下四个方面展开：咖啡馆的社会历史；对作为城市公共空间的咖啡馆进行民族志方面的研究；咖啡作为一种消费产业的发展历程；对咖啡文化本身的探究，包括咖啡作为劳动、鉴赏和手工艺实践对象的研究。这四个方面的内容联合起来便构成了一条完整的叙述路线。16 世纪，传教士和商人将咖啡引进日本，让人们得以初尝它的滋味。19世纪 80 年代，日本第一家咖啡馆诞生。虽然本书的故事充满了作者本人、受访对象和同伴们的个人体验色彩，但它并不缺乏全

---

　　*　Moga：和制日语词汇，根据英语单词"Modern girl"缩略而来。——译者注

球覆盖性和学术性，因为它是个人体验、观察报告、记忆和历史数据资料的大融合。日本历史上第一家咖啡馆的故事阐明了自此之后咖啡和咖啡馆在日本的发展路径。正如这间明治时代创办的咖啡馆一样，之后每一个时期的咖啡馆，都深刻反映了人们对城市生活的关注和需求。

日本历史上第一家咖啡馆：
郑永庆和他的可否茶馆

在东京上野区的三洋电气公司（Sanyo Electric Comapny）总部右侧的小公园里，有一座顶着巨大白色咖啡杯的砖砌纪念碑。这座碑建立于 2008 年 4 月 13 日，距离 1888 年日本有记录的第一间咖啡馆的创立刚好过去了整整 120 年。郑永庆（另有日文名"Nishimura Tsurukichi，西村鹤吉"），是可否茶馆的创立人和经理人。这家店作为日本第一间咖啡馆，拥有传奇一般的至高地位。[10]虽然咖啡在更早的时期就已经进入日本，但郑永庆创立的这座风味与文化的堡垒首次将咖啡与某种独特的城市风格场所结合在了一起。除了证明第一间咖啡馆的卓越或成功，这座纪念碑更展示了咖啡在现代日本的巨大能量。

8

9
郑永庆的故事极富圣徒传记色彩：他作为日本"第一家咖啡屋老板"，已经成为偶像级的存在。他创业的艰辛和失败的结局给他和咖啡本身投射了一幅小调式的忧郁画面（这种氛围的镜头通常被认为非常适合用来讲述咖啡馆的历史）。郑永庆于 1859 年出生于日本长崎，生父名为友介（Tomosuke，音译），但收养他并为他取名的人叫郑永宁（友介的养子，其中关系错综复杂）。郑永宁是台湾人，时任日本外务省秘书，精通中、日、英三国语言。

图 2　位于东京可否茶
馆旧址处的郑永庆纪念
碑(图片由作者拍摄)

郑永庆于 1865 年在北京学习了中文，后又于 1872 年在京都学习
过法语，英语也是从幼年时期就开始接触学习。到十四岁时，他
已经能够熟练听说和阅读四门外语。养父为了帮助他冲破养子
身份的束缚，争取成功的机遇，在他十六岁时便送他到美国耶鲁
大学留学。一般而言，在社会急速变化、"现代"与"西方"几乎被
当成同义词的时代，这样的举措是非常明智的。但后来，他因为
体弱多病(据说是肾病)，又热衷社交聚会(在他的传记中有关于
专程去纽约的咖啡馆消遣娱乐的记载)，于 1879 年离开耶鲁，最
终没能完成学业。这对于他本人的前途来说，也许很不幸，但对
于日本的咖啡历史而言，可以说是一件幸事。

　　在美国生活期间，郑永庆培养了良好的咖啡品味。在他漫长
的回家旅程中，他途经欧洲，遍访伦敦各大知名咖啡馆，包括位于

芬彻奇街(Fenchurch Street)的朗博恩(Langbourne)咖啡馆和皮卡迪利大街(Piccadilly)的皇家咖啡馆(Café Royal)。在彼时的伦敦，茶是远远超越咖啡的"国民饮品"。英国海外殖民地茶叶贸易导致英国本土对茶叶的进口和消费超过了咖啡。而在地球另一边的美国，却发生了完全相反的文化交换案例。由于殖民主义事件和商品的干扰：当时的美国人民发誓放弃茶叶这种前统治者的产物。英格兰人民在咖啡和茶当中选择了后者，那美国人民就偏偏要钟爱被英格兰放弃的咖啡。郑永庆因此有机会在美国培养了对咖啡的品味。

郑永庆回到日本以后，起先是在现在的冈山大学(Okayama University)任教了几年(显然他是一位非常有才能的教师)，然后又进入东京财务省工作。1883 年，他与须贺敏子(Suga Toshiko，音译)结婚。三年后，妻子因结核病去世，留下他独自抚养儿子。自此之后，厄运接二连三降临：他丢掉了工作，房子也在 1887 年被火烧光。1888 年，他与亡妻的妹妹德子(Tokuko，音译)再婚，新建了一幢两层的西式小楼。时值而立之年，他创办了可否茶馆。根据对英国咖啡馆的风格和服务的记忆，郑永庆创造了一个为极具阳刚之气的舒适便利场所。

10 　　在当时，任何"西洋"的东西都拥有很高的威望。鹿鸣馆(Rokumeikan)是当时西方礼仪和时尚的汇聚之地。在这幢由乔赛亚·康德(Josiah Conder)设计并于 1883 年竣工的建筑里，时常举办各种高端的舞会和娱乐活动。这里逐渐成为展示西方社会精英阶层礼仪、服饰(如大礼帽、燕尾服和舞会礼服)的舞台。日本当时正处在"文明开化"(bunmei kaika)时期。在那时，"文明"与"开化"二词都几乎与"西洋"同义。据他的朋友寺下达夫(Terashita Tatsuo，音译)说，郑永庆决定"为青年一代创办一家咖啡馆，把它变成供普通人、学生和年轻人聚在一起分享知识的社会沙龙……而不是像鹿鸣馆那样对西方事物的学习仅仅停留在表面。"[11]他想用一支华尔兹舞以外的东西来实现真正的文化融合。

他的出发点是如何让客人感到满意，而不是单纯站在一个精明商人的角度思考。他完全没有经营管理方面的实践经验。他幻想自己坐在自家的咖啡馆座位上，想象着这里充满了各种迷人的奢华配置：不仅有报纸、舒服的真皮座椅、台球桌和写字台，甚至配备了生活物资、沐浴间和供小睡休息的房间。客人仅仅需要付上一杯黑咖啡（1 钱 5 厘）或一杯牛奶咖啡（2 钱）的费用就可以随意使用。这里还提供现代的（西式的）吸烟用具，在这里，香烟和咖啡第一次在公共空间搭上了姻亲关系，因为香烟（最早由葡萄牙人于 1601 年以雪茄的形式带进日本）也同样与这个男性社交空间关系紧密。一个男人可以在这里待上一整天，写写信、聊聊天、打打盹儿，也可以拉业务谈生意。这个地方不仅深受四海漂泊的商人阶层的欢迎，年轻的武士们也不再像德川幕府时期一样受到社会阶层的束缚和限制，能够慢慢加入他们当中去。微薄的收入终究无法负担创造完善舒适环境的开支，可否茶馆在开张短短五年以后，于 1893 年破产倒闭。

郑永庆的第二任妻子也同姐姐一样，在 1890 年因结核病去世。万分沮丧又无所事事之下，他开始涉足投机买卖。然而他做这种生意的才能显然也不比经营咖啡馆高多少，不久，他便负债累累，甚至一度想要自我了断。好在一位朋友发现了他的绝命书，及时制止了他，并帮他办理手续，疏通了去美国的路，最终让他得以在西雅图以"西村鹤吉"的名字开始了新的生活。他原本尝试经营一家（据说是售卖干货和咖啡）小店，却沦落到只能当一名洗碗

工，最终于 1895 年 7 月 17 日在当地去世，享年三十六岁。他位于
西雅图湖景墓园的墓碑上刻着他的日文名字"T. Nishimura"（西
村），现在仍然吸引着许多日本咖啡迷和日本咖啡行业领导人前
来拜访。事后想来，这个故事当中充满了太多的讽刺意味：一位
中国年轻人借鉴英伦模式创办了日本第一家咖啡馆，从成功到失
败，最后生命终结在美国未来最具代表性的咖啡之城。他从美国
学习了咖啡，咖啡馆空间设计又借鉴于流行喝茶的英格兰，又将
咖啡变成了以茶闻名的日本社会的普遍饮品，这一点也只能算是
他身上的众多传奇之一吧。东京可否茶馆遗址处的纪念碑上，印
着一个和蔼可亲、留着八字须但身材瘦削的年轻人的肖像。虽
然，他的个人生涯略显失败，但他的梦想却最终成真了。他看到
了现代人的真正需求，并尝试满足他们，但因为缺乏现代商业技
巧，最终未能将其维持下去。

为新都市人服务的新型咖啡馆

明治（1868—1912）后期至大正（1912—1926）早期的咖啡馆
主要是为了满足人们在公共场合对私人空间的需求。除了部分
咖啡馆是为了展示西方世界现代化程度而出现的特例（比如为了
鼓励工业发展，在 1890 年第三届国博会上出现的咖啡馆），绝大
多数的咖啡馆都是极具日常实用性的。人们的工作和家庭生活
的方方面面（功能、机遇、社会与心理影响）都在不断发生变化，偏
离常态。农业生产和家族企业以外的新工作，把人们从家庭和常
态化的生活中分离出来。在工厂或办公室里工作的人们被限制
在固定的场所，并被要求按照该场所的作息来行动。而在家庭
中，他们又往往被看作是在外工作的人，受到特殊对待，忽略了他

们作为父亲和一家之主的身份。就像英国的工人或法国的官僚一样，对于日本的工人来说，家庭可能是庇护所，而咖啡馆（或酒馆）才是真正的心灵归宿。

随着乡村和偏远地区的人们来到城市务工、定居和创业，城市空间的利用方式也发生了变化，新的商业区和新的交通线路不断出现。作为公共空间，咖啡馆为各种不同出身和不同兴趣爱好的人提供服务。在江户时代，"繁华街"*是呈现各种城市奇观的场所。紧随其后，进入20世纪，刚刚从乡下移居到城市的劳动者们走进咖啡馆，听听乡音，顺便摸摸城市生活的门道。

"繁华街"，这个"生机勃勃的空间"创造了一种新的城市语言，在现代化到来之前就已经在城市中蓬勃发展起来了。它也许是小巷交织的路口处的小小空间，夜晚，各式各样的"屋台"（yatai，现场制作和出售面条等简单食物的小棚屋）会在这里开张。这里还有许多提供其他服务的小摊，你甚至可以一边吃喝一边享受修鞋擦鞋的服务。它也可以是酒吧、餐馆和咖啡馆林立的小路，那些经常光顾娱乐场所的人们在这里碰头聚集，或是纯粹过来感受一下这里的特殊氛围。"繁华街"对中上阶层的都市人有着别样的吸引力。或许他们在车站外的烧烤店里喝了点小酒，开始或结束了一个美妙的夜晚，又或是刚刚在低消费的休闲区找完乐子（观看街头艺人的演出或光顾小小的风月场所），然后来这里感受所谓的"平民生活"。这些小小的空间总是一夜之间出现，又一夜之间突然消失。在那些对这种非正式的形式有特别需求的时期，它们持续存在。战后初期，人们在这里进行黑市商品交

12

---

* 繁华街（Sakariba）：日语写作"盛り場"，指代城市中人员聚集、繁华热闹的场所。繁华街即闹市区。——译者注

易；20世纪八九十年代，打工潮来临，新的劳动力拥向城市，这样的场所也格外兴盛。

咖啡馆是一个变化多端的事物。它的可塑性使得它能够持续发展。当工作方式愈来愈便携、家务琐事不再繁重、人们的活动性更强，那些被称为（除开家庭和工作场所以外的）"第三空间"的地方，也随之产生了一些变化。[12]相比公共浴室、教室、办公室或寺庙等功能更加固定和明确的场所，咖啡馆有明显的流动易变性。人们在咖啡馆中的地位是不存在风险的，我们并不需要时时光顾或与店员和顾客小伙伴的私人交情来维持在那里的地位。正如福柯（Foucault）所说，咖啡馆是一个"异托邦"场所，它的许多用途和功能的变化都能一定程度上反映社会经济景况、社会形态和审美体验等方面的变化。[13]它可以为偶然路过的闲逛的人提供服务。这种失范性场所与大部分日本城市人口所处的那种既确定又过分规范的社会结构形成了鲜明的对比。

日本咖啡馆的世界同时兼具了持续性和新颖性，这也正是它的魅力所在。不变的因素在于，它是一个以咖啡命名的空间。在这里，人们可以放松休息，可以获得新的激励或感受与日常生活不同的交互体验；而其新颖性则在于，它对新的潮流趋势和新功能可以迅速响应并将其扩大和传播出去。在战后的日本，"民主化"的进程和相关讨论活动都在东京永田町＊附近的咖啡馆找到了自己舞台，各项政治活动的幕后决策博弈也是在这里展开的。20世纪60年代晚期到70年代，从艺术领域的前卫派思想（比如

　　＊　永田町（Nagata-cho）：位于日本东京都千代田区南端，日本国会、总理大臣官邸、众参议院议长官邸、各党派本部所在地，是日本国家政治的中枢地区。——译者注

我在序言中提到过的蓝色油漆事件）到"回归绿色地球运动
（Back-to-the-earth greens）"，从"反安保条约"游行示威者、试验
音乐人，到激进的女权主义者，再到"性革命"，咖啡馆从各个不同
的层面见证了社会的试验性活动。20 世纪 60 年代后期，在被咖
啡馆环绕的东京大学，学生激进分子会在被催泪弹打散以后，到
咖啡馆重新整合，然后继续与警察对峙。现在，还时常会有当年
参加运动的"退伍老兵"们聚在这些咖啡馆里举行怀旧纪念活动。

　　咖啡馆也并不一定是表现社会或文化抵制的场所。事实上，
普遍的"喫茶店"对社会形态的稳定是起到支持而非颠覆作用的。
它提供了一个低调区域供人们休憩。人们在这里重拾精神，然后
再次回到"机构"中继续工作。另一方面，个人和社会的压力在咖
啡馆里得到释放，这也可能会导致工作效率低下或对压抑的工作
环境的主动颠覆。据说，咖啡馆有时可能会起反作用，阻碍人们
事业的发展。据报道显示，雇主们普遍认为，将咖啡馆引入工作
环节的做法非常不利于他们进行工作管理：与日本工作狂的做
法相反，一些加班工资标准较高的工薪阶层往往选择在白天正常
工作时间溜到咖啡馆里混日子，接近下班时间了再返回办公室
"开始"工作，以赚取更高的加班工资。日本咖啡馆的功能可能应
该发挥在别处，但它从社会用途到个人用途的转变却经历了一段
漫长的历史。

日本的公共饮用场所：从"茶屋"到咖啡馆 *

　　欧洲的咖啡馆，无论是扰乱治安的还是安稳舒适的，都是功

---

　　* 原文为英语"Coffee house"的日语发音"Koohii hausu"。——编者注

13

能多样且氛围多变的。欧洲咖啡馆的前身是小酒馆，而日本的咖啡馆与早年建在路边供旅客们歇脚的茶馆更有渊源：最早，这种路边驿站里只提供水和休息的地方，后来，茶叶变得更加普及，茶就成了这种驿站最具代表性的特色。从江户时代中期开始，茶屋、"担子茶屋"*是开在神社周围或寺庙前面供人们休息的地方。随后又出现了其他不同种类的茶屋。"腰挂茶屋"（koshikake Chaya，路边临时休息小屋）会提供茶水和团子（dango，一种有馅料的小甜品）。唐纳德·夏夫利（Donald Shively）描述，17 世纪，高雅一些的茶屋"备有十分雅致的房间，客人们可以在那里吃吃喝喝，还能欣赏舞女和其他艺人的表演。"[14]"色茶屋"（iro chaya）里的女招待可能还会提供色情服务。这种地方属于一类叫作"水商卖"**的行业，通常与娱乐活动，特别是性服务挂钩。在花街柳巷里，还有提供介绍服务的"手引茶屋"（tebiki chaya，引荐茶屋）。"芝居茶屋"（shibai chaya，剧场茶屋）会给观看表演的观众们提供食物和饮料。那个时期的各种茶屋中唯一留存至今的是"相扑茶屋"（sumo chaya）。这里可以买到由日本相扑协会（Nihon Sumo Kyokai）发售的摔跤表演的门票、茶点和各种"土产"（omiyage，周边纪念品）。它们位于本地社区网格中，为普通粉丝们提供服务，这与早年的"水商卖"本质上是一致的。它们也

14

---

　　* 担子茶屋：日语发音"ninai chaya"，盛行于日本江户时代中晚期，指代挑着装有各种简易茶具的担子、四处行走卖茶水的商人。价格十分便宜，一盏茶约收费 1 钱。这个词有时也可用来指茶水商人使用的那一套做茶工具。——译者注

　　** 水商卖（Water trade）：在日语中称作"mizushoubai"。本意指前景不明朗、被人气和世人喜好所左右、收入不稳定的行业，不仅仅指夜总会、风俗店等与性服务挂钩的工作，还包括演员、漫画家、歌手、小说家等职业，内涵非常广泛。——译者注

是另外一种形式的"繁华街"，是传统的邻里社会关系和娱乐场所的体现。

这样的繁华街还包括一种叫作"大众演剧"（taishuu engeki）的小型社区剧院。这里提供歌舞杂耍表演和较低级的幽默演出。因为票价低廉，所以观众络绎不绝，十分热闹。这里还有一些面馆、酒馆和小饭店，有时还能看见有人在街头卖艺。繁华街算不上是"时髦"的地方，甚至还略显守旧。虽然一些新兴的表演能够吸引更多顾客，但常常会遭到本地居民的质疑。茶屋以及后来售卖咖啡味牛奶饮品的奶舍，都是为普通学生族和老百姓提供服务的场所。对他们来说，这种平民式的场所既有趣又经济实惠。

再后来，茶屋渐渐地由各式各样的路边摊变成了城市中固定的娱乐休息场所。这时的茶屋里几乎全部都是男性客人，并且不再是不知姓名的陌生人，彼此间熟悉的人在这里相聚、喝茶、聊天。像土耳其的"卡哈瓦哈内"（kahvehane，音译）*一样，茶屋的老板和客人之间的关系非常亲密，在这里，老板对客人们的福利负责，能随时留意到客人的离开并努力建立人脉。茶屋还是一个能够促进家族之间联姻的地方，因为人们可以在这里交换邻里之间的信息，分享八卦新闻。这里能制造出许多的缺口，又能将一些缺口抚平。这些同质化的场所在很窄的范围内表现出微妙的差别。在茶屋，人们常常用昵称来代替真实姓氏。这些昵称大都是依照个人属性，比如面部特征（大鼻子）或说话习惯（乡巴佬口音）来取的。这些昵称也是一种表现茶屋常客身份的有趣证明。在这

* 卡哈瓦哈内（kahvehane）是土耳其特有的一种咖啡馆，不是单纯的咖啡厅，还兼具了游戏室的功能。男人们可以聚在这里喝咖啡聊天，还可以玩一种土耳其特有的棋盘游戏。穿梭于咖啡馆中的占卜师们还会根据你喝完的咖啡杯底留下的咖啡渣形状来进行占卜。——译者注

里，人们似乎冲破了礼貌仪态的束缚，没有人会将这里的谈话向外传播，也不会有人把这里的谈话内容"当真"。而现代日本的酒吧，也是一个具有这种虚拟自由的地方。在这里，白领们可以不必拘泥上司下属的关系，随便跟同事和领导开玩笑也多半不会受罚。而咖啡馆，因为很少提供含酒精的饮料，所以并没有这种功能。

为什么茶屋最终会给咖啡馆让路，而没有形成一种非竞争的两者并存的局面？这还要从城市变化和现代化的过程以及饮品的发展历史说起。到 19 世纪中叶，处于社会阶级金字塔底部的商人阶级在文化和经济上的能量逐渐增强，这与他们低下的社会地位是不相符的。商人们的参与推动了餐饮和娱乐服务行业的发展，而后，又逐步推动了艺术相关产品的发展。统治阶级为了限制商人的发展、巩固自身地位，自 17 世纪起，出台了一系列反奢侈消费的法令和限制条约，禁止商人们向武士和贵族阶层展示经济资源。比如，禁止某一种食物的食用，以及禁止在公共场合穿着丝绸服装。[15]这些举措是维持社会阶级系统的最后防线。到 19 世纪早期，这个系统已经与当时社会和经济的发展状况越来越不一致。

渐渐地，对商人的这些限制已经无法持续下去，进入明治时代，这种做法已经完全过时。商人阶级冲破了刻板等级制度的束缚，开始展现和利用自己的经济力量。他们在当时的首府京都主导并开创了一种全新的"町人"（choonin）文化，倡导江户商人们奢华的生活方式和品味。当审美品味被扩大到更广的范围，不再是被一小部分人独享专有，对城市文化的高端体验反而变得非常有限。[16]商人们公开地向娱乐和消遣行业进军。当武士们还需要换上便服才能去"水商卖"场所活动时，商人们已经可以公开地"拥有"这些地方了。

　　经济实力雄厚的中产阶级逐渐崛起，可以在新型的消费场所尽情享受。城市里那些类似土耳其"卡哈瓦哈内"的茶屋，就显得有些陈旧又保守了，更像是老一辈人才会光顾的场所。"新时代的男性"们开始在公共空间中寻找一个可以更好地展示自我、交流新事物的场所。他们相信，不久，"新时代的女性"们就会加入到他们当中来。咖啡馆和一种新饮品应运而生了。到19世纪末，咖啡让茶叶在现代公共空间中黯然失色，这种新奇的事物本身也成了城市风景的一部分。

　　日本第一家咖啡馆可否茶馆，出现在社会政治、经济和城市面貌都在发生巨变的时代。古代的"江户"更名为"东京"，不仅是民族象征（天皇）所在地，也是国家力量（官僚机构、军队及其他组织结构）集中之地。自19世纪晚期起，东京成为全国独一无二的政治和经济中心，而其他区域都被统称为"地方"（chihoo）。在明治时代以前，长崎等进出口贸易港口城市是最先受到外国事物影响的地方，但19世纪70年代起，东京引进和吸收了更多西方的商品和思想，开始在日本"全球化"进程中担任主要角色。

16

　　对都市人来说，各式各样的咖啡馆都是他们了解"新"事物的场所。这包括新的西方饮食、西式的餐桌椅以及由男女服务员提供的西式餐桌服务方式。在一部分老的咖啡馆，人们要预先在进门处的桌子上购买咖啡券，再把它交给吧台里的服务员。这个地方并不拘泥于古老传统的社交礼仪，由于不必受到传统旧模式的束缚，客人们在这里便能更好地学习和探索行为举止的新时尚。退役后的武士们开始与曾经社会地位低下的商人们为伍，且双方都以平等的姿态加入到这种新奇的景象之中。新晋富裕商人和穷困的旧时代武士可能在咖啡馆里再次体验到了一种新的社会阶层的不调和。

19 世纪晚期的工业化发展将更多的人口带往东京。人们通过家族关系或中介介绍到工厂里去工作。傅高义（Ezra Vogel）认为，日本工业化时代的这种基于亲属关系的移民现象，与日本的"主干家庭"结构密切相关。在这种结构中，家族产业的继承权利和维系家族持续发展的任务只会落到家庭中的某一个小孩身上。日本的"长子继承制度"使家里年龄更小的儿子必须离开原生家族、外出务工并组建自己的小家庭。[17] 年轻女孩子们虽然也可以"出稼劳动"（dekasegi roodoo，短期外出打工），但她们会被限制在工厂宿舍里，并不能过上真正的城市生活。因为在传统观念里，女孩子们最终必须完好无损地回到自己的父母身边，并随时准备着在乡下结婚嫁人。

在那个时代，到咖啡馆里寻求放松的通常都是男人。20 世纪初的咖啡馆，对职工们来说，就是一扇能够窥探城市风景的窗户。虽然在 19 世纪 60 年代，乡下人们也会玩一种叫"咖啡糖"（koohiitoo）的游戏，将一粒混合了咖啡的糖球融化在热水里饮用，但喝咖啡的场所对这些农民工来说，是从未接触过的新奇存在。古老的茶屋依然存在，但已经不再是乡下路边的小站，而是开在城市里的店铺了。初到城市的新人们在感到不适应的时候，便会选择去咖啡馆或茶屋寻求一丝慰藉。乡村里是没有咖啡馆的。一位刚从乡下来到城市的人说："我们（去咖啡馆）倒也不是真为了喝咖啡，只是因为"喫茶店"能给我们提供一些线索，让我们能快速理解这座大城市。"[18] 某些"喫茶店"逐渐变成了某一个地方来的人们专有的聚集地：比如，（日本）东北地区来的人们就会去有很多比他们早来城市的东北老乡聚集的咖啡馆。通过这样的社交网络，他们找到了在城市里生存的成功之道。

19 世纪 80 年代的可否茶馆开创了一种日本公共空间的新

风格。它与茶屋并没有任何相似之处，而是经过精心设计、全面 　17
引入了新的外国元素。无论是从店内服务方式、提供的饮品还是
从顾客多样性的角度来看，新型的咖啡馆与它的"前辈"茶馆是完
全不同的。在茶屋这个"村落"里，人人都对你无比熟悉。这样的
"村落"渐渐给更加有可塑性的场所让位。在咖啡馆里，你可以为
自己塑造一个不为"村落"中人们所知的全新形象。同时，这个地
方本身也处在变化之中。紧接着，又出现了小咖啡吧和卡巴莱餐
馆*等"激情澎湃的场所"，这些场所充分展现了现代化的进程，
也对公共空间进行了新的诠释。新时代的人们，尤其是女性，在
这些相对公平的环境中实现了新的自我价值。

咖啡最早是在 16 世纪至 17 世纪由葡萄牙人和荷兰人带入
日本的。到 19 世纪末，皇室、传教士和殖民地性质的咖啡交易出
现。到 20 世纪早期，崇尚西方生活方式的普通城市居民开始接
触到咖啡。咖啡和咖啡饮用存在着明显的流动性现象：最盛产
咖啡豆的地方，却并不是咖啡消耗量最大的地方。这也从侧面反
映了"在第三世界种植，供第一世界饮用"的现状。世界上唯一一
个咖啡豆高产又高消耗的国家是巴西。咖啡豆的流动和交易可
以创造新的经济关系和市场流量。日本早期的城市咖啡馆深受
维也纳哈布斯堡王朝、巴黎奥斯曼大道上的咖啡馆、善交际的伦
敦商人阶级聚集的嘈杂场所等风格的影响。到 20 世纪早期，虽
然还有像京都筑地咖啡馆（Café Tsukiji）那样使用红丝绒座椅、
保留维也纳"大时代"（grande époque）风格的个例存在，但日本的
咖啡和咖啡馆已经逐渐实现了归化。日本咖啡并不是经由欧洲

---

　　* 卡巴莱餐馆（cabaret）：在就餐时为客人提供歌舞表演助兴的餐馆，通
常还出售含酒精的饮料。——译者注

中转、二次进口的：巴西与日本直接贸易的确立、一大批咖啡狂热爱好者的出现以及日本咖啡馆的迅速本地化现象都证明，日本咖啡不是欧美咖啡的简单衍生品。咖啡馆通过保持与时俱进、积极适应新的品味、新的社会和经济景况，得以在人们的日常生活中长期存在。咖啡馆的超强适应力即来源于它的持久性，也是它得以持续发展的重要原因。

纵观所有这些转变与影响，我们可以说，并不存在一家所谓真正的"日本咖啡馆"。它可以是一个环境美好、咖啡美味的地方，供人们消磨时光、暂时远离责任和重复单调的日常生活；那些在常规制度中无法找到"归宿"的事物可以在这里找到展示的空间。或者，正如一位日本商人所说，这是一个容许"什么都不做"的地方，"这难道不是一个极好的地方吗？"

18 咖啡馆推动了日本文化的多样性，打破了制度环境中的刻板文化表现。咖啡馆一方面存在于指导城市人民生活的制度之中，又拥有随意变化的自由，是一个有能力填补人们生活空白的不同寻常的场所。这种自由和功能使咖啡馆成为人们日常生活中不可替代的重要组成部分。

在社会持续变化的状况之下，特别是在经济和历史剧变时期，人们为咖啡馆找到了新的用途：加强变化并设法适应它们。失业的人需要一个地方能坐下来处理自己的情绪，没有办公室的自由职业女性需要一个可以办公的场所，学生因为家里太拥挤吵闹而无法安心学习，最终，他们都选择了咖啡馆。咖啡馆既考虑到了社会用途，也考虑到了个人用途，这里既适合聚会，也适合独处。咖啡馆的功能多样性证明了情境和体验的多元性，也重新定义了现代的日本。现代日本社会对人们的能量和精力投入有很强的需求，但人们持续上升的自我表达的意愿也需要一个宣泄的出口。另外，咖啡馆允许本能的、不受约束的事件发生，创意性活动和艺术性的活动也可以在这里进行。从做"水商卖"的茶屋到20世纪20年代晚期的卡巴莱餐馆，再到日本独有的胶囊网咖，男男女女生活中的社会化和现代化的历史都能从咖啡馆里找到线索。日本咖啡馆的公共和私人功能是一个充满变化的故事。咖啡馆的持久性应该归功于它随时间和空间不断进化的能力：它是一个能让我们观察到非静态历史的地方。

第二章

日本的咖啡馆：咖啡及其反直觉性

打破常规直觉：咖啡在日本的王者地位

日本咖啡馆可以对既往获得的那些指导现代化和全球化方向的知识进行修正和改善。我们在日本了解到的咖啡馆用途与我们过去对咖啡馆生态和全球化的理解，既有相似之处，又有完全不同的地方。日本的公共社会和饮品消费形态也完全颠覆了我们原本的想象。这个故事中主要有四个令人惊讶之处。第一，人们往往认为茶才是日本人的主要饮品，而实际上，在日本社会中，喝咖啡才是王道。另一个惊人的事实是，日本现在已经成为世界第三大咖啡进口国。第三，许多研究者认为，日本的咖啡潮流是以西方国家的咖啡为依托的。但实际上，巴西，这个当代世界最大咖啡豆生产国，早在 19 世纪末就已经将日本设定为重要目标市场，以此来助力巴西咖啡产业的跳跃式启动。最后一点是，刚到日本的人可能会特别惊奇地发现，在以西雅图为首的咖啡潮流到来之前，日本的咖啡馆就已经十分兴旺发达。到 19 世纪末，咖啡馆已经成为日本社会中意义重大的空间，它能够创造并推动新鲜事物和群体的出现，也是我们在公共场合保留隐私的现代新方式。正是基于这些出人意料的事实，本书的目标也从原

本的对日本咖啡馆的社会历史性研究转变成了探讨城市公共空
间和咖啡的自身发展历程：

图 3　京都进进堂(Shinshindo)咖啡馆(拍摄者：近藤实)

在当代日本文化中，是什么让如此平凡之物变得"不同凡响"。

咖啡和咖啡馆展示了日本城市历史变迁的各种模式，同时也
证明了日本在早期推动咖啡(如今，咖啡是仅次于石油的第二大
现代国际贸易商品)全球化过程中所担任的主要代理角色。日本
代理商们最早是在巴西展开工作，后来，又将业务范围扩大到了
世界其他主要的咖啡原产地国家。日本的咖啡馆也开始转型，脱
离最初他们从西方借鉴的风格，转变为日式的品味和实践方式，
并最终将其发展成了全世界咖啡行业的最高标准。现在，我们在
美国也能喝到正宗的日式咖啡，并且完全不会想象他们是在喝
"我们"的咖啡。

日本人喝咖啡的方式和场所带有独特的日本城市生活特点。

日本城市人口密集、充满了目标、责任和消遣。孤独时，咖啡馆为我们提供社交；而当社会对我们过分苛求时，它又能为我们提供一片独处之地。日本的咖啡馆并不是现代城市问题的解药：在美国，人们把咖啡馆当作改变默默无闻状态的有效之法。[1]而日本的情况却恰恰相反，咖啡馆的重要用途已经从"社会公共空间"向"公共场所中的私人空间"转变。无论如何，在日本社会中，相比聚在一起，独处有时候反而是一件非常美好的事情。

21　　　为什么日本的咖啡馆并不怎么适合使用笔记本电脑？为什么美国人通常花很久时间也很难在日本找到无咖啡因的咖啡？为什么日本的咖啡大师拒绝使用意式咖啡机而选择一次只制作一杯手冲咖啡？这些问题都能从独具日本特色的咖啡馆文化中找到答案。它们不能单纯地被解释为一种独特的日本传统特质，它们也是不断发展的咖啡文化和社会、经济状况的持续变化共同造就的习惯。文化的改变并不意味着对旧文化形式的全盘否定，或以新文化将其完全取代。日本文化本身就充满了变化，其中当然也包含坚持保持自我的矛盾斗争。虽然 19 世纪末，日本人对咖啡和咖啡馆都不太了解，但后来却可以毫无障碍地接纳它们，并将其发展成一种具有他们自己特色的文化。因此，咖啡和咖啡馆得以在日本持续长存，而不仅仅只是成为一时的流行。正如雅各布·诺贝格（Jakob Norberg）所说，早期咖啡馆形态的不确定性是它得以长期存在的重要原因。[2]在呈现和创造新奇事物的同时，咖啡馆也以其独有的"模棱两可的文化"满足都市人不断变化的需求和欲望。

　　　日本茶道以其极富仪式感的文化闻名。然而，茶和茶道却并没有为日本的喝咖啡方式提供任何参考模板。在谨慎和细致方面，日本的"咖啡之道"与抹茶的"茶道"是相似的，但咖啡又是一种完全独立的文化，它产生于超前的表现和行为文化，也深受人们思考和工作方式的影响，时而传统、时而新颖。

咖啡的地域变迁

从咖啡开始作为一种"公共"的饮品出现在人们生活中起，它一直扮演着重要的社交推动者的角色。在 16 世纪初的中东地区，喝咖啡已经成为一项公众娱乐活动。[3]咖啡和友谊为咖啡摊赋予了公共空间的属性。阿拉伯咖啡馆（通常是开在集市里的一种小帐篷摊，周围有一些供人们坐下来喝咖啡的凳子）大约从公元 1000 年开始就已经成为一种社会公共机构。那时，商人们从阿比西尼亚（Abyssinia）* 带回咖啡豆，将其煮制成一种叫作"quahwa"的饮料，并发现"这东西能防止打瞌睡"。1475 年，第一家土耳其风格的咖啡馆卡哈瓦哈内（"kahvehane"或"kiva han"）在君士坦丁堡诞生。

起初，土耳其的咖啡馆是非常保守的，主要是男性客人光顾。早期的咖啡馆是人们创造和提升自身社会地位的场所。君士坦丁堡的咖啡馆是为有权势的年长者服务的场所，被允许进入的年轻人们都是为了向导师们学习政治策略而来。但是，偶尔也有一些企图颠覆这些权威的人利用咖啡馆的"开放门户"混入其中。所以，为了防止暴动或其他政治、宗教争论，政府有时会下令关掉一些咖啡馆。实际上，咖啡馆也见证了不少暗杀行动。其他"偶然"的聚集场所（如公共浴室或集市广场）主要是传播信息和小道传闻的地方，而进入咖啡馆这样的机构，则需要更多的商业和公

22

---

　　* 即今埃塞俄比亚。——编者注

民参与的元素。可想而知，乡村或社区领导们发现卡哈瓦哈内有时候就像是一个小型的"市政厅"一般，那里总不会缺少起诉请愿的人。

到奥斯曼帝国末期，进入现代化进程阶段，老式的卡哈瓦哈内开始显得有些老派又过时了。这个"不景气又脏乱差"的地方，只剩下聚在一起打打牌的老年客人。此时，欧洲风格的咖啡馆开始吸引了一大批追求现代化优良品质的客人。[4] 老式的卡哈瓦哈内在政治方面的作用逐渐变得消极，政治家们现在更多的是把它当作实现就业的场所，而不是增强和稳固自身力量的地方。新的咖啡馆必然会滋养出新的思想和新品种的咖啡。在那里，传统的土耳其咖啡逐渐被欧式焖煮咖啡、滴滤咖啡、虹吸壶咖啡以及后来的意式浓缩咖啡取代。但是，像公共澡堂、富人们的露天派对和传统家庭这些喝咖啡的地方，还是一直留存了下来。新式的咖啡馆至少在社会传统结构层面，暗示了一定程度上的自由开放。相比卡哈瓦哈内，这里没有太多社会阶层分级方面的限制，它也不像清真寺一样带有浓烈的宗教色彩。这里更适合娱乐消遣，也是一个可以提供和接受款待的场所。

咖啡跟随阿拉伯商人来到威尼斯，从此敲开了欧洲世界的大门。1615 年，欧洲最早的咖啡馆在这里出现。1683 年，企图占领维也纳的土耳其军队又将咖啡带到了当地。军官弗朗茨·乔治·科尔什齐齐（Franz George Kolshitsky）因熟悉"东方"事物，被派往前线，渗透到土耳其军队中以召唤另外一边的波兰军队。最后，土耳其军队战败离开，留下了骆驼和大量的蜂蜜及咖啡豆。维也纳人以为咖啡豆是骆驼饲料，而深知咖啡价值的科尔什齐齐接手了土耳其人留下的所有咖啡豆。战争胜利以后的 1683 年，他迅速在威尼斯的教堂街（the Domgasse）创立了第一家咖啡馆，取名"蓝瓶咖啡馆"（the Blue Bottle）。[5]

在此之前，咖啡早已北上传入了巴黎和英格兰，巴黎第一家咖啡馆于 1645 年创立。据说，牛津大学一名来自克里特（Cretan）的学生纳撒尼尔·卡诺皮亚斯（Nathaniel Canopius）在他的宿舍房间里喝到了他在英格兰的第一杯咖啡。1650 年，来自土耳其的犹太人雅各布（Jacob）在牛津大学创立了一家咖啡屋，那里的常客多数是该校贝列尔学院（Balliol College）的学生们。来自士麦那* 的帕斯卡·罗希（Pasqua Rosee）取得执照，在伦敦康希尔（Cornhill），离圣保罗大教堂不远处的圣迈克尔小巷（St. Michael's Alley）开设了第一家咖啡馆（现在的牙买加客栈，Jamaica Inn）。

23

这样的场所在当时的英格兰广受欢迎（仍然以男性顾客为主），并不全是咖啡的功劳，因为咖啡在当时还属于一种新奇事物，并不普及。在这个社交空间中，人们不会被任何既定的社会阶层和等级定义，只要能买得起一杯咖啡，人人都可以在这里自由交流。另外，从这里能够获取最新的资讯，也是商人和银行家们青睐这里的重要原因。塞缪尔·佩皮斯（Samuel Pepys，1633—1703）在他的日记中记载了他每一次到访咖啡馆的经历，并详细记录了在那里遇到的人、谈论的话题。他平均每周三至四次光顾这些他认为极具"社会性"的地方。在一些咖啡馆里，有人会大声朗读当天的报纸，目的是让那些本身不太具备阅读能力的人也能参与到激烈的时事讨论中来。在这里，你能碰到许多在日常工作中遇不到的人。这样的偶遇对佩皮斯意义重大，因为他可以从每一个顾客身上学到不同的新东西。[6]

---

* 士麦那（Smyrna）：现称伊兹密尔（Izmir），是土耳其西部的港口城市。——译者注

后来，人们将咖啡馆戏称为"便士大学"（penny university），因为在这里，你只需要花一便士买一杯咖啡，就能有机会学到十分重要的知识。并不仅仅是有权势的人才能从咖啡馆中受惠，它是一个能为任何阶层和任何兴趣爱好的人群提供公平服务的自由之地。而它对新的信息和观点的收集能力也渐渐引起了权力阶层的警觉。查理二世下令于1675年12月23日关闭所有的咖啡馆。然而，就连国王也碍于这种"危险"场所对英格兰经济的重大影响，不得不于16天后的1676年1月8日宣布重开咖啡馆。[7]查理二世镇压咖啡馆的历史，在一个世纪后的普鲁士重新上演，腓特烈大帝（Frederick the Great）禁止咖啡出现在任何未取得官方许可的场所。他认为，咖啡（以及喝咖啡的场所）是反政府激进主义思想的温床，并训练了一批"咖啡间谍"（*Kaffee Schnüffler*）专门打探非法的"地下咖啡馆"[8]。

各种各样的质疑与憎恶也总是伴随着咖啡。17世纪的英格兰出现了一篇抨击咖啡的文章，有传说它是出自一位女性，而实际上应该是一位男性所写。文章表现出了对咖啡的强烈抨击与抵制：女性们抱怨他们的男人因为受到咖啡的影响而丧失了抱负，甚至丧失了性能力。另外一些文章，则是对咖啡的异国起源表示出疑虑：它是属于地中海中部地区黎凡特（Levantine）人的东西，与土耳其人、阿拉伯人和犹太人都有关联。它身上这种特殊的自然属性使它被看作是一种"东方人的"饮料。这种属性对一部分人来说极具吸引力，但对大多数人而言意味着危险。后来，他的这种异国属性又成功给它贴上了"进步"与"现代"的标签。[9]一种新的饮料和围绕它出现的场所确实值得好好观察。到1700年，咖啡馆已经在英国遍地开花：相比同时期巴黎的600家，伦敦已经有3 000多家咖啡馆。[10]

24

　　17 世纪英格兰的咖啡馆是船运信息的重要来源，因为经营者会在这里为进口商人和保险公司发布货船进港的信息（或船只在海上失踪的消息）。著名的劳埃德保险商协会（Lloyd's）的前身就是于 1687 年在码头附近塔街（Tower Street）创办的一家咖啡馆。17 世纪后期是殖民贸易发展的时代。荷兰人和英国人相互争夺霸权，争相从自己的殖民地向本土运输商品。航路、商品种类和数量等信息对于商人来说是至关重要的，劳埃德便为这些以贸易为生的人们提供咖啡和必要的情报。老板会在墙上张贴"劳埃德清单"，公布他们从船长（他们在咖啡馆有自己专属的角落）那里打探来的零散信息。他还会为在他这里做生意的人们提供必要的书写工具。在报纸等大众出版物还不发达的时期，像劳埃德咖啡馆这样的地方对信息的传播起到了十分积极的作用。1691 年，劳埃德协会成立，专门从事殖民地和欧洲境内贸易的保险业务，并一路发展成了后来的伦敦劳埃德保险商协会。自 17 世纪以来，这家公司曾两次迁址，但它坚持将自己的从业人员称为"服务员"（waiter），时刻不忘自己的根基是一家咖啡馆。

　　尤尔根·哈贝马斯（Jürgen Habermas）注意到，这个时代的英国咖啡馆给人们提供了一项独特的服务：交流的公开化。[11] 在日本，情况也大致相同。19 世纪末至 20 世纪初，咖啡馆推动了商业和交流的进步。而后来，印刷技术和交通运输发展进步，咖啡馆的这一功能被取代，但咖啡馆本身却并没有随之消失；相反，它们开始服务于其他的需求，甚至创造新的需求。无论是在欧洲、美国还是日本，不断适应新状况的咖啡馆一直是城市文化的中流砥柱。无论城市社会其他方面如何变迁，咖啡馆总是一个能让人发现和创造现代文明的地方。

　　相对而言，轻松适应各种不同城市文化其实相当简单。在巴黎,小摊贩在大街上随处可见,新的产品往往都是通过临时的食品小贩传播开来的。有记载称,巴黎历史上第一个咖啡供应商是一个叫"帕斯卡"(Pascal)的美国推销员。他背着一套研磨咖啡豆和煮咖啡的用具,挨家挨户上门推销,根据客人的要求现场为客人制作咖啡。当英国的咖啡馆已经成为与交易和金钱密切相关的重要场所之时,法国的同类场所,如普洛科普咖啡馆(Le Procope)〔由意大利人弗朗西斯科·普罗科皮奥·德·柯尔特李(Francisco Procopio dei Celtelli)于 1689 年创办〕等,也是"文化"和商业所在之地。巴黎的咖啡馆虽是社交与时尚汇聚之地,但也是能引起政治共鸣的地方。福伊咖啡馆(Café Foy)曾是革命者的家园,到 18 世纪末,咖啡馆先是被保皇党监控,后来又处于害怕出现反革命运动的势力的监控之下。

法国的咖啡馆被看作是一个新时代的领导者,也是新一代城市居民的塑造者。城市生活编年史家米什莱(Michelet)对咖啡馆的重要作用做了总结:咖啡是一项能够创造新的风俗习惯,甚至改善人的气质的伟大事物。[12]从一个开放的领域到获取商业信息至关重要的场所,再到"便士大学",咖啡馆本身便已经是文明的代表。

在美国,咖啡逐渐成为变革的代名词。在 18 世纪末波士顿倾茶事件之后,茶不再是一种政治正确的饮料,咖啡馆开始广受欢迎。英国人早就开始偏爱饮茶,尤其是在当时的英属殖民地开始大力推广茶叶种植以后。因此,在美国,咖啡是一种政治性的选择,因为茶已经成为带有英国殖民主义地理特征的物种。

美国和欧洲城市文明与咖啡馆之间有着错综复杂的历史纠葛。在这个慷慨豁达和体现中产阶级创新变革的空间里,充满了变化与自由的故事。在日本也是如此,如我们所见,咖啡馆的到来绝不仅仅预示着人们有了更多的个人选择。

社会变迁过程中的咖啡馆

我们将看到，人们生活中对咖啡馆的使用过程实际上就是一个社会变革的过程：例如，在"现代化"发展时期，人们的生活来源开始依靠在外工作的工人工资，而不再以家庭为单位的劳动产出为生计，家庭便成了职场以外的独立场所。此时，咖啡馆的作用便是填补这种介于家庭和职场之间的空白区域。这种功能的场所通常被称为"第三空间"。而咖啡馆的功能，又是其他的"第三空间"所不具备的。它所负责的是大部分其他场所并没有涉及的领域。在这里，对个体的定义变得更为轻松且易变。在工作场合，对良好表现和忠诚度的高要求给个体带来了巨大的压力，使得人们在组织中不得不将自己的个性严密包裹起来。家庭，实际上又是另外一个需要努力的地方，因为中产阶级的家庭总是在努力争取将自己的后代送往一条确保未来仍是中产阶级的成功道路上。咖啡馆还可以被看成是一种独立存在的空间，并不会取代任何一种其他类型的第三空间。它虽然也能为人们提供放松消遣，但它也能够参与促进和支持其他"有意义"事物的发展。

雷·欧登伯格（Ray Oldenburg）将"第三空间"定义为"非正式社会生活的核心组成部分"。[13] 他用这一概念来定义人们在家庭（第一空间）和职场或学校（第二空间，通常是你耗费最多时间的场所）以外的、常规自发的聚集场所。他称，这种第三空间主要具有以下四种典型特征：免费或消费并不太高；它们通常与食品和饮料相关；通常处于我们伸手可及的地方，并不偏远；它们既招待常客，也接待新客人。图书馆、公园、酒店大厅或火车站全部都属于这一范畴，但欧登伯格认为，咖啡馆才是其中最典型的一个。

26

他的概念还包含这样一个想法：这样的场所可以推动现代"文明社会"的发展，催生更广泛的集体意识，使全民具有更高的社会责任感。日本的咖啡馆在多个历史时期都为这样的现代思维提供了发挥的场所。而后来，它逐渐演变成了一个供人们暂时逃离各种世俗的要求、得以喘息的场所。它更像是一个中场休息地，而不是政治和社会变革的发生中心。咖啡馆可以是社交性的，也能满足在公共场合独处的需求，它们可以帮助有思想的人创造新观点和新活动。然而，我们将看到，当代咖啡馆的功能变得更加多样化，我们更强调它的安慰力量，将它当作城市混战之中的退避之所。

　　咖啡馆的特色和功能一定会受到它所处的历史时代、文化和地域等因素的影响。日本历史上不同时期不同历史条件下的咖啡馆，与同时期欧洲和美国的咖啡馆路线大相径庭。它并没有走上典型的咖啡馆民主政治路线，这里并不是哈贝马斯描述的那种能创造有改革能力的政治思想的场所。[14]哈贝马斯发现，在18世纪英格兰的咖啡馆里浮现出了一种全新的民意舆论。在这个看起来杂乱无章的共享空间中，我们仿佛能找到现代社会的基本雏形。无论是否真的能够有效缩小当时的社会差距，至少各种信息（特别是能够促进交易和事业发展的信息）在这里都能够自由传播。在大众传媒和公共交通还未发达、无法给人带来新商品和新观念体验之时，我们有咖啡馆，还有以咖啡为媒介的通讯交流。

　　当现代印刷业和电子媒体成为有效实用的传播途径，咖啡馆也仍然没有被人们彻底放弃。当代欧洲、美国和日本的咖啡馆对有聚集意愿的人们来说，是非常有用的集会场所，而且还可以看报纸和使用笔记本电脑。人们因为各种各样广泛的理由共用这一空间。正是这种对时代、文化和社会的顺应能力，以及功能的多样性，使咖啡馆在现代社会中十分必要。

　　虽然在 20 世纪 20 年代，东京和大阪的一部分咖啡馆曾是创 　27
造性思想和政治辩论的公共舞台，但它作为提供表达和变革的场
所这一功能，主要还是更倾向于个人而非政治。根据不同的时
代，咖啡馆已经成为当时历史和文化的具象化体现：它不是这两
者的镜子或象征，更像是一个官方社会被戏弄、挑战或颠覆的场
所。在当代日本，日常生活中能够独处的地方非常稀少并且问题
重重。而咖啡馆这个不太会发生偶遇的场所，恰恰能为我们提供
在社会中难以获得的合法的独处空间。除了我们注意到的这些
功能之外，在日本，咖啡馆还能在公共场合提供私人空间，它既是
一个社会服务中心，也兼具了学习审美和消费的教室、游戏室的
功能，还是一个能启发革命性创造力的地方。

　　日本咖啡馆出现在 19 世纪末的现代化进程和技术领域都进
入飞速发展的时期，报纸和公共交通也在此时出现。与伦敦的咖
啡馆不同，日本的这些咖啡馆并不是政治和经济信息的唯一来
源。在这里，客人们只会发现新的审美品味、品性和其他公众参
与的活动。唐纳德·里奇指出，在咖啡店里，"人们得以接触到外
国新事物，并见证它们在短时间内迅速归化的过程。在音乐咖啡
厅，你第一次听到了勋伯格（Schoenberg）的音乐，在艺术咖啡馆，
你第一次欣赏到了贾科梅蒂（Giacometti）的画作……各种类型
的外国文化艺术作品都能在那里找到"。[15] 毕竟，咖啡馆里的事物
总是足够新鲜的。与伦敦的咖啡馆相似，日本的咖啡馆为新奇事
物提供了展示的空间：虽然新奇，但在这里，审美、物质文化和讨
论在不同社会阶层的人们之间展开，保守文化和个人角色所需要
承担的社会责任在这里是不起效的。日本咖啡馆既为展示"非正
式"文化提供公共舞台，又可以是一个任何表演都无需上演的幕
后场所。在咖啡馆里买一杯咖啡、确定一个座位，可以让人获得

从生活中其他的领域无法获取的东西,至少,有一部分人是为了从这里获得一些"空间",无论是实际意义上的还是抽象意义上的。

在日本,空间是十分珍贵的。我们通常听到日本人在解释日本社会和文化的各种问题时,总会提到"我们是一个小小岛国……"。以美国和欧洲的标准来看,日本的居住空间是十分有限的,商店和办公室也通常十分狭窄。在城市人行道上行走简直称得上是一种避让训练,可以培养出特别的道路生存技能。可以用来独处的空间就更加稀有了。

在日本,人们往往把自身的时间都交付给其他社会组织,活动受到各种制度的制约。作为"第三空间"的咖啡馆可以为他们提供一个完全享受属于自己的时间的场所。在这一点上,它们可能同其他地方的咖啡馆是相似的,但人们在其他环境中被贴上的个人标签都是决定他们行动和个性的重要因素,这使得日本的咖啡馆成为与美国和欧洲城市咖啡馆完全不同的空间,对人们产生持久的吸引力。当社会对个人位置和责任的要求越强烈,人们摆脱这种位置和职责的愿望也就越强烈。此外,日本的咖啡馆还充分利用了这个场所固有的多变性特点,无论是起源于英格兰还是巴西,它都会迅速呈现日式的功能、日式的意义和日式的咖啡。

近来,日本独立咖啡馆的数量逐渐减少,但这并不意味着光临咖啡馆的顾客人数也在减少,也不表示人们开始倾向于去罗多伦、星巴克这样的连锁咖啡馆(它们的出现只是创造了全新的客户群体,而并非与独立咖啡馆抢客人)。当然,这也并不意味着完全没有新的独立咖啡馆开业。更有可能的是,它代表了一种自然矫正的现象:20 世纪 80 年代初泡沫经济时期放弃拿薪水的工作、赌上全部身家创办咖啡馆的那群人,现在已经到了快要退休的年纪。

在如今这个不那么乐观的时代,这群人的孩子们便没有那么强烈的独立欲望,更倾向于选择安全性更高的主流职业。然而,这群人的生活中已经离不开自己经营的那间喫茶店了。而另一方面,在抱有独立希望的人群中,学习"咖啡馆经理管理"课程的人数是相当高的。

由于老板们审美品味的差异,咖啡馆可以有各种不同的样貌。咖啡馆是完全属于老板的领域。在这里,他(或她)可以通过一系列复杂的"魔法"程序,精心地将咖啡豆变成饮品,以此来展现自己挑剔的咖啡制作、教学和服务品味。咖啡馆也能反映出性别和年龄差异导致使用上的细微变化和不同。从 19 世纪 80 年代东京那种像男性俱乐部一样的空间,发展到 20 世纪 20 年代男女性均可以成为顾客或服务人员的状态,咖啡馆除了其他具有特性的发展路线,整体上是渐渐朝着更加具有包容性的方向发展的。

咖啡馆逐渐成为民主政治的缩影,因为它更多的是服务于那些在社会中未被归类的部分。它们也见证和学习了如何充分利用人们在使用时间方面的变化。随着白领阶层的崛起,保护蓝领工人不被过度剥削、超时劳动的工会组织出现了。雇员们开始到咖啡馆寻求职场与家庭之外的喘息之地。渐渐地,咖啡馆变成了一个工作与休闲活动并存的场所:社团可以在这里开会,雇员可以把工作任务带到这里来完成,以逃避领导的监督,学生们一直 29 把咖啡馆当成自习室或验证新想法的地方,以至于部分地区的校规把咖啡馆规定为中学生禁止进入的场所。最终,当家庭变成了一个更加私密、缺乏社会渗透的场所,"喫茶店"或咖啡馆便成了一个媒介机构。在这里,有意或无意的相遇都比较容易发生。

交通运输也参与制造了多种使用咖啡馆的情境:火车站和

地铁站显然是最适合咖啡馆出现的地方，因为人们需要在那里打发等车或等人的时间。"工薪族"白领们需要在结束了一天的工作后或在去办公室的路上寻找缓解压力的场所，于是车站咖啡馆便成了他们生活中的精神支柱。无论是作为结束整晚的喝酒聚会后互道再见的场所，还是作为情侣们日常约会的地方，车站咖啡馆都是人们社交生活中最棒的辅助工具。

咖啡馆如何分化：随时间
变迁的风格与功能

日本第一家咖啡馆将英式风格的咖啡带给了更广泛的顾客群体，但他们当中仍然是以男性和新兴的城市中产阶级客人为主。正如我们将在本书第五章中看到的一样，到 1907 年，巴西风格的咖啡在这片土地上成为主流。巴西政府把日本作为他们咖啡豆最主要的海外市场，将一些已经移民巴西从事咖啡种植业的日本人送回日本，给日本带去全新的巴西品味和文化。当时的咖啡馆还是以欧洲大陆风格，尤其是维也纳和巴黎风格为主。在大正时期，咖啡馆开始出售酒精饮品，并由性感迷人的女招待提供服务，于是"喫茶店"便渐渐与像卡巴莱餐厅一样的咖啡馆分道扬镳。与喧哗又吵闹的咖啡馆相比，"喫茶店"显得格外安静，这里没有酒精饮料和性感的女招待来打扰这种适合沉思冥想的氛围。所以，这种"纯喫茶店"（junkissa）对花花公子和时髦年轻女郎们并没有什么吸引力。经常光顾这种"纯喫茶店"的是艺术家、作家和知识分子们。他们把这里当成论证和展示艺术的家园，但他们也还是偶尔会光顾气氛更愉悦的咖啡馆放松放松。"二战"以后，只售卖咖啡的"喫茶店"比咖啡馆更快恢复营业。在当时，咖啡是最容易弄到的物资,酒和食品的紧缺状态一直持续到 20 世纪 50 年代中期才得到缓解。

提供咖啡是现代"喫茶店"最主要的服务。有食品经营许可证的咖啡馆则可以售卖任何东西:从咖喱饭、三明治到休闲零食和糕点。但是,几乎没有任何咖啡馆会售卖通常被定义为"正餐"的食物,唯一的例外可能就是"喫茶店"和咖啡馆的"晨间套餐"。 30 这份早餐通常包括吐司面包、鸡蛋和沙拉,而不会是味噌汤、米饭和咸菜这种典型的日式早餐。"喫茶店"通常从早上开门一直供应早餐到上午十一点,老年人们会选择晚一点过来,吃个早午餐。

在过去 120 年间的不同时期,日本咖啡馆除了提供咖啡,还提供了娱乐、公众集会以及个人慰藉。根据不同的时代背景和其他变量,咖啡馆满足了城市居民各种不同的需求。这种与时俱进的顺应能力,与咖啡馆进入日本的时间和方式密切相关,因为从一开始,它便是以一种全新的场所出现,而不是直接继承了茶屋的社交属性。

对公共空间的全新使用方式证明并增强了咖啡馆的新颖性,无论是新的桌椅和装饰还是咖啡这种新的社交饮品都不能轻易将咖啡馆定型。新的事物还在不断产生。当咖啡馆最初希望用外国生活方式,引入西方新奇的文化,它们便注定了是一个不断创造和传播新鲜事物的空间。当咖啡馆出现时,日本正处在中产阶级情怀和机动性更强的"都市风格"逐渐成型的时期,咖啡馆里有太多相关内容可以展示、欣赏、实验和改良。尤其是 1923 年关东大地震以后,大阪和东京都变成了更加热烈的"咖啡馆之城",尤其是东京成为城市建筑和街道建设的标杆城市。地震对东京城市的破坏,最初导致一大批咖啡馆和卡巴莱餐厅老板离开,迁往大阪重新创业,大阪迎来咖啡馆热潮。后来,新咖啡馆的创立和公共空间的灾后重建使东京成为一个地理上更加综合完善的城市。社会活动也仍然处在变化之中。在社会变革时期，一个脱离了严格的传统文化模式的场所具有绝对的优势。进一步来说，至少在那个时代，咖啡馆的无阶级性在一定范围内允许和证明了社会的流动性（或至少证明了社会多样性）。

咖啡馆里的现代性与城市性

20 世纪 20 年代，咖啡馆以其现代化的象征和创造性思潮的涌现而闻名。当时的一名评论员说道："咖啡馆甚至比国会更加有意义。"[16]在那个时代，对现代化生活的体验包含了国内和国外的各种新奇事物。早期明治时代的现代化进程主要体现在经济和技术变革的国民动员层面。

图 4　京都弗朗索瓦咖啡馆(Café François, 拍摄者：近藤实)

　　他们企图赶超西方，在社会结构和工业化方面学习他们的有用之处，也严格将"西洋化"在其他领域的影响控制在最小安全范围之内。然而，这种选择性做法并没有完全朝着领导者们预想的方向发展。日语中"和魂洋才"（wakon yosai，日本精神、西方技术）这个词就很好地反映了他们在文化上保持高度团结一致以抵御外来文化入侵新的日本民族认同。事实上，真的能够保护他们日本之魂的做法恰恰是通过借鉴西方先进成功的方面，来保护其他方面不被改变，比如价值观和品性等。

　　学习更多西方文化的渴望远远超越了保护"日本民族认同"的意愿。从 19 世纪 80 年代第一次模仿欧洲模式的咖啡馆在日本出现开始，这些新奇的场所和它们出售的新奇饮品便在不经意间逐渐本地化，无意间成为一种非常有效的解决方案，突破了"现代但不西洋"的困境。它们给城市居民的生活带来了新奇的体验与慰藉。人们并不会认为咖啡馆是个外来异国风情的空间，而是把它当作日常生活中实用又有吸引力的地方。与其他的外国食物和服饰相比，咖啡和喝咖啡的这些场所更快地实现了归化。直到现在，西方的食物和服装仍然被称作"洋食"和"洋服"，而咖啡（在日语中可以写作汉字"珈琲"，也可以用表示外来语词汇发音的片假名"コーヒー"来表示）早在 20 世纪初就已经彻底完成了它的归化过程。

　　卡罗尔·格鲁克（Carol Gluck）曾表示，19 世纪欧洲的现代化是一种可以被日本所吸收采纳的"可用的现代化"，但在普遍情况下，在过去特定历史时期出现的日本现代化是所有历史变革经历共同作用的产物。[17] 经历了明治和大正早期各种决定性社会变革的日本咖啡馆符合格鲁克所说的"即兴的现代化"这一概念。我们现在也正处于这种类型的现代化进程，生成新奇事物、创造

31

32

新体验。正如伊莉斯·狄普顿（Elise Tipton）所说，咖啡馆在持续进行即兴创作。[18]

日本在 19 世纪末"追求现代"，是这个国家保护自己不受外国支配控制的重要策略；借鉴西方的官僚政治、教育、军事和医疗卫生系统的模式来升级日本的社会结构和发展潜力，是一项具有国家安全性质的活动。但不久，一系列更低层面的现代化出现了。

现代化，最初带着从西方借鉴而来的商品和习俗出现在大众视野中，更容易在城市被关注。当时的乡村实际上是一个远离现代化、更倾向于"传统"的地方。城市中的咖啡馆反映并支持着社会的流动性，并能打破既定的社会等级制度。而在农村地区，像乡村广场这样的公共空间更倾向于继续强化现有的社交生活模式。1860 年到 1890 年的工业化高速发展时期，工厂吸引了大批工人从乡下外出打工，大量乡村人口开始拥向城市。对这些城市新移民来说，咖啡馆便是他们学习城市生存之道的理想场所。在这里，他们可以手捧一杯便宜又新奇的饮品，舒服地观察如何在这个与家乡截然不同的新地方出人头地。

后来，"咖啡馆"（café）一词常常被用来指代那些欧洲大陆风格的高端场所，而"喫茶店"则表示普通的街区小店。"摩登"（日语发音"modan"，指欧洲包豪斯建筑学派风格的设计、现代主义类型）一词常常表示那些以室内设计和装饰为主要卖点的咖啡馆，客人们光顾这里通常是为了体验新奇事物和欧式风格。"喫茶店"的店内陈设也可以是"现代"的：他们使用简单的餐桌椅多出于功能性考量，并不会在室内设计和内涵方面引入"摩登"风格。"二战"后"喫茶店"的"设计"通常是由深棕色的人造革座椅、深色的木桌、墙上的镜子和深色木纹装饰还有金属压制而成的烟灰缸共同构成的。而基于美学内涵的战后咖啡馆环境通常使用的是浅色调原木、明亮的色彩和超大的落地玻璃窗，以及"斯堪的纳维亚风格"（Scandinavian，北欧风）或"包豪斯风格"（Bauhaus-style)"的家具。直到 20 世纪 60 年代，这里一直是新奇事物和先锋艺术活动的场所，各类画展、音乐表演和文学活动都在这里展开。

　　如果日本咖啡馆参与了现代化的实现，那它现在是否也正在参与其消亡的过程呢？正如狄普顿（Tipton）等人所说，咖啡馆代表了 20 世纪早期日本社会的引导指令——"现代"：如今，它是否只是一个供人们怀旧的消极场所？又或是它现在又代表着某种其他的东西，比如反映某些新的现象或人们关心的新热点？20 世纪早期那个努力赶超西方的时代很快便被日本现代化进程的迅速变化和分化所取代。事实上，我们在咖啡馆儿乎可以发现所有种类的现代化，它可以称得上是一部真正的历史目录：20 世纪 20 年代的地下咖啡馆是一个时代品性颓废堕落的证明，将维也纳风格当作一种通俗大众文化顺利引入日本，"二战"后初期，上演大胆行为艺术的咖啡馆让欧洲存在主义和美国"心跳"咖啡馆显得有些乏味，现在，连锁咖啡馆反映了大众市场的重复可预见性。但是，除了星巴克这样的西方连锁店，日本人并不认为咖啡馆是"欧洲"或"美国"的东西，而是把它当作彻头彻尾的日本产物。

职场、家庭和新的价值尺度

　　社会公共空间和消费行为可以创造出新奇事物，但它们同时也能反映社会的需求和变化。在日本，"现代"和"现代化"既包括教育、工业和官僚政治领域的工作发生的新的时间观念，也包括将家庭作为共同消费单位而不再是共同生产单位这一观念的转变。在19世纪70年代，随着全民普及教育和工业化的到来，时钟开始成为衡量和管理职场和学校各项活动的工具，后来，这套系统也进而被运用到家庭中，用以安排各项日程。然而，无论是时间还是空间上，家庭和外部世界之间都存在着一些空白地带，需要通过主动或被动地参与咖啡馆这样的公共空间的活动来填补。

时间成为衡量工作效率的标准，将完成任务的时间作为评价和表彰员工的依据，也使咖啡馆能在人们的日常生活中占有一席之地。柴田德卫(Shibata Tokue)描述在工业化城市里，不同的时间会有完全不同的分时风景，人群每天早晨在某一个可预测的固定时间流入城市中心，又在傍晚某个固定时间流出城外。[19]通勤与消费，往往是同步发生的：雇员们往返工作场所的途中会经过公共交通系统外围的商业中心，他们在那里吃吃喝喝和购物。现在，在电车和公交网络的任何节点都有可以购物、娱乐和供人们消遣和放松休息的场所。现代日本人生活中的高峰时间将人们从家中抽离到工作之中，但也同时会使他们有机会出入一些"非指定"的空间，咖啡馆便是其中之一。对咖啡馆进行普通的日常观察便会发现，这样的空间在人们每日的行程中具有十分重要的意义：赶早班的人总是最早到来，匆匆喝上一杯便让位给来这里放松一会儿的家庭主妇们；紧接着，学生和工人们会在午餐休息时间来到这里。然后，从下午一直到傍晚，这里都是退休的老年人们社交活动的场所。再晚一些来光顾的是下班后的上班族们，情侣们也可能会把咖啡馆当作约会的场所。根据咖啡馆地理位置的不同，使用上也会有所差别：这种时间差异主要取决于咖啡馆周边居民的身份构成。

现代化带来的不安之一便是家庭和职场之间的巨大差别。

家庭变成了另外一种设定，用来维持其发展的努力行为都在家庭以外的地方才能实现。过去，人们把家庭作为生产劳动的场所，在那里进行农耕、手工艺，或做小买卖；但在后面的章节中，我们会看到，家庭逐渐会变成一个依靠在外面工作的人来维系的地方。它是繁衍后代的场所，孩子在这里被抚养长大，能独立生存并能撑起整个家庭（以及赡养他们已经年迈、失去劳动能力的父母）。在这里，女性找到了她们在家庭中作为母亲的定义。而对大多数男性而言，对他们进行定义的往往是职场。在战后初期的日本，职场对男性的需求往往大于其家庭对他的需要，这导致男性和女性在主要的活动空间上出现了明显的区别。而当家庭和职场同时出现时，压力就产生了。[20]

　　在现代工业和官僚政治进一步发展的日本，无论是事实上还是形式上，工作都不再是世代相传的了：当家庭之外有更赚钱的工作可以选择时，木匠的儿子也未必一定要继承父亲的生意和客户。现在，人们必须通过在学校教育期间获得的各种证书才能获得工作。大型的企业通常偏向于以更加意识形态方面的方式来评价员工是否优秀和成功，它们鼓励员工与公司之间建立起家庭主义一般的紧密联系，对员工的忠诚度与工作投入程度都有相当高的要求。这其实并没有改变对工作意义的底层理解。企业员工们被鼓励与自己的工作场所等同起来，例如，一个标准的自我介绍往往是这样开头的："我是三菱的渡边。"由此可见，仅仅依靠工作的时间和薪水并不能明确一个人的员工身份，也不能证明员工的工作成果。然而，隐藏在企业形象背后的意识形态体系与真正的工作体验往往是不匹配的：无论是在办公室还是在工厂，互相支持又团结、家庭式的氛围实际上是几乎不存在的。于是，远离工作的时间便成为一个完全不同的自我感知的时间。哪怕对

于没有办法完整休假的企业员工来说，碎片化的休息时间也是至
关重要的。咖啡馆座位上的时光往往是最闲适的。与酒吧相比，
来咖啡馆的客人更多的是为了享受"自由时间"。

随着通勤时间的增加和家庭空间的缩小，休闲时光（甚至只
是未被安排工作任务的时间）被压缩到哪怕只有一杯咖啡的时
长，它仍然具有十分重要的意义。当通勤距离越来越长，人们更
加需要可以放松和过渡的场所。所以，咖啡馆也是公共交通系统
的一部分，它们可以填补日程中的空白，也允许人们微调自己的
到达时间。普遍的东京上班族单程通勤时间最少在一小时左右，
有的甚至需要两小时。在这些已经被严格规划好时间的通勤旅
程中，咖啡馆已经成为必不可少的桥梁。

紧迫的日本职场文化也会制造出许多空白时间。正如一位
商务人士所说："我们现在的生活方式已经完全离不开咖啡馆
了。"他同时提到了一种基于"职场文化"的咖啡馆用途对成就生
意十分关键：在日本，如果你与人有约，你必须非常准时，甚至提
前几分钟到达目的地。为了确保这一点，你就需要更早到达约会
的地点附近。毋庸置疑，你至少需要提前15—20分钟的时间，才
会显得从容不迫。除了咖啡馆，还有更好的地方可以填补这段时
间空白又能放松因旅途劳累而紧绷的神经吗？对他来说，只是这
一条简单的日本商务礼仪便可以解释为什么咖啡馆可以在日本
遍地开花。等待照片打印、修理鞋子或等待看牙医？咖啡馆是日
本城市中人们等待的场所。

对于一部分人来说，咖啡馆是他们家庭以外的另一个"家"。
在这里，与朋友们来一场休闲聚会或在休息时间看看报纸，社会
和个人需求都可以得到满足。而对于另一部分人来说，咖啡馆是
他们暂时逃离家庭需求的地方。家庭主妇们可能会在逛街途中

到咖啡馆休息片刻，到这里来打破在家中独处的枯燥乏味，享受一个不担负任何责任的安静时光，或与朋友在这里小聚。在咖啡馆的短暂逗留，她们既保护了家庭的私密性又能打破家庭中的孤独感。

在这样的情况下，你并不是来这里寻求消遣的。人们来这里买杯咖啡，打发时间，或随意看看报纸、杂志和漫画书就已经能达到目的。有时候，不带任何个性特征地待在一个空间中与待在一个能够容纳自身个性的空间中，有相同的重要性。如克里斯汀·矢野（Christine Yano）所说，这里是为那些"真正懂得在公共空间中的闲逛艺术的都市人"准备的。[21] 当一个人在其他空间被强烈需求，那么对他来说，不带任何个性地待在一个空间里，会变得格外放松。

本书记录了咖啡馆逐渐向城市转移的过程，它由最初紧密的乡村式街坊邻里场所向更加具有中立色彩的区域移动，成为介于公共空间与私人空间之间的一种未被标记的社交空间。在过去的街坊邻里关系中，咖啡馆可能是原本已经很牢固的人际关系的延伸；而在现代城市中，咖啡馆则是一个完全不同的场所，它通常是静态而非动态的。在这里，偶遇多于可以预见的约会，新奇的事物多于熟悉的经历：咖啡馆既鼓励新事物的出现又能保护人们生活中那些普通平凡的日常。

寺庙和神社的空地也一直持续提供着一些非宗教性质公共空间的功能：做杂工的老年人们可以坐在一起休息，孩子们可以在这里玩耍，孩子的妈妈们也可以在这里小聚。公共浴室曾经也是城市社区生活的重要组成部分，但沐浴洗澡这个功能就相对更加明确单一。明治时期开始出现的公园、动物园，以及后来的车站、商场都可以是人们聚会的场所。现在的车站里还设置了专门的"集合点"来强调这一功能，但人们通常只会在这个地方碰头，而并不会把它当作一个可以进行休闲交流活动的场所。

在 20 世纪中期，从日本的咖啡馆体验中可以看出，一种与古老传统的日本生活结构并列的中产阶级"现代化"生活方式已逐渐登场。日本的现代化是工业、科技、媒体和城市发展共同作用的产物。一张西式餐桌并不仅仅是一件普通的家具，它也是居家生活方式发生转变的体现。人们对时尚、装饰和食物的品味都在变化，并出现了许多奇妙的混搭（俏皮的短发搭配不怎么端庄的和服，挂着象牙手柄的拐杖却穿着高高的木屐，在大米炸丸子上浇番茄酱）。它们有的只是昙花一现，有的却永久性地扎根生存下来成为日本物质文化的一部分。

历史和地域为我们展示了一幅二维的城市变迁地图，而公共空间的现代化进程，却从第三个维度穿透了这个二维系统。咖啡馆的空间还没有被完全定义，其形态也仍处在不断变化发展之中，所以自然能够成为第三维度的代表，在这里，时间和空间都有无限的可能性。先前毫无关联的人们可以在这里相遇，并排坐在一起，人与人之间也不会有任何个人连结，没有自我介绍，也不体现任何个人身份，这就足以使咖啡馆成为一个现代的空间了。从历史角度看，在 1923 年，一名女性可以独自走进一家咖啡馆，这就是现代。人们在咖啡馆里是坐在椅子上而不是日式的坐垫上，这让它先是变得西式，然后发展为现代。毋庸置疑，选择喝咖啡本身就是一种极具现代色彩的行为。

在当代日本，"现代性"是一个具有审美趣味、带有怀旧色彩的品牌营销方式，怀念的是那个将"现代"作为文化建设客体的时代。

37 "摩登"代表的是一种特殊的历史风格，包含时尚、商品、思想和行为的方方面面。米里亚姆·西尔弗伯格（Miriam Silverberg）在讨论日本大正时期的"Eroguronansensu"（日语中"色情""猎奇""荒谬"三个英文单词发音的缩略，指代当时故作颓废、迷失灵魂的新思潮的大漩涡）现象时，发现了当时人们对现代化的困惑。[22]后来，对于其主要领军人物（画家、作家和放浪不羁的艺术家，在后文我们会介绍他们其中某些人）而言，现代性意味着对文化、艺术和行为等元素的综合性消耗。它还指代一种精神状态，麦基（Mackie）将它称为现代性的"恍惚"。[23]我们称一个咖啡馆"现代"通常是说它内部的艺术装饰、火柴盒和家具陈设是基于日式装饰艺术的，无关乎它是否属于某个时代，或是突破了那个时代固有的模型，引导对更加诗意、迷人年代的怀旧渴望。20 世纪 50 年代至 60 年代的战后时期"现代性"还包含一种叫"包豪斯极简主义"（Bauhaus minimalist）的美学风格。而现在，它也成为一种复古风咖啡馆设计：讽刺的是，包豪斯极简主义其实深受日本建筑学的影响。

在日本，"城市性"（urbanity）则是另外一个与"现代性"（modernity）同样难以简单定义的词汇：首先，我们应该将这个词汇从西方传统使用方式赋予它的意义中抽离出来，重新理解它。它与"现代性"一样，都是具有漂泊流浪性质的术语。在西方通俗口语表达中，"城市性"指的是一个温文尔雅的都市人身上所展现的一系列的品质：它可以表示复杂巧妙、老于世故和世界主义，懂得如何柔和又巧妙地在社交情景中正确行动；它也可以表示形象、礼仪和商品等各个方面体现出来的"风格品位"。这些品质大概都能从"拥有整条街"的花花公子身上找到，比如后来被沃尔特·本雅明（Walter Benjamin）描述为浪荡子的波德莱尔（Baudelaire）。[24]的确，如果一个人能在城市里感觉"像在家一样舒适自在"，那他即便算不上温文尔雅，但也至少算是个都市人。

在日本，对于这个词汇也有类似的理解和意义，当我们说一个人"urbane"* 时，已经将他与其他非城市的人们区别开来了。日本人眼中，"urbane"的人肯定不会将自己的活动局限在狭隘的"面对面交流"的邻里社区之中，而是会冒险进入更可以"隐匿身份"的城市空间。"隐匿身份"即意味着成为"无名之辈"；只有离开了自己的居家空间，人才可以真的不拥有姓名。

城 市 空 间

公共社交空间并不是在所有的现代城市都随处可见。在现代化的城市中，有一类场所非常重要：在那里，没有人认识自己，人们可以完全卸载自己在已知环境中的责任和职务。在 19 世纪晚期以前，这样的空间在日本城市中是十分罕见的。即便是现在，也并不是所有的日本城市都具备这样的公共空间——威尼斯有圣马可（San Marco）这样的露天广场、达喀尔（Dakar）有开放集市广场、纽约有中央公园这样的用来休闲娱乐的公园、北京有天安门广场这样用于大型活动集会的正式场所。现代都市可能都有火车站、购物中心、带大圆顶的酒店大厅，也可能有稍微古老一些的寺庙和神社的庭院或古老的皇城，但日本的城市中少有这种"中央空间"性质的场所；它们的城市风景倾向于各种小小的、供人面对面交会的场所。这一方面是由于日本的高人口密度，另一方面也有它长期的历史演变过程。

世界上任何一个城市的形态都与它最初的功能和发展过程

---

* urbane：英语中常作彬彬有礼、温文儒雅、练达的、从容不迫之意。——译者注

密切相关,其特殊起源一定程度上决定了这座城市未来公共空间发展的范围。有些城市将区域内定期开展的集市变成了固定的社区,有的城市则是沿着人们旅行和朝圣的线路(或世俗、或宗教)沿途发展而成。在中世纪或封建制时期,城市则是统治者们为了巩固自己的力量而占有的一块领地。有一些港口城市则是为了创造和保护水路海陆航运价值而形成。麦加(Mecca)、日本太宰府(Dazaifu)和印度瓦拉纳西(Varanasi)这样的宗教城市,都是宗教相关组织发挥自身的力量占有并发展起来的精神中心,通往这些城市的朝圣路线确实充实了这些地方的人口。人们在这些公共场所聚集,或独自一人在这样的公共区域内栖息,可以是蓄谋已久,也可以是偶然发生,或被迫,或自愿。它们是如何变成人们"自愿"主动聚集或随意到访的场所,正是当代日本对公共空间使用的关键所在。

在日本,我们能看到许多古老的定居模式留下的遗迹。东京最早是为幕府将军建造的城下町,现在的城市以皇城为中心,服务和产品都以环带状从中心向外辐射开来。在古都京都,曼荼罗一样的圆形古代皇居植根于中式的网格状街道市场之中。港口城市神户则是以海滨为中心。大阪以河流为中心展开它的商业区域布局。古老的朝圣路线,其沿途为虔诚的朝圣者们提供服务的小城镇逐渐发展起来。在江户时代,为来往于都城的地方封建领主们在旅途中提供休息和茶点的小站最后也变成了至关重要的商业城市。

城市是仔细考量以后的计划性建设与偶然创造的结合体。从这种意义上来说,城市既是"自然"的又是"人工"的;城市空间和它的使用,与它们的发展方式直接相关。人行小道被人们一遍又一遍反复行走踩踏,最终就会变成可供车辆通行的大路。就像

39

日本城市本身那样，城市中的许多公共空间都不是被刻意设计出来的，而是在人们日常反复使用过程中自然形成的。刻意建造的开放空间在明治时代以前几乎不存在。那时，对于民族国家及其附属组织的理解都是从西方首都城市学习而来的。公共公园、动物园、西式的公共博物馆、露天广场、林荫大道——只有在19世纪70年代官方特使第一次到访欧洲和美国以后，创建这类空间的思路才被引入进来。

在东京，作为明治神宫"正门入口"的表参道（Omotesando）上林荫密布，它是在1920年仿照巴黎香榭丽舍大道建造的。同样，之后的东京塔的灵感也来源于埃菲尔铁塔。1906年建成的新宿御苑（Shinjuku Gyoen）曾是皇室景观园林，而现在也已经改造成了国家公园，其风格不禁让人联想到法式经典花园和伦敦摄政公园（Regent's Park）。上野公园（Ueno Park）在德川幕府时期曾是幕府家庙和宅邸所在地。19世纪末，城市铁路的到来推动了上野公园的发展，到20世纪20年代，这里已经集中了东京国立博物馆、上野动物园等一系列西方风格的城市生活福利设施。

公共公园以及像东京明治神宫这样的神道教神社前面宽敞的道路，都是在19世纪末至20世纪初逐渐建造起来的。像日本的传统寺庙和集市场地这样的公共空间，后来总是可以被改造成各种非传统的目的来使用。即便是寻常的空间，也在不断进化：阳光明媚的星期日，在家门口的一块小小空地上放上一把长椅或两个凳子，这里便成了邻里间的社交场所。无论是最具流动性的还是最固定的公共空间，都是以极小的规模在不知足不觉中自然发展起来的。

当一个场所最主要、最基本的功能开始减弱（越来越少的人前往寺庙祈福，街道变得吵闹或脏乱，用于维护某些历史遗迹的经费不再充足)，为了能够扩大自己狭窄的生活范围，住在附近的人们便会想方设法地开始利用周边可用的绿地。在日本，城市人口的居住空间越来越小，私密性也越来越高，这导致人们不得不走出家门去开展社交活动：天气好的时候去户外、商店街、公园、积满灰尘的寺庙庭院(现在，这里通常是一些寺庙幼儿园的运动场)。这些举动都会促成一些无意识或半无意识的人员聚集，但仅仅局限于与原本就存在于这些空间中的熟人们聚集在一起。如果想要完成一些更具主动性的聚会，那么就应该选择将其安排在更高一层次的公共空间中进行，比如咖啡馆。

　　萨斯基娅·萨森(Saskia Sassen)在她关于"全球城市"概念的讨论中，将纽约、伦敦和东京放置在同一个关联和变化的模型之中：她认为，一个全球城市应具备四个基本特质。这样的城市首先必须在世界经济活动中扮演至关重要的角色，并在金融服务领域居于显著位置，它还必须是创新变革的发源地，并能为创新变革的产品提供销售市场。[25] 但我想补充的是，全球性城市虽然都具备这些相同的功能，但它们对这些功能进行变通调节的方式却各不相同。比如，东京的中心老城区在面对经济转型时，体现出了比其他地区更卓越的耐力，推动周边的大多数区域从传统的商业(商店)模式向更具"全球"结构意义的模式转换：过去的"一楼商铺，二楼居住"的住宅向高层豪华公寓转变。他们可能抵抗住了现代财富的诱惑，这些周边城市也同样可以抵抗住衰退的压力。人口大量外流也并没有给这些城市造成什么威胁。未来威胁这些城市的可能是社会老龄化和低出生率，但即便是在最艰难的时期，也并没有向中产阶级靠拢的意思，很快重新原地振兴起来。

　　在消费领域，日本城市也不同于"全球性"的模式：人们还是

40

习惯在"本地"购物——到家附近步行或骑行范围内的商店去采购。城市外围边缘地区可能会有一些大型的折扣商场，但要开车才能前往的大型购物中心是很少见的。城市中有车的家庭也只会在周末才到这样的商场购买家用电器或家具之类的高价商品。步行或骑车到附近的"商店街"（Shotengai，附近街坊里传统商店集中的场所）购物是大部分家庭主妇每天例行的日常活动。这样的商店街也是街坊邻里八卦和信息交流的核心：这样的场所能够维持至今，得益于人们日常的购物习惯，更得益于人们保持与熟人之间紧密联系的需求。在这样的人员聚集之地当然也会有咖啡馆。"全国性"乃至"全球性"的公共空间与这些本地空间并存，但并没有在城市中产阶级人口的生活中占据主要位置。商店街体现的是一种基于本地的人际关系，销售的也是日常生活中必需的消耗品。它和它的咖啡馆一样，都是邻里街坊的自然产物。

咖啡馆是个充满生气的地方。20 世纪 80 年代的泡沫经济在 90 年代早期走向破灭，去低消费的咖啡馆是当时人们仍然负担得起的娱乐活动。即便其他的娱乐活动全部被削减，出去喝杯咖啡这件事并没有被省略：它既不会让你受到非议，也不至于让你经济更加拮据。前文曾提到咖啡馆数量的减少并不意味着人们对咖啡馆兴趣的降低。现在，我们看到新一代的咖啡爱好者和怀有咖啡馆梦想的年轻人创办了各式各样新颖奇特的另类咖啡馆：有机咖啡馆、民族风咖啡馆和画廊咖啡馆随处可见。随着网络的发达，这些咖啡馆的受众范围被进一步建立和拓宽。后来，又出现了书店咖啡馆、烘焙咖啡馆和宠物咖啡馆（可以带自己的宠物一同前往，或在那里可以逗猫和逗狗），还有更猎奇的"女仆咖啡馆"，二次元宅男们聚集到这里来观看他们最喜欢的卡通角色的真人化表演。在足浴咖啡馆，你可以一边手捧着咖啡，一边将双脚浸泡在舒服的热水里享受矿泉足浴。在一些温泉度假区，你甚至可以一边喝咖啡一边享受水里的肉食小鱼为你进行"足疗"。还有一种怀旧复古风咖啡馆，年轻人们在这里引入"二战"后早期"喫茶店"风格、音乐和室内装潢。可见，任何事物都没有消失，新的事物并不是完全取代旧形式，而是给咖啡馆增添更多的可能性。咖啡馆的社会功能反映了日本社会正在发生的事情，所以它随着时间推移而不断变化。下一个章节将回顾现代化时期的咖啡馆，表明其基本的可塑性和它捕捉并预测未来发展的能力。

第三章
现代性与热情工厂

在刚步入 20 世纪的日本,去咖啡馆是一件彻彻底底地具有现代性的活动。正如依莉斯·狄普顿(Elise Tipton)所说,咖啡馆是塑造现代人的场所。[1]你出于个人选择走进一家咖啡馆,在那里与现代人相处并观察他们的一言一行。它曾是(从某种维度上来说,现在仍然是)一个有些顽皮的空间,在这里你可以尽情释放天性,并且可以自由地定义自我。你去咖啡馆是为了"玩",日语中叫做"游"(asobi),包含了"自由"和"将自己从社会文化责任中暂时解放出来"的意义。当你在玩耍时,你通常会倾向于寻求新鲜有趣的事物,而不会抱有完成更大或更正式任务的目的。

咖啡馆为新奇的表演提供各种多变的展示平台。它是形态多样的中性空间,无论是氛围、内部装饰还是人们在这里的体验都会时常发生变化。在这里,你可以暂时逃离文化规范和社会责任的束缚;你可以在这里有所发现,也有可能一无所获。家庭和职场期待你成为的模样与你内心更加易变又更具个人主义色彩的真实个性之间,也许存在着很大的差异。像咖啡馆这样的新场所就是链接这两者的桥梁。你不必成为(家庭或职场)要求你成为的样子,而可以成为任何这个空间允许的样子。社会中最容易受到文化正确性审查的中产阶级女性可能会发现,咖啡馆是对她们最有益的场所。

我们已经看到，女性已经开始进入一些公共领域并做好了享
受咖啡馆的自由氛围的准备。事实上，女性以顾客的身份出现在
咖啡馆而不仅仅是作为后台工作人员或服务人员，就足以证明这
里的现代性。

43

图5 京都"夜宴"（Soiree）咖啡馆（拍摄者：近藤实）

在位于东京麻布区（Azabu）的一家售卖糕点糖果、冰激凌和
咖啡的名店风月堂（Fugetsudo）里能看到不少"出身名门"的中产
阶级女性。到1893年，这家店的主要服务对象都是女性，创造和
满足她们对甜食的喜好。从20世纪的第一年起，我们就能发现，
资生堂化妆品公司创办的"资生堂会客厅"也深受精英阶层和受
过良好教育的女性们的欢迎。开在东京日本桥（Nihonbashi）的
高端商场三越（mitsukoshi）里的咖啡馆，对于来这里购物的女性
们来说，是个十分安全的社交场所。她们还把这里当作"水果会

客厅"，因为这里还提供冰点甜品和水果甜品。之后，我们还会在类似卡巴莱风格的场所发现咖啡馆的另一个产物："热情"，那里又能发现一批完全不同类型的女性形象。

1897年后，日本出现了奶舍（miruku horu），男女老少们共同在这里消费西洋食品和饮料。奶舍起初只是销售和配送牛奶的站点，到明治时代晚期，这里开始售卖咖啡。在1912年以前，奶舍一直都是没钱的穷学生和老百姓聚集的场所；显然，像银座的"喫茶店"里那种由漂亮的女招待提供的"情色服务"肯定是不存在的。一部分的咖啡馆就是由奶舍演变而来，而一些奶舍本身也是一个具有时尚和现代性的地方：年轻人在这里饮用一种现代的新型饮料——"咖啡牛奶"。

44　　　　在大正时期，喝咖啡的场所开始出现分化，依据各自不同的之前的发展路线，分离出各种不同的类型。奶舍和郑永庆的英式风格咖啡馆可否茶馆发展为现在普遍可见的近邻街区"喫茶店"。而另外一条下降式路线是日本近代有女子提供特殊服务的茶屋，变身为有更加性感和"现代"女服务员的咖啡馆和提供咖啡的卡巴莱餐厅。由于酒精和性的参与，这里显得更加嘈杂和充满激情。这样的场所往往歌舞升平，有现场的音乐表演，座位也都是卡座（有时还装有薄纱帘，以保护女性不被看见或避免情侣遭受公众的非议）。

像电灯、霓虹灯这样的现代装饰几乎可以出现在任何类型的咖啡馆中。所有的咖啡馆都使用西式餐桌椅。人们在这里也采用西洋方式，穿着鞋坐在高椅子上，而不是像传统的日式场所一样，脱掉鞋子、光着脚跪坐在榻榻米上。对许多人来说，这完全是一种新型的私人空间——穿着鞋子放松不符合常规习俗。在一些新的"艺术型""喫茶店"反而使用低矮的桌子和榻榻米坐垫，来唤起对过去更加文明和放松的旧时光的怀念情感。而略感讽刺的是,过去历史上任何时期的"喫茶店"都采用西式餐桌和座椅,这种激起怀旧情绪的元素是不存在的。截止到 1901 年,东京大约有 145 家西洋风格的咖啡馆和饮食店,提供日式饮食(不提供咖啡的)的场所却有近 6 000 家。但到了 1923 年东京大地震以后,特别是在银座地区,日式的茶铺几乎完全被西洋风的咖啡馆取代了。[2]1899 年,在这个充满时髦和新奇夜生活的地方出现了第一家啤酒屋。其他各种新的时尚热潮也竞相出现。渐渐地,咖啡馆的主要服务对象向消闲散步的人群、艺术家和作家们身上倾斜。

并不是所有的潮流趋势都偏爱社交生活和忙碌的街头时尚。独处也是另外一种全新的体验,而非卡巴莱风格的咖啡馆正好可以满足这种偏好。在咖啡馆中独处是一种十分现代的行为,咖啡可以为这份独处时光增添新的风味。实际上,咖啡馆最具有现代性的地方就是它能够在公共空间中为人们提供一种新奇的私密和匿名体验。并不是所有的"第三空间"都是社交性的场所,至少并不是所有的场所都包含明确又外显的社交活动。

最初,来自伦敦、巴黎和维也纳的文化新时尚是日本咖啡馆的卖点,但随着咖啡的归化,咖啡馆也不再被当作是一个提供异域文化体验的场所。虽然创办日本第一家现代咖啡馆的郑永庆曾在纽约和巴黎的咖啡馆消闲取乐,但外国元素对日本咖啡和咖啡馆的影响中,美国和西欧并不占主导:第一个标志性的成功案例,当属巴西风的美学和味觉审美。事实上,世界上第一家全球咖啡连锁店是由日裔巴西人创办的。它于 1908 年在日本成立,并于 1911 年在上海开设分店。西雅图系的连锁店直到 70 年后才出现,而且,当它来到日本,也并没有如预期的那样成为市场的

45

重量级存在。最终，本土的对手仍然占据主导地位。

"圣保罗"现象：巴西选择日本

在第五章中，我们会了解到，在咖啡成为巴西主导产业的发展历程中，日本工人起到了相当重要的作用。后来，他们又变身为咖啡进口商，将巴西咖啡生产者和日本咖啡商人连接起来。日本历史上第一位"咖啡皇帝"水野龙（Mizuno Ryu）起初只是一名巴西的咖啡工人，后来，他开始发展起移民事业，专门介绍日本农民到巴西的圣保罗（São Paulo）地区工作。1908 年，他在东京创办了日本第一家巴西风格的咖啡馆——圣保罗咖啡馆（Paulista）。之后，他又创办了"圣保罗巴西人集团"连锁，专门用来陈列他从巴西进口来的各种咖啡。到 1911 年，已经有超过 20 家圣保罗咖啡门店遍布日本关东关西地区。作为巴西圣保罗政府推广和销售巴西咖啡的渠道，1931 年，巴西人咖啡馆（Café Brasileiro）在大阪开业，随后，在东京、神户和京都也相继开设了分店。

第一家圣保罗咖啡馆开在银座的一幢三层白色小楼里，枝形吊灯、巴西国旗、镀金的家具，内部陈设相当华丽。店内的服务员身着巴西海军制服，肩章上甚至还带有镀金边的装饰。咖啡馆内所有的墙壁都有镜子装饰，全部铺设了木地板，如果你穿日本传统高脚木屐，你必须脱掉鞋子才能进入，如果你穿的是西式的鞋子，则不必脱鞋。

圣保罗咖啡馆很快便取得了成功。从早上 9 点一直持续到深夜 11 点的超长营业时间也是它的魅力之一。这使它一天中能接待好几拨不同时段前来的顾客群体：上班族早上过来，正午有人过来放松休息，下午和晚上也会再有几拨客人过来消遣娱乐。

植草甚一（Uekusa Junichi，音译）认为，那个时代的咖啡馆，是一个大众民主的场所，咖啡也是一种超越了社会等级制度束缚的饮品。[3] 当然，咖啡刚刚进入日本的时候，只有富裕阶层最先有机会接触到它，但在世纪之交，随着巴西咖啡的大量供应，咖啡逐渐成为更多普通人也能消费的嗜好品。在圣保罗之前的咖啡馆，糖是需要另外付费的。水野龙在他的咖啡馆里免费提供糖，随后，其他的咖啡馆也纷纷效仿。那时候的咖啡又浓又苦，于是水野龙引进了咖啡糖浆。这大概就是最早的"速溶"咖啡，方便人们可以更简单地在家里制作咖啡。在他的店里，还提供美味的点心和葡萄牙、巴西风格的甜甜圈。客人一直来来往往，不管他们在这里待多久，每个座位的营业额都是相当高的。他们还会散发打折优惠券，也能承办各种宴席。

46

这里简直就是现代性的秀场，不仅有电影，还有自动演奏的钢琴。人们可以包下这里来举办婚礼、出版招待会或诗歌朗诵会。小说家森鸥外（Mori ogai）就曾是银座圣保罗的常客。著名诗人北原白秋（Kitahara Hakushu，1885—1942）和他的朋友、同事吉井勇（Isamu Yoshii，1886—1960）等人创办了文学社团"潘神会"（Pan no kai）和《昴宿星团》（subaru）杂志。他们以日本传统短歌形式创作的不少诗歌，都被印在了圣保罗咖啡馆收据的背面，成为值得珍藏的纪念品。[4]

这些"小票短歌"中的两首，为我们展示了现代性的日本咖啡馆抒情又引人冥想的一面。以下是我的翻译：

北原白秋：

哪个温柔的人儿在咖啡馆里留下一杯未喝完的咖啡；夜晚深长的叹息让我的精神开始缓缓攀升。

吉井勇：

接近傍晚时分，咖啡的香气将我变成了一个可以做梦的人。

充满新鲜又有趣的无限可能性的圣保罗咖啡馆，客人数量十分惊人。东京总店每个月的客流量可以达到7万人次，也就是每天2 300人次，大阪店的月度顾客数也高达5.2万人，神户店的月均顾客数在2.8万左右，[5] 但即便是拥有如此高人气的圣保罗咖啡馆也不乏批评诋毁者。20世纪20年代，这里被部分偏爱吵闹拥挤、酒精和音乐混杂的咖啡馆的人们称为"一帮没钱家伙的聚集地"。尽管如此，圣保罗作为世界上第一个咖啡馆连锁集团，仍然取得了巨大的成功。

巴西咖啡的背后有一个十分强大的营销推广团队，这不仅仅是水野龙一人之功，还包括许多巴西政府代理商和巴西贸易公司的共同努力。该公司甚至在1930年出版了日本历史上第一本有关咖啡贸易的杂志《巴西人》（*Brasileiro*）。1935年，一系列咖啡文学杂志问世，在日本咖啡实业家们的支持下，长谷川时雨（Hasegawa Shigure）还创办了名为《妇人文艺号》（*Fujin Bungeigo*）的女性文学期刊。

咖啡馆可以借鉴任何文化形式，也可以展现任何新鲜事物。1907年，艺术家松山省三（Maruyama Shozo）* 在东京创办了巴黎春天咖啡馆（Café Printemps，日语发音为"Purantan"）。这是

---

* 松山省三：经查询，东京巴黎春天咖啡馆的创办人为松山省三，该姓名在日语中的正确发音应为"Matsuyama Shozo"，此处保留原作者拼写，但中文翻译已校正。——译者注

日本首家法式风格的咖啡馆,它仿照巴黎普洛科普餐厅的模式,不仅提供咖啡,也售卖食物和红酒。[6]老板自己的画作被用作墙面装饰,这也预示着这里将来会发展成一家画廊咖啡馆。坐落于东京日本桥的"鉴赏者之家"(Maison Connoisseur)充满了"异国情调",氛围迷人又独特。1910 年,大阪第一家被称为"咖啡馆"的店铺——"如月咖啡馆"(Kafe Kisaragi),在新世界(shinseikai)地区出现。作为一家具有欧陆风情的场所,在当时深受"老中产阶级"商人的青睐。一些银座的咖啡馆积极发挥其"极具教育意义"的功能,敞开大门,面向公众传授"现代性",让过路的人们都可以随意看到咖啡馆的内部,也让里面的客人尽情展示他们雅致的都市风格。到 1932 年,部分咖啡馆甚至开始设置欧洲风格的室外中庭。

1907 年,虎牌咖啡馆(Café Tiger)在银座开业,以女性服务员[咖啡馆的女服务员被称作"女给"(jokyuu)]和生动的夜景与巴黎春天咖啡馆形成竞争态势。几乎是同一时间,狮牌咖啡馆(Café Lion)也紧随其后出现,它门口有一头巨大的机械狮子雕像,当客人购买一扎啤酒,狮子就会发出一声咆哮。虎牌咖啡馆起初是以美貌的女招待为最大卖点,并不出售含酒精的饮品。专业女招待的出现是咖啡馆历史上十分惊人的转变。小说家永井荷风(Nagai kafuu)曾经流连狮牌咖啡馆,并差点儿被一名为其提供服务的女招待绑架勒索。[7]在处于"令人入迷"状态的咖啡馆,色情的作用完全覆盖了日常交流,白日幻象超越了逻辑理智。在永井荷风的中篇小说《梅雨时节》(During the Rains)中,他描绘了咖啡馆员工与客人之间不可靠又危险的道德境界。然而,如一位评论员所说,相比做作又吹毛求疵的拘谨精英生活,永井荷风本人其实更偏爱这种难登大雅之堂的陋巷社会的自由氛围。[8]如果说,这样的街巷是寻欢作乐的灰色地带,那于他而言,这里也是

"真实生活"所在之地。从这些以展现性感和热情待客来谋生的
女性身上，他看到了什么是真实。

女性的现代性：大正时代的咖啡馆女招待以及作为色情场所的咖啡馆

  大正时代的文化力量的影响范围，已经远远超越了它本身所
处的历史时期。[9]这个时期常常被贴上"民主政治"的标签，政治动
乱也通常被当作社会新的开放性的证明。

图 6　京都柳月堂（Ryugetsudo）古典音乐咖啡馆（拍摄者：近藤实）

48   明治时代对外国文明的探索让日本文化从中受益，为社会和
政治的变革创造了许多新的机遇。这个时代也以艺术、设计、个
人风格和社会生活等方面极度狂热的风格著称。

  无论是以"摩登女郎"（moga）还是以女招待的形式体现，女

性是这个时代咖啡馆中最具现代性的存在。[10]女招待们被雇佣过来展示和售卖"现代性",相比摩登女郎,她们在个人风格和自我表达上并没有太多的自由。在日本的爵士乐时代,一名报社记者创造了"摩登女郎"和"摩登青年"(mobo)这两个词汇来代表现代的少男少女们。对于普罗大众来说,这样的男男女女既极富魅力又令人反感。在保守派看来,这样的摩登女孩就是自私固执的荒唐行为的缩影,不负责任地拒绝社会道德约束,一味追求西方潮流,看电影、逗留咖啡馆、穿短裙。摩登女郎也因为她们普遍的运动短发形象深入人心,甚至往往直接被称为"短发妹"。[11]仅仅因为她们首先开始张开嘴大笑而毫不忌讳露出自己的牙齿,她们也算是新时代的女性;在过去,女性被要求笑不露齿,或者被要求用手遮住嘴巴微笑以免暴露牙齿。这样公开露齿的行为既颠覆又现代。

　　摩登女郎可以从属于任何社会阶层的评判标准,因为她们当中不乏社会精英、受过良好教育的中产阶级女性。当然,也包含女店员和工厂女工,她们将自己的工资节省下来置装打扮,引领街头时尚潮流。她们的目的各有不同,有的是为了将自己女权主义思想的选择和抱负具象化;有的则是为了充分利用城市生活的自由,展现新时尚,与年轻的男子发展所谓的"奇怪的男女关系"(日语中发音为"abekku",音译自法语单词"avec",意为"在一起")。这使得她们成为家庭八卦的对象,也给家人带来不小的忧虑。这些摩登女郎们会光顾银座五丁目的"王子"(Prince)、银座二丁目的"京城茶坊"(Miyako Saboo)等爵士乐咖啡馆,或到银座七丁目著名的店铺"恋人"(Monami)吃蛋糕。她们有意识地展示自我,自然也更容易受到非议。保守派批判她们伤风败俗,马克思主义者说她们是享乐主义者、堕落的资产阶级女性。相比她们

49

的男性同伴"摩登青年"，女性们遭受了更多来自现代社会的批判。

事实上，在女性群体中，社会形态、外表和品行等方方面面的革命是最显而易见也最具冲击力的。她们将现代性具体化，再自己消费其产物。女性单单通过去咖啡馆这一个举动便能够展现现代性：出现在公共场合。咖啡馆的女招待们又是从另一个不同的角度体现了"现代"，她们重新定义公共社交行为甚至改变了男性的社交习惯和着装风格。女招待们被雇佣过来，一是为了吸引男性顾客，另一方面也是为了给这个原本完全男性化的空间增添一些女性色彩。然而，与她们依赖男性顾客来维持生计的事实相比，她们的"文化影响力"则略显抽象。

女招待们利用情色暗示，至少暂时制造了她们可以被随意掌控的错觉。调情是一门必要的艺术、一项专业技能。故意激起注意，目的仅仅在于从更多的男性客人身上得到最高的小费，但当男性客人，甚至更糟糕的是女招待，在这个过程中动了真情，那情况就不那么简单了。观众和表演者之间必要的安全距离被突破；在这样的情况下，表演者不再完全受控于顾客，此时的女招待便处于危险之中。这些女性们通常都有"艺名"，这使她们能够将舞台上展现的人格与私下生活中真实的自己区分开来。然而，私下她们却常常受到并不友好的关注，她们在公共场合抛头露面的工作，让人认为她们就是可以被性骚扰和调戏的对象。花花公子们花钱雇一些"陪游女伴"（stick girl），像手杖一样时刻不离陪在自己身边，现在我们称这样的女孩子为"胳膊上的蜜糖"（arm candy）。女招待也同她们一样，召之即来挥之即去，可以随意被替换、被抛弃。

而对小说家和有抱负的艺术家们来说，女招待又是他们别样的灵感来源。欧洲的咖啡馆中,服务员大多是男性;而日本的咖啡馆很独特,工作人员几乎全是女性。"完全无法想象,没有女招待的咖啡馆会是什么样子。"[12] 在咖啡馆封闭的长沙发上,一个作家可能会默默关注一个冷漠的女客人,也可能会跟热情的女招待打情骂俏。一些作家会选择将自己最钟爱的一位女招待的形象印在脑海中,作为自己幻象和灵感来源的缪斯女神,再发展几个保持肉体关系的对象。比如,在一些提供"特殊服务"的咖啡馆,顾客们可以通过女招待和服腰部下面故意预留的狭小切口将手伸进去抚摸她们的身体。然而,吸引年轻男性们到咖啡馆来的是在这里展开一段浪漫故事,与性无关。他们或梦想着能从女招待身上找到真爱(这种浪漫愿望通常都会落空),或与店里的"摩登"女客人来一场艳遇。这样的年轻男客人并不能满足女招待们的真正需求:稳定的生活和经济资源。何况跟一个饥饿的艺术家发展情感或肉体关系是多么不切实际又危险的行为。如果她对客人动了感情,实际上是在将自己推向危险困境之中。任何不够理智、信任了这种关系的女性,通常不但会失去这个男人还会失去自己赖以谋生的出路。

在娱乐的世界被迫独立的女性,往往会发现她们很难保持自我。她们需要金钱。雇主们一边要求他们工作,又一边要求她们自己购买昂贵的和服。她们的工资微薄,只能靠小费来维持买和服的开销。关于小费,客人们的通识是:"小费给50钱也不算少,给一块算普遍,如果你给两块,当然更好,如果能给到三块,女招待便能记住你的脸了。"[13] 老板们往往会试图强迫女招待与有钱的(已婚)男主顾发展暧昧关系,让她们以艺伎的装扮服侍"男主人"(danna)。与有钱又有影响力的男主顾发生暧昧关系,更容易得到社会的认可,也会给"家"带来更多的利益。但他们不鼓励女招待选择一段不切实际的浪漫纠葛。既要维持温饱又要保持体面，对她们来说实非易事。

女招待们尝试着将自己的表演与对余生的梦想（比如一段稳定的婚姻）追求进行和解，但这种尝试往往只能让她们感受男女关系中的一种悖论。一边想追求"浪漫爱情"，而一边事实上又处于这种挑逗游戏之中身不由己，无法摆脱作为女招待的属性。她们之前那些在曾经的路边茶屋中工作的"前辈"则将这种情感控制完全利用到与客人的互动之中。然而，与娼妓和聚会主角艺伎相比，女招待并没有得到很好的保护。对于娼妓和艺伎来说，她们凋零易逝的"花柳世界"与日常和家庭生活之间存在着清晰明确的界限。现代性和社会的急速变迁似乎给社会和经济的边境通道提供了更多的机动性和潜力，但是，在性关系中，仍然存在着导致社会地位下降和带来情感压力的潜在危险。永井荷风提到，正如一位老艺伎所言，"至少从表面上看，女招待还是相对体面的职业。无论她们做了什么，她们都能巧妙掩饰过去"。[14]虽然现实状况并不总是如此（因为丑闻可以将一个女性的社会地位拉低好几个层次），但它至少提供了一种新的社会地位流动性的范例。

在20世纪20年代至30年代，女招待经常成为文学作品中的虚拟角色。在谷崎润一郎（Tanizaki Junichiro）的小说《娜奥米》（Naomi）中，展现了一个颠覆传统的咖啡馆世界，在这种波希米亚风格的文化氛围中，社会阶层和行为模式都变得迷离模糊。小说女主角少女娜奥米，一个思想解放、行为自由的咖啡馆女招待，便是对咖啡馆女招待"最典型的文学唤起"。[15]

关于女招待的浪漫故事也相当迷人。广津和郎（Hirotsu Kazuo）的咏叹小调式的无产阶级小说《女招待》（Jokyuu）于20世纪20年代末在《妇人公论》（Fujin Koron）杂志上连载，后来还被翻拍成电影。电影的主题曲《女招待之歌》在 1929 年十分流行。这个时期另一部有名的小说是武田麟太郎（Takeda Rintaro）的作品《银座八丁目》（*Ginza Hacchome*）。小说的主人公是一名与小说家共同生活的女招待，故事以读者们十分熟悉的咖啡馆为场景展开，通过对咖啡馆的"借景"，自然而然地为这部小说染上了某种特殊的氛围和情感。

从某种程度上来说，由于各种小说和诗歌作者在作品中的描述和呈现，20 世纪 20 年代，随着女招待魅力的不断提升，大众对她们的印象也有所好转：她们中的一部分人变得非常有名，名声甚至盖过了她们工作的咖啡馆。作为"独立"女性，她们颠覆了古老的价值观、重新定义了女性的道德标准，还将女性作为传统工作者的身份进行了新的诠释。正如狄普顿所说，她们成为"摩登女孩"的一种版本。不论是从时尚角度还是个人品行，她们也都为其他年轻女性提供了榜样力量。摩登女孩追求的"自由之爱"，是一种冲破了传统婚姻观念和对女性角色束缚障碍的理想状态，这无论是对摩登女郎还是对女招待来说，都是很难实现的。在这种略显激进的体制中，任何失败都会被归咎为女性的错误。

同样地，对于艺术家和作家而言，一旦与女性发生关联，咖啡馆中的情境则会变得暧昧模糊。在谷崎的小说《娜奥米》中，偏爱冒险的咖啡馆女招待在各个社会阶层之间游离，生活也是时而体面、时而潦倒。1929 年，谷崎写道："我对咖啡馆怀有强烈的反感情绪。因为它表面上是个提供餐饮的场所，而实际上，餐饮倒是其次，人们来这里主要是为了与女性度过愉悦的时光，然而这些女性还并不一定总是站在你的角度来全心全意侍候你。这种阴暗又模棱两可的设定并不和我的口味……我认识她们的时候，她们就是这个样子的。在咖啡馆里，你总是在女性背后追逐，而并

52

不能真的与她们度过愉快的时光。"16

　　这种暧昧性又往往被其背后的另外一个事实放大：从事女招待工作的往往是中产阶级下层的女性，她们需要通过工作赚钱来供养家中的弟弟读书或满足他们其他的中产阶级追求。女招待通常受过一定程度的教育，有时候她们自己也是一名作家，同时还扮演着女冒险家、冲破束缚的现代女性等不同的角色。她们期待着一个全新的世界，在那里，男性和女性可以在家庭和婚姻关系之外相互陪伴。然而，她们还是与客人之间维持着西尔弗伯格（Silverberg）所说的"自诩高人一等的临界距离"，因为她们意识到（往往现实也正是如此），比起浪漫爱情故事，她们更应该将自己的未来赌注押在自己的职业上。17游离在声名狼藉和可能结婚这两种状态之间的女招待，简直就是现代性的矛盾和细微差别的具象化体现。

　　而本质上，这些女招待又是时尚和个人品行的最前沿代表。她们是受人尊敬的城市女性，也是流行服饰的超级模特，无论是肉体上还是精神上，都是人们渴望得到的对象。她们的社会地位也十分"不同寻常"。有人已经把她们看作新的城市文化的无产阶级——一位评论员说，有女招待的地方就是一座"热情工厂"。18她们就是异化劳动的缩影。

　　她们在时尚界的角色比她的社会地位更加有力量。在此之前，艺伎在时尚风格方面有绝对的话语权，他们展示最新的和服款式和新的发型，引领女性时尚潮流。然而穿着现代和服款式和打扮时髦的女招待撼动了艺伎作为时尚领潮人的地位，将艺伎降级到传统保护者的位置。19但即便是艺伎，也发生了不小的改变。江户时代结束的1870年，持续了很长时间的艺伎和贵族女性将脸用粉全部涂白的妆容和将牙齿涂黑的做法都被禁止。这样的做法被认为太过奇异，与一个现代化（西式的）国家不相容。同时，化妆用的白粉末中铅成分的潜在危害也让其更加遭到质疑。1904 年，无铅的化妆粉问世，但只有"能剧"（Noh）和"歌舞伎"（Kabuki）剧场的演员会使用，京都先斗町（Pontocho）和祇园（Gion）的传统艺伎会用一种叫作"黄莺粪便"（uguisufun）的东西来将脸部涂白，让她们看上去仿佛戴上了一张面具。

早在明治时期，文化保护运动就已经出现了。随着各种新奇的娱乐方式进入日本，像歌舞伎剧场这样日本更加传统的娱乐场所变得程式化和一成不变，为了保持所谓"日本"艺术，逐渐失去了服务上的灵活性。我们以饮食行业为例来进行一个恰当的类比。在 19 世纪晚期之前，"日式烹饪法"这一概念是不存在的。直到各种外国菜式和烹饪方式不断涌入，这一概念才作为传统正式形成。大正时代的女招待穿着最新的有艺术设计感的时装，更加大胆地穿着袒胸露背的服饰（通常是前面开口比后背更低的款式），将"传统"完全留给艺伎。

渐渐地，女性的发型也开始"西洋化"。全部往后梳的发型（束发）、高卷式发型、发髻等发型的出现让女性既可以留长发，又可以将发型调整为西式的款式。大正时代见证了这一系列变化的完成过程。人们通过使用电卷发棒让往后梳的发型变得更"现代"。一部分女招待也留起了时髦女郎那种假小子型的短发，她们的头发通常带有波浪或小卷，这使他们的和服造型与戴着头盔一样假发套的艺伎十分不同。

虽然到 20 世纪 20 年代末期，经历了一段时间的镇压，一部分咖啡馆被迫关闭，这个时期仍然被认为是咖啡馆的黄金时代（特别是在大阪）。种种迹象也表明，女性并没有草率对待她们的处境。截至 1930 年，仅仅大阪一座城市，就有 800 多家咖啡馆和

53

1万名女招待；而到1933年，全日本有近3.7万名女招待，且这个数字在1936年增长到了11.17万人。[20]狄普顿描述此时的大阪出现了一个名为"大阪女招待同盟"的工会组织，致力于为女招待们向咖啡馆老板争取包括支付和服清洗费用在内的各项权益。她们还加入了1922年的五一劳动节游行并企图组织罢工运动，但最终她们的组织并没有持续太久。狄普顿说，女招待代表了一种新型的"粉领工人"，充分利用了全新的工作模式。[21]

大地震后：新的城市景象

1923年9月1日，东京大地震摧毁了银座和东京"下城"区域大部分的娱乐场所。贸易和商业的中心开始向西移动，咖啡馆历史的方向也开始发生转变。随着一部分老板将自己的产业搬离东京，大阪的娱乐区域开始成为各类新奇事物的聚集地。大阪的现代娱乐场所充满了新鲜感，音乐、舞蹈和各种盛大演出极为流行。相比位于素净的商业区域内相对安静的东京咖啡馆，热闹的卡巴莱风格成为大阪咖啡馆的重要特征。在东京，大约是因为自己曾经深受女招待丑闻所害，永井荷风开始拥护和提倡单纯喝咖啡的场所，以免扰乱作家和知识分子的注意力。他描述道，咖啡馆已经变成了一个极其放荡的场所，"桌边服务"甚至意味着一个女招待钻到桌子底下为客人提供色情服务。他强烈谴责这些场所的"粗俗、有害和丑陋"。在他看来，到20世纪20年代末，银座已经变成了"乡野之地"，如"乡野村夫"一样粗野庸俗。[22]20世纪30年代初，永井荷风创立了"纯喫茶"(junkissa)，单纯的咖啡和严肃认真的顾客群成为这里最重要的特征。

永井荷风偏爱的"纯咖啡馆"吸引了许多一本正经的人，他们自身的严肃性在这里又被进一步提升。这里为他们提供了某种凭证或社会资本,也为知识交流提供了合理的配置。"纯喫茶"不提供酒精饮品,也没有现场的音乐表演,服务员也都是男性。这个空间对女性作家和艺术家也同样具有吸引力,逐渐形成了一批放荡不羁的艺术家顾客群体。这些地方的咖啡馆环境与夜店环绕的银座咖啡馆完全不同:它们往往十分小众,会有随机的客人到访,但通常都停留在讨论的边缘。这样的咖啡馆在艺术和文学圈子非常有名,到20世纪20年代末,从巴黎和维也纳回归的画家和作家们被这里吸引,因为这里能让他们回想起自己刚刚离开的欧洲咖啡馆。在卡巴莱风格咖啡馆,女招待们对更严肃的事件的注意力被分散,持续为悲剧性的浪漫故事提供有用的素材。

到20世纪20年代晚期,城市学生文化开始变得多种多样,医学生、艺术生等按照不同的兴趣爱好形成的学生团体开始出现,学生也开始来自全国各地,南至九州、北至北海道。学生们都会被热闹非凡的娱乐场所吸引,但也有部分人会选择更适合思考和社交的空间来与其他学生朋友待上好几个小时。如果恰巧有个健谈多言的朋友,那便更有机会出现在咖啡馆这个"舞台"上了。

在这个时期中,咖啡馆(Café)和卡巴莱餐厅、咖啡屋(Coffeehouse)和"喫茶店"出现了明显的区分,这预示着这些属于同一时期的场所都有各自不同的服务对象。深受艺术家和作家偏爱的咖啡馆,以及工薪阶层经常光顾的安静咖啡厅基本是源于传统的"喫茶店"或咖啡屋。卡巴莱风和其他更加大众流行的咖啡馆则会招待任何准备好投喂"啤酒虎"、让它从吵闹变为低声咆哮的客人。公共空间的"薪水化"使得咖啡馆的功能变得不那么有个性特征。各种风格的店铺开始合并融合,形成了"普通的

'喫茶店'"。这其中还包含一部分狭小简陋的"隐家喫茶店"（Kakurega，一般人不知道的小众地方）。这些店铺的常客介绍说，这里的咖啡通常会装在一个壶里，用火加热来保温；在这样的地方，常客们往往都不是因为这里咖啡的口味而来。它们营业时间很长，所以随机到访的客人可以在早晨或深夜来这里稍事休息、问问路或喝上一杯放松一下。一位年长的受访者说，人们光顾这样的店铺，并不会去在意谁来了、谁留下了，这跟公共卫生间有几分相似。

随着高架铁轨的出现，在东京山手线（Yamanote，建成于1925年）环线的下面形成了一个新的空间，许多屋台小店出现在这里，供人们餐饮和休息。它们中的许多起初都是临时建筑，随着顾客人数增多，开始有了为客人遮风挡雨的围墙和门。战后，在有乐町（yurakucho）站附近形成了一条约有十家店铺的屋台汇集街，叫"斯巴鲁街"（subarugai）。后来，还出现了一种叫棕色咖啡厅（brown café）的店，除了提供咖啡，还会售卖焦糖布丁和海绵蛋糕。

大约在1930年之后，日本咖啡屋的历史持续发生着分化和演变，各种服务于不同功能的咖啡馆相继出现，但它们的客户群体却并不是完全不同的。完全不同类型的咖啡服务场所往往招待的还是同一批客人：经常光顾法式点心店和咖啡馆的客人也有可能在晚上跟朋友一起逛完银座后到卡巴莱餐厅聚会，然后又在深夜转移到"纯喫茶店"来安静地聊聊天。

与战前相比，"二战"之后的咖啡馆整体上都更为明亮，氛围更加愉悦，因为老板希望吸引更多的顾客，尤其是对阴暗、破烂不入流风格十分反感的女性顾客。女性逐渐成为公共休闲啜饮店铺的主要顾客群，咖啡馆需要花心思来取悦她们。新的客人当然也需要一个更为舒适的环境来让他们做回无名之辈,并不是人人都适合那种大家互相认识的小众咖啡馆,实际上陌生的客人也很难融入其中。

全球咖啡馆舞台的审美追求

咖啡馆见证了 20 世纪的文化创意潮流。这股潮流催生了大批艺术家、作家及文化作品,使他们转变和形成了跨越国界的新思路。让我们来大胆假设,如果一名德国艺术家在东京的巴黎春天咖啡馆与一名日本画家坐在一起,此时他并不是在学习"日本"文化,而只是在一个特定的咖啡馆空间向一位特定的画家讨教,这位画家自身拥有许多基于多种不同文化的观点。

"巴黎春天"、"梅松鸿巢"(Meson Konosu)和其他受法式文化影响的咖啡馆反映了大众对法国文化的推崇。这一概念在小说、艺术、音乐等各个领域的表现引起了官方对这类文艺作品的禁令。1909 年,永井荷风的作品《法兰西物语》(*Furansu Monogatari*)被禁止传播。然而,这样的印象留存了下来,一部分是因为咖啡馆正是对政府的文化沙文主义的一种沉默的抵抗。

咖啡馆,从一开始出现,到最后也并没有提供一个纯"日式"或"西式"的空间,它并没有什么固定的特征。正因为如此,它允许任何艺术形式和思潮,在没有任何脚本化的公约习俗的约束前提下得到展示。怀抱相同艺术目标并为之努力奋斗的人们形成了自己的网络,而咖啡馆便是通往这个网络的入口。正如他们在国内时一样,日本艺术家们在海外的咖啡馆里与其他的艺术家发生联系、抑或是远远观察他人。曾于 1884 年到 1888 年有过德国留学经历的森鸥外(Mori ogai),便将自己作品《舞姬》(Maihime)

56

的作家主人公安置在柏林的咖啡馆里，一边默默无闻地观察他人，一边文思泉涌地创作散文。这个异乡的咖啡馆空间激发了角色的创作灵感，我们可以猜想这大概也是作者森鸥外自己的经历吧。

对于身处海外的日本艺术家来说，咖啡馆是他们熟悉亲近的场所，能让他们感觉到自己在这个新的城市中有一席立足之地。在艺术家们辗转东京、上海、威尼斯、柏林和巴黎的旅行线上，咖啡馆是辨识度最高的站点。咖啡馆的使用者，无论是火车旅客还是博物馆达人，都懂得一项技能，就是如何利用公共空间来更快更顺利地适应国外的环境。这项技能也可以很容易地被套用：比如，在一家咖啡馆，你找到一张空桌并占用一段时间，这里便是属于你的一片小空间。你点一杯咖啡。除此以外，你不会被要求做任何其他的举动，咖啡馆对于你的意义全凭你自己的意愿。只需要稍微留意其他人的空间，你便可以做任何你想做的事。无论是听觉上还是身体上，你都可以完全做回自己。在这样的空间中体会"家"的感觉，便是学习现代性所得到的回报。

跟普罗大众一样，艺术家们拜访咖啡馆也有各种各样不同的目的。他们可能去那里寻找新的灵感，也可能只是为了与他们志同道合的人分享同一个空间或为了能够与他们崇拜的人待在一起。日本招待艺术家的咖啡馆多半带有巴黎咖啡馆的光彩，常有印象派画家出入，后来甚至还接待过海明威这样的大作家。一部分咖啡馆演变成画廊咖啡馆，允许艺术家们在这里展示他们的作品。小说家谷崎润一郎就给京都的筑地咖啡馆（Café Tsukiji）增添了不少名望。

明治晚期和大正早期的咖啡馆开始多样化，有了更多的可能性，功能和选择都不再固定和单一。街区里"本地"的店铺可以是

57

你的第二个家,也可以是区别于职场和家庭的第三类空间,既可以是独处的空间也可以跟朋友小聚。跟许多现代餐厅一样,咖啡馆提供的服务也只有一个大概的框架:你可以按照自己的时间安排来选择在任何时间到来和离开。作为城市公共空间的咖啡馆,其自由的一面与自由奔放的艺术家的生活十分契合:早起的人可能早上八点过来喝咖啡,而习惯熬夜的人可能要到下午两点才过来喝上他今天的第一杯咖啡。咖啡馆里的时间概念具有十分不稳定的特质:咖啡馆内外的生活仿佛参考的是完全不同的两个时间轴。正如永井荷风所述:"在漫长的夏天傍晚,虽然室外还仍然很明亮,咖啡馆内已经早早进入了夜生活的状态。"后来,"在银座所有的咖啡馆……在晚上十点以后,接近打烊的时间,店里会一瞬间变得特别热闹。店内一直播放音乐的留声机会间歇性地被客人们嘈杂的声音盖过,其间还混杂着杯盘碰撞的叮当声。空气中飘浮着尘埃,烟雾缭绕"。[23]

在大正时代,我们能在咖啡馆见到许多艺术作品及其衍生品的装饰。一部分变成了专门用来展示西方产品和艺术的画廊陈列柜,可能墙上正好挂着坐在那里的艺术家的作品。如果运气好,还能碰上艺术家正在那里出售自己的作品或寻找赞助人。某一家咖啡馆,可能因为艺术或艺术家而变得有名。反之亦然,因为艺术家们可能常常出现在某个特定的咖啡馆,并把这里当作他们绘画和雕塑的"学校"。

在 20 世纪早期以前,许多日本的艺术家朝西旅行(这些画家、雕塑家和艺术实践者的作品为他们赢得了表面上的声望,他们的名字已经被编入了传记目录之中。),通常是去上海,更远一些的甚至去往巴黎、罗马和维也纳。而明治时代晚期,有一批西方艺术教授来到日本的艺术学校任教。欧内斯特·芬萘罗萨

(Ernest Fenellosa)曾在东京美术学院(Tokyo Bijutsu Gakuen)任教,安东尼奥·丰塔内西(Antonio Fontanesi)和圣乔瓦尼(A. Sangiovanni)都曾任教于工部大学(Kobu Daigaku)。在日本国内接受外国教师教育的经历促使许多艺术学生在毕业后选择前往欧洲继续深造。他们受到的西方艺术和建筑的熏陶,以及他们在欧洲大城市中咖啡馆的旅居体验,不仅对他们的艺术作品产生了巨大的影响,也让他们与激励自己前进的人产生了联系。

艺术家们的欧洲旅居潮有两个高峰,一个是19世纪80年代早期至90年代早期,第二次是1921年至1929年。在"一战"期间,几乎没有来往于欧洲的旅行。海老原喜之助(Ebihara Kinosuke)于20世纪20至30年代旅居巴黎,并在那里结识了莱昂纳德·藤田(Leonard Foujita,大概是移居海外的最著名的日本艺术家),海老原在其帮助下,作为日本抽象表现主义派画家之一在秋天沙龙(Salon d'Automne)和独立沙龙(Salon des Indépéndants)展出作品。藤田本名为藤田嗣治(Fujita Tsuguji或Tsuguharu),于1886年在日本出生,他在法国旅居十六年,并于1955年加入法国国籍,改名为莱昂纳德·藤田,于1968年逝世。他的作品包含了许多关于巴黎咖啡馆的绘画和素描,其中最著名的是一幅名为《咖啡馆》(Café)的画作,画的是一位身穿低胸黑礼服裙、金发碧眼、陷入沉思的女性。从她淡漠的表情中,有人读出深刻、有人理解为与世无争,但真正体现藤田艺术特点的是画面中对店内装饰的描绘：法式咖啡馆的古典元素、男服务员、深木色的餐桌、报纸架环绕着他的主人公,仿佛这位女性是艺术家自己的替身,传达出一种渴望亲自坐在这张真皮长沙发上的意愿。[24]

大部分前往巴黎、柏林、维也纳和罗马咖啡馆的日本艺术家都是独自出行且通常经济上穷困潦倒。他们在咖啡馆的消费往往需要友善的法国本地艺术家或喜爱他们的当地女性来买单,供养藤田栖居咖啡馆的女性可能也在他们之中。偶尔,日本艺术家和作家还会被卷入发生在这些咖啡馆中的政治动乱中去。[25]早年到来的人们有的留下,有的又去了美国。纽约的艺术氛围、黑暗愉悦又奔放自由的格林威治村吸引了不少日本艺术家前往。20世纪30年代早期,他们中的一部分人回到日本,发现日本的咖啡馆已经十分兴旺发达,并且他们因为去过咖啡馆的"发源地"而被奉为名人。艺术家和作家们需要咖啡馆来提供展示和证明自我创造力的场所。这可以用后来伊安·康德里(Ian Condry)形容日本说唱表演者需要的场所"现场"(genba)来表示——"事件发生的真实空间"。[26]

爵士乐：现代性的声轨

咖啡馆也是引进西方音乐的重要地点。西方古典音乐最初在明治时代以活页乐谱的形式传入日本,但直到大正时期,录音技术得到发展,普通城市大众才得以接触到这些音乐。在卡巴莱氛围的狮牌咖啡馆和虎牌咖啡馆,有现场的乐队表演,曲目通常是当时流行的迪克西兰(Dixieland)和其他西洋音乐形式。到20世纪20年代,播放唱片的"爵士乐喫茶"(jazz kissa,将表示爵士乐的英语单词"jazz"和表示咖啡馆的日语词汇首字母缩写"kissa"组合起来的词汇)出现。后来,随着爵士乐从只有内行才懂的小众音乐变得更受欢迎,客人们才开始更加认真严肃地对待音乐,而不是像卡巴莱餐厅的时髦女郎和花花公子们一样伴着音乐跳舞、闲聊、推杯换盏。[27]1931年,著名的有现场爵士乐表演的咖啡馆"二重奏"(Duet)在东京新桥开业,在新桥-银座区域形成

59

了一块爵士乐氛围的会场。那里的咖啡约为 15 钱一杯，价格昂贵但可以欣赏到现场的爵士乐演出。

爵士乐的时代当然不仅仅有爵士乐——如果说咖啡代表了这个时代的嗅觉和味觉，那爵士乐便是"现代生活的声音轨迹"。[28] 它蕴含着一系列全新的社会价值观、道德观念、时尚风潮、两性关系和消费者的兴趣。而隐藏在它们背后的是一个时代的政治、经济的波动，一切都变得与以往大为不同。"喫茶店"也同其他任何场所一样，物质文明都在完成向"现代生活"的转变——中产阶级客人、文学知识分子和唯美艺术家在这里相遇，拓宽他们的艺术品味或者寻求庇护。[29] 爵士乐以一种迷人的外国文化形式到来，但新兴的日本都市人毫无障碍地以日本人自己的方式接纳了它。在爵士乐"喫茶店"的餐桌上，伴随着新颖的服饰、食物和咖啡，爵士乐融入了本土和城市化之中。[30]

后来流淌在咖啡馆烟雾缭绕的空气中的爵士乐，最初是由雇佣了菲律宾音乐人的客轮带入日本的。这些乐手们经常在神户港（Kobe，重要的客运港口）或横滨港（Yokohama，靠近东京的主要港口）登陆后到酒店或者舞会从事演出工作。日本的爵士音乐家们则是在船上听到了这些音乐：日本爵士乐先锋代表井田一郎（Ida Ichiro）曾在旧金山学习。他回到日本后，进入大阪宝冢（Takarazuka）歌舞剧团管弦乐队，为这支全部由女性组成的剧团伴奏。他曾尝试在中场休息时介绍一些爵士乐，但遭到了其他乐手的不屑和鄙视。1923 年，他创立了自己的乐队"笑星"（Laughing Stars），但并没有维持太长时间。

20 世纪 20 年代末，伴随着政府控制的升级和对外国影响的质疑，爵士乐和舞曲被当成是会损害大众道德品性的危险因素，导致大批俱乐部被迫关停。1926 年至 1927 年，大阪的许多舞厅停业,其中一部分转型为不太容易引起警察警觉的咖啡馆。与此同时,20 世纪 20 年代晚期,在暂时解除禁令的东京,大批仿照大阪模式建造的舞厅出现,而大阪则是播放爵士乐唱片的咖啡馆更为流行。在这个时期,东京看上去要滞后一步。战后,音乐人们在播放爵士乐唱片的"喫茶店"里学习音乐并记录乐谱。到 20 世纪 50 年代末,日本自己的爵士乐开始推出唱片并在咖啡馆里播放,但美国的爵士乐仍然拥有最高的地位。现在,日本的爵士乐以大阪、神户和横滨为中心,狂热爱好者们常常到这些地方朝圣,参加音乐节或光顾保留怀旧风情的横滨千草(Chigusa)这样的爵士乐娱乐部。现在,横滨已经被誉为"日本爵士乐之乡",每年都有固定的音乐节在这里举办,来自海内外的爵士乐手荟聚此处带来精彩的演出。

60

　　现在,人们光顾爵士乐"喫茶店",比起社交,欣赏音乐才是真正的目的。位于京都的大和屋(Yamatoya)不仅为客人提供咖啡,店内全天还会一直播放由老板亲自挑选的爵士乐唱片,直到夜晚。大部分客人都是独自来访或两人结伴,少有一大群人一起来的。他们坐在店里安静地聆听着音乐、目光凝视着不远处。我第一次去大和屋是与一名年轻的日本朋友一同前往的,他也是第一次来到这里。我俩聊得热火朝天,直到快离开时,才发现老板一直在暗地里关注着我们,且店里已经没有其他客人了。爵士乐才是这里的重点。

　　与爵士乐俱乐部和夜店不同,在 20 世纪 70 年代末以前,爵士乐咖啡馆基本不供应含酒精的饮品。爵士乐这种"知性音乐"还是更适合在咖啡带来的"干性酩酊"(kawaita meitei)状态下欣赏,而蓝调音乐和舞曲则更适合在酒精的作用下,伴着"湿性酩酊"(shimetta meitei)来聆听。

　　当然，还有其他类型音乐相关的咖啡馆。战后早期有一种叫作"歌声喫茶"（utagoe）的地方，也就是现在卡拉 OK 酒吧的前身。那里常常会有乐手怀抱吉他自弹自唱，或与客人合唱。在这些小小的店铺里，墙上挂满了各种乐器，客人可以把它们取下来进行即兴的表演。在这里，有没有音乐天赋并不重要，只要你热爱音乐，任何表演都会受到亲切友好的赞许。歌声咖啡馆常常伴随着激进分子的活动，演唱的歌曲主题也大多是反主流、反战争的。至今，还有一部分类似这样歌咏会形式的咖啡馆留存，其中，位于新宿、主打俄罗斯革命歌曲的"灯火"（Tomoshibi）咖啡吧最为有名。此外，还有"音乐喫茶"（ongaku kissa），现场演出或播放不固定类型的音乐来招待顾客。"舞蹈喫茶"（dansu kissa）的出现取代了先前的茶舞沙龙。当然，也有完全没有任何音乐的"无音乐"（muongaku）咖啡馆，在这里你可以享受绝对的宁静时光。爵士乐咖啡馆和其他类型的音乐咖啡馆都不属于更加热闹的卡巴莱风格，后者是由虎牌和狮牌这样的女招待咖啡馆演变而来的；相比而言，音乐咖啡馆既有娱乐性、氛围又轻松，重点还是放在欣赏音乐上的。

　　在 20 世纪 20 年代晚期至 30 年代初，大多数的家庭并没有能够播放高品质音乐的唱片机，"名曲喫茶"（meikyoku kissa 古典音乐咖啡厅）可以提供接近音乐厅品质的环境来供客人欣赏古典音乐。"名曲喫茶"（如字面可见，"重要的"或"有名的"音乐咖啡馆）是十分严肃庄重的场所，留存至今的几家店铺都是充满纪念意义和体现音乐虔诚之所。在 20 世纪 50 年代，人们家庭娱乐活动匮乏，名曲咖啡馆在艰难时期为人们提供了些许奢华的享受。点上一杯咖啡，就可以在这里待上好几个小时，坐在极高音响水准的房间里欣赏来自欧洲、美国或日本的美妙音乐。

61

图7　放置了毛绒玩具的柳月堂（Ryugetsudo）
古典乐咖啡馆（拍摄者：近藤实）

　　位于京都的柳月堂便是这样一家咖啡馆，自20世纪50年代
至今，风格始终未变。每次我去拜访，总是选择步行爬上这幢位
于京都北面的两层小楼侧面的楼梯前往。店铺位于出町柳
（demachiyanagi）站附近，电车从这里就要往山里开去了。如果
我与同伴一起前往，在前厅接待我们的服务员则会询问："各位是
想要安静还是需要聊天？"标准答案当然是"安静"，但如果你有社
交需求，店员也会十分友好地将我们领到一间有玻璃和镜面装饰
的小小"谈话室"。房间内有深木色的家具，装饰风格极像一间巴
洛克维也纳式的客厅。然而我们来这里肯定不是为了聊天，所以
店员便安静地将我们领到另外一间小型舞厅大小的房间，拱形的
屋顶、面向空旷的空间和巨大的音箱并排摆放着软包的椅子和沙
发。音乐声在整个房间里萦绕。所有的设置都是音乐会级别的，

62

气氛舒适又冷静。我有时选择椅子，有时选沙发，有时坐在角落，有时挑选正中间的位置。服务员穿着毛毡软底鞋，安静地走在木地板和大地毯上。她们会默默记下我用手指出的点单内容，也不会口头重复我的点单。如果我提前在楼下的烘焙店买了点心带上来，则提前在前厅就要将纸包装都拆掉，以免在"音乐会"现场弄出纸的窸窸窣窣声。部分桌子上会有温馨提示牌："请不要在这里书写"，但一些区域是允许吸烟的。这里的咖啡也是绝对安静的：咖啡杯会垫着一块软皮垫端上来，没有杯碟，搅拌咖啡的勺子也是软木制的，确保不会发出杯勺碰撞的叮当声。

显然已经有人点了自己喜欢的音乐来播放，但是我悄悄查阅了像狄更斯小说那么厚的唱片目录，并在一盏泛着绿光的台灯下将我的选择写在另外一个册子上。你可以坐在专门的"点单座位"上等待工作人员注意到你，并过来以低声耳语重复你点的内容。墙面上挂着一排排的架子，收纳着超过8 000张这家咖啡馆长期播放的唱片专辑。当轮到某位客人点的音乐时，工作人员便会找到并播放这张唱片，供客人们共同欣赏。为了创造更完美的音响环境，店里摆设了很多大型的毛绒动物玩具：泰迪熊、北极熊、兔子或小狗坐在各处的椅子上。年长一些的男性似乎更喜欢拿一只放在自己身边（或直接放在膝盖上：这是否是女招待的替代品？）作为声音缓冲，以获得更好的听觉体验，但我们从中也能看到些许略显低俗的回归小插曲。

陈芳福（Chin Houfuku）于1954年创办了柳月堂，后由儿子陈壮一（Chin Souichi）接手经营。陈芳福老人至今仍然时常出现在店内，于一楼的烘焙店演奏小提琴。在他70多岁时，视力开始下降。因为眼睛不好，他开始想要锻炼一下自己其他的感官，于是开始学习拉小提琴。就如同对小提琴练习的讲究和坚持一样，他对店铺楼上聆听音乐的环境也有着极致的追求。客人们也必须依照他的期望来好好欣赏音乐。

政治与咖啡：对公共空间镇压的日渐增强

咖啡能够激发的绝不仅仅是音乐和美学的灵感，酒精使人的行动变得迟钝，而咖啡则可以让有政治热情的心脏跳得更快。在那个对当局权威充满感观恐惧的时期，日本的咖啡馆也没有免于被质疑。马克思主义者、托特斯基主义分子和无政府主义者把咖啡馆当作他们的根据地，从最初的妇女参政权论者到后来的妇女解放运动，日本的女权主义者也在咖啡馆里寻找空间来组织集会。

早期的女权主义者大多出身于中产阶级上层社会，拥有国际化的教育背景，自然而然能在受过高等教育的女性聚集的新式咖啡馆、面包点心店或是西洋茶室找到归属。白天，这样的店铺为她们在公开场合颠覆知识和社会认知的行为提供相对安全的场所。1890 年的公共集会和联盟法开始禁止女性参与公开地政治集会。然而到了 1920 年，该法律的修正案虽然没有完全废除，但一定程度上放松了一些对女性参与的限制。《公共安全保持法》（又称《治安维持法》，于 1945 年废除）禁止一切对"国体"（kokutai，即国家本质）的批评否定。在新的咖啡馆运动高潮迭起的时候，这部法律按照官方政权的意志强制执行。"受国外影响"的艺术家和作家们发现，需要通过频繁更换对咖啡馆的选择来确保其自身安全。女性运动的领袖们通常选择银座的咖啡馆作为一小群女性的集会场所，一方面是因为这里天然拥有点心、西洋茶饮这样的女性特质，另一方面，如果在家中集会，则难免会将

63

这些激进的政治活动与她们在家庭内部的职责牵连到一起。即便是最充满热情的变革者，也不希望将自己的家人置于危险之中。

尽管限制和镇压持续升级，20世纪30年代日本帝国的不断扩张明显增加了咖啡馆和主流大众文化的多样性。男女店员身穿带有外国元素服饰的店铺被看作是外国殖民文化的代表，店内用作装饰的收藏品和手工艺品也被理解为殖民势力的信号。现在的印度尼西亚主题的咖啡馆里，店员穿传统纱笼裙也有相似的风味，但它让人联想到的是以前的荷兰，而并不是日本。如今的"民族风"咖啡馆反映的又多是东方主义的特色。

到20世纪30年代中期，由于对艺术家和知识分子言论的质疑，咖啡馆中的政治活动基本被禁止了。随着军队的集结和侵略中国所需的"国体"背后的团结一致，《安全保障法》被更加严格地执行起来。在咖啡馆这样一个"免责"的场所，人们能找到公务之外的片刻休憩。那个时候，全民服务于官方政府的财政紧缩政策，公众被要求绝对的忠诚和坚守，任何导致思想松懈的游行示威活动都会遭到质疑。在这样的艰难时期可以奢侈地享受一杯咖啡，日子便显得不那么难熬了。

1938年，进口贸易全面中断，咖啡开始出现紧缺。战争开始后，咖啡完全无法入手，咖啡馆开始供应"代用咖啡"（daiyoo koohii），将坚果、大豆、谷物和树叶混合起来进行烘焙，再过滤出一种深棕色的液体。在战争接近尾声的黑暗岁月里，人们把咖啡馆当作庇护所，期待与他人相遇。当天气寒冷时，咖啡馆是一个比家里更温暖的地方，在无法获得足够食物的艰难日子里，来咖啡馆至少能喝上一口热东西。虽然没有什么营养价值，但一杯温热的饮料，哪怕只是一杯热水，都能鼓舞人心。咖啡馆只有在没有任何东西（哪怕是一块米饼）可以用来配"咖啡"的时候，才会关门大吉。"二战"前被德国人封存在横滨仓库里的咖啡在战争接近尾声的时候被解封，分配给了军队。与其他的食品供给一样，咖啡也是优先供应给军队的。世界咖啡公司（The World Coffee Company）为陆军、海军和空军开发了特殊的咖啡包装，这样包装的咖啡至今仍然被作为一种"怀旧"商品出现在靖国神社（Yasukuni）的礼品商店里。

　　相对而言，在战后开一家咖啡馆是比较容易的，因为咖啡馆里不提供食物，不会受到食品紧缺的限制，也不必拿到严格的食品经营许可。到 1949 年，单杯咖啡售价 30 日元至 50 日元的咖啡馆开始繁盛起来。在战后重建时期的最初几年，咖啡馆是一个能够提供慰藉的社区。咖啡馆也是一部分缺乏社交生活的人们经常出没的场所：生活穷困的学生族、在战争中失去亲人的男男女女、辛苦了一天还必须回到令人窒息的狭小住所的工人们，都是这里的常客。当一个人回忆起他在战后年轻时代常去的咖啡馆，必定是一段略显古怪的浪漫记忆："那里散发着陈腐香烟的恶臭和脚臭味。"

　　曾经在歌声咖啡馆里演唱俄罗斯革命歌曲的马克思主义青年，很可能在五十年后，在学生运动参与者重聚的咖啡馆里重新体会到那种充满脚臭味的怀旧氛围。不同咖啡馆为不同的运动提供场所。在银座的一家披萨餐厅楼上，有一家叫作"三分"（Three Points）的咖啡馆。20 世纪 70 年代末，女性们聚集在这里阅读和讨论有关女权运动的文学作品。她们阅读的大多是像西蒙娜·德·波伏娃和贝蒂·弗莱顿（Betty Friedan）等作家作品的日文译本。

　　在有红丝绒软包椅的帝国维也纳风格的咖啡馆，很少听到嘈杂刺耳的声响。退休后的铁路工人用老日本国家铁路局的纪念

65 品来装饰他们的店铺，但历史和人文纪念意义并不是唯一能反映我们统称为"咖啡馆"的场所的可塑性的要素。无论是作为留存回忆的场所，还是召集和示范人们品位的空间，日本的咖啡馆都是多种多样、与众不同的。随着社会运动热潮的退去，在革命结束以后的 20 世纪 80 年代，包括女权运动在内的各种运动开始逐渐消失。在"无内裤"（no-pantsu）咖啡馆，女招待们在裙子里面不穿内裤，在能反光的地板上行走。而另一种运动成果的倒退是在 20 世纪 80 年代中期，反对性骚扰的法律通过以后，出现了一种反动的"性骚扰"（sekuhara）咖啡馆。那里的女招待们穿戴十分具有挑逗性的超短职业套装，对男顾客抛媚眼并诱使他们抚摸自己，她们宣扬"所有你们在办公室里不能做的事，都可以在这里得到满足"。

强调咖啡馆多元文化的重要性并不为过。可预见性、舒适度和某一种风格的环境创造让咖啡馆成为大众普遍经常光顾的场所，我们同时也应该看到它为客人们提供接触新奇事物的可能性这一点。于是，在接下来的连锁咖啡馆身上，便出现了一种天然的悖论：它的标准化确保了可预见性，但同时它也无法提供千变万化的可能性。成为一个有名的场所并不意味着毫无特色的统一；相反，它意味着以某种特殊的服务、人员和环境被人们所熟知。连锁店可以通过沙发、间接照明和满足社交需求的会客厅般的小角落来对空间的舒适性和社交性进行模仿，但如果到处都千篇一律，则完全失去了特色。能成为一个店铺特色的往往并不是它在多元化方面的缺失，相反，有时候正是一些过分讲究的细节和大师水平的老板——他关注的焦点直接决定了客人的体验。在下一章节，我们会认识几位致力于创造意气相投的空间和制作接近完美咖啡的匠人。

第四章
行业中的大师：展现完美

如果光顾我咖啡馆的顾客都能感受到，这里的每一杯咖啡都是我按照自己的"讲究"亲手制作的，那我便成功了。这会使他们在这里感到非常舒适。虽然我腿脚不便，但只要店里还有一位客人，我就绝不会坐下。我要时刻准备为他们服务。

66

——2006年4月，一位京都的咖啡馆老板

老板环顾四周，确保店里没有一位客人之后，才将自己的裤腿卷到膝盖。布满小腿的泛着紫红色、静脉曲张变形的血管，诉说着他的痛苦。这位咖啡馆店主兼咖啡专家向我展示他的遭遇，并不是为了博取我的同情或者想让我视他为英雄，而仅仅是在向我证明，他在自己的职场中以正确的方式开展着工作。并不是所有的咖啡师都有自己衡量成功的标准，如果可以选，他宁可不要在追求成功的过程中招致这样的伤痛。"讲究"（kodawari），这份对专注和完美品质的追求，不仅是每一个咖啡制作者，也是任何日本艺术领域技艺精湛的匠人们恒久不变的目标。他口中所说的"讲究"意味着对自己从事的工作全身心的投入：包括服务、咖啡制作技巧，以及对坚持的重要性所怀抱的那种坚定不妥协的

信念。

　尽善尽美在于人而不在于那一杯咖啡："主理人"*一词是对咖啡体验的极致渴望最具象化的体现。我们一般用这个词汇来称呼这类特色店铺的灵魂人物。在传统手工艺领域、艺术领域或学校，日语中通常用"先生"（sensei）一词来称呼在经验和学术方面"领先于自己"的人，也就是我们通常所说的"老师"。然而，在日本，我们需要一个新的词汇来描述一个咖啡馆的店主，因为他不仅要全面负责店内所有大小事务，还要亲自为顾客提供独一无二、持续演变进化的咖啡制作服务。

图8　京都花房咖啡馆，老板正在用虹吸壶制作咖啡（拍摄者：近藤实）

---

　　*　主理人（masutaa）：在日本，人们通常用英文词汇"master"在日语中的发音 masutaa 来称呼一家独立咖啡馆的主理人。他（她）既是这家咖啡馆的老板、经营者，又自己担当咖啡师的角色，亲自为客人制作咖啡。在本书中，译者会根据不同的语境，将这一词汇译作"老板""店主""师傅""主理人"，其指代的都是咖啡馆中的这一角色。——译者注

从咖啡的品质、店内环境氛围到服务，所有的一切都尽在主理人一手掌握，然而他的权威则要让步给他对客人们"充满爱的"责任感。即便他不会亲手制作每一杯咖啡，他制作咖啡的手艺也必须是极致完美的：他像是一个模范，只要出现在现场便会激发其他人纷纷效仿。这样的主理人不仅是老师，也是这种良好品行的实践者。有人称他们为"完美的儒学思想家"。作为负责人的他（们），拥有最高的掌控权和决策权，必须致力于为他人提供全面的服务并对他人尽职尽责。道德秩序不允许这位享有权威的人物辜负他所服务的对象。一个能培育新人又懂得咖啡制作又坚定不妥协的师长必须懂得如何照顾他人。这里提到的主理人，不仅服务于自己的客人，也服务于他的员工，更服务于咖啡本身。从某种意义上来说，传统路线在这里得到充分支持：在这样的咖啡馆里学艺的徒弟们首先从单纯的模仿复制开始，只有他们成功完成了模仿，才能发挥自己的创意，这几乎是在日本学习任何手艺必经的道路。

对于一个行当的所有细节的关注，可以用"讲究"这一个词汇来概括。这个词有多种不同的翻译，可以是"一丝不苟"、"个人对于追求某件事物所表现出的热情"、"自律性极强的献身精神"，"痴迷"于某项事物。[1]"讲究"深深根植于其作品和产物之中——它不仅存在于制作者的态度和实践活动之中，也可以真正被产品的接收者和购买者所消费。如果一个建筑"能让人从中感受到空间设计者的讲究"，那它才能被称为一件好作品。[2]"讲究"这个词可以被用在任何制品上：小到手套、手表或糕点，大到有机农产品，尤其是任何手工制作的产品。虽然这个词通常与"艺术"挂钩，但其实它在任何尽力创造价值的实践活动中都能够体现。从更高的层面上来说，一件出自传统手艺匠人之手的工艺商品便自

67

68

然而然地蕴含"讲究"。一个日本传统手艺家族的成员们将他们的"讲究"带到了英格兰的温什科姆（Winchcombe）小镇，在一幢拥有 300 年历史的房子里为下午到访的客人提供完美的奶油茶点，摘取了 2008 年顶级茶馆奖（Top Tea Place Award）的桂冠。这种将技艺和服务向另外一个传统领域的拓展充分体现了它极强的可塑性，我们也能在日本的咖啡经营中看到类似的特性。

"讲究"是一门不错的生意。即便是便利店里出售的大批量生产的商品，只要它是最顶级的好东西，你就可以因为它有"讲究"而额外卖出高价。调酒师把冰块雕刻成完美的圆球，即便最后马上就在客人的杯子里融化，也不可否认这冰球是有"讲究"的。对细节的关注并不是为了自己的利益：它是建立紧密联系的重要组成部分，而这种联系则来自任何级别的供给、生产和消费中蕴含的信任感与责任感。与其他许多实践活动一样，咖啡制作，在日本既是一种艺术也是一门手艺。吧台后面的主理人身兼制作者、手艺人和艺术家的身份于一身。

"讲究"很容易会被当成一种日本人特有的执念，它作为国民性格特征的一部分，成就了日本的匠人精神和对待工作的严谨态度。事实上，在很多外国人眼中，日本人大多是接近病态地追求极致的完美。亚洲的古典音乐家特别热衷于精进和完善乐器演奏技巧，他们认为正是这种专心致志的亚洲思维或"亚洲教育模式"造就了他们的成功。如果换成一个美国或者巴西演奏家，我们会不会认为他这样做有点太过头了呢？如史蒂文·里德（Steven Reed）所说，我们已经默认日本人倾向于关注细节，这是他们固有的文化特性，并且他们不能接受文化行为也可以具有理性和常识性这一可能。[3]美国人普遍认为，在亚洲从业者中，技巧对于其表现的重要性要远超美国人所看重的"精神"；然而日本咖啡制作者们自己却认为，一个人只有热爱自己所做的事情，他才可能把这件事做好。

2004年，日本全日空航空公司（ALL Nippon Airlines）的广告出现在一本美国杂志上，广告词这样写道："对细节的关注并没有被写进我们的训练手册中，因为它早已融入了我们的 DNA。"这正好印证了日本人完美主义的刻板印象。使用这样的文化速记法，即便是日本人自己用这样的方式来自我诠释，也显然可以精确地传达人、过程和产品。当然，也不仅仅只有日本人会致力于创造完美：棒球投手会无休止地反复练习投球、酿酒师也会小心翼翼地反复测试醪液。日本著名的精神分析学家土居健郎（Takeo Doi）在他关于"撒娇情绪"（amae，这个词汇很难在外语中找到准确的对应词汇，通常被理解为"积极的、有价值的依赖行为"）的研究中提到，它并不是什么具有异国色彩的特殊词汇。[4]即便在我们坚决主张个人主义的大环境中，也可以看到某些形式上重视依赖关系。同样地，起初我们认为"讲究"是日本人独有的"基因"，但渐渐地我们发现，在关于工作和价值的观点上，彼此达成了不少的共识。

从某种程度上来说，无论在什么地方，对细节的关注以及我们所说的"完美主义"是手艺训练不可或缺的组成部分。然而，在日本学习手艺内嵌了一项潜在的原则，使实际的操作过程变得格外艰难：你根本无法达到完美，你只能不断为之奋斗。行业的高标准并不是某个实际的产品样板，而是关于过程和努力的思想。孩子们不被鼓励拥有"我已经尽力了"的思想，而是被要求不断追求进步。在这种模式中，成就是没有上限的。完美是梦寐以求的目标，而非可以达到的境界。一个人"展现完美"是一种表现勤勉的行为和价值的象征。在日本的饮食文化中，所有的操作都是有例行程序的,讲究的是熟能生巧;但同时也包含着特殊性,因为所有从事食品工作的人(至少在非工业化生产的食品中)都会将自己的作品视为一种艺术表现和勤勉的象征。[5]

然而,从更现实的层面来说,"讲究"是可以被消费的。这个词被频繁使用在广告宣传中:眼光敏锐的顾客会选择我们的产品,甚至大批量工业生产的商品也会宣传自家的产品制作"有讲究"。对一部分人来说,这话听上去略显老套。某个日本的嘻哈说唱歌手可能会说:"我没那么多讲究。"意思是"我的表演可没那么吹毛求疵"。但是一个为自己的漫画书做准备的漫画家可能骄傲地说自己"对画有讲究",以此来表达"我十分重视我的画作",也可能是"我真的非常喜欢自己的作品"。[6]

在美国人眼中,为了追求"讲究"而搞到小腿静脉曲张的程度实在是有点荒谬,甚至是一种接近强迫症的行为。在其他的场景中,这可能仅仅只是一种对时间的过度消耗:学校老师为了提高学生的学习成绩,会花时间深入了解每一个孩子的个性和能力表现并且挨个进行家访,出租车的驾驶员会保持他洁白的手套一尘不染。[7]

70　　正如我们常说的"尽心尽力"一样,日语中的"讲究"表达的是一种正确的态度,但并不是要求人人都有完美的表现。正如一位受访者所说:"虽然我并不是对每一件事都那么仔细,但至少我懂专注于某件事情是怎样一种感受。"[8]另一位则表示:"在某几件事情上,我还是挺讲究的,比如我会从研磨开始自己制作咖喱混合香料,只开手动挡的车。通过这些'讲究',我能从中找到一种自我掌控的感觉。"[9]在村山由佳(Yuka Murayama)的小说"美味咖啡系列"(*Delicious Coffee Series*)中,一位咖啡大师将自己制作美味咖啡的秘诀传授给一位年轻人,代表这位长者开始将这个年轻人作为一个完全成熟的人来接纳了。作者写道："单靠技巧做不出美味的咖啡。它要求制作者对喝咖啡的人怀抱足够的同理心和关注，在提供服务的过程中还要有坚定的自我意识。"[10]然而，这并不意味着奋不顾身、一味地奉献自我：相反，无论你的双腿感觉多么疲惫，为别人付出既是一种自我牺牲，也是一个充实自我的过程。

在独立咖啡馆的吧台，主理人从细节和行动上都对自己的顾客展现出敏锐的关注；作为公司政策，这种表现就更加抽象一些了。"讲究"这一意识形态常常被一个公司在树立"真诚、可靠、对顾客的高度敏感性"等公众形象时借用。在公司内部，管理者可能会对员工鼓吹"讲究"的精神，在自己的工作中体现出这种品质，并期望员工们能在劳动实践中以"讲究"作为回报。但在咖啡馆的操作吧台中，始终在讨论和实践一种"非官僚化的全身心奉献"。[11]这种奉献是儒家等级观念中相互责任概念的体现。在咖啡馆这个小小的私人空间中，这一概念在咖啡制作者和消费者之间实行。这当中既包含经济交易，也有后来被艾维德·拉兹（Aviad Raz）称为"温情事业"的信任感。

咖啡馆中顾客和老板之间的联系，就像广泛存在于师生关系、亲子关系中的文化内涵一样，其中蕴含着某种交换关系：通过对老师、家长和老板的依赖及完全信任，学生、孩子和顾客便可以接收到源于责任感和奉献的产物。顾客们通过进入老板的空间来建立这种关系。顾客充分相信老板，老板必须通过一杯咖啡来确保为顾客提供最高水准的服务和口味。反过来，顾客也必须尽力准备好理解自己在这一杯完美咖啡里所担当的角色（正如东京琥珀咖啡馆的咖啡大师关口一郎始终坚持的一样），而作为交换，你也将收到大师最高水平的作品。

咖啡制作行业的领袖人物

71　　　关口一郎于 1948 年在东京新桥创立琥珀咖啡馆（Café de l'Ambre，日语发音为"Kafe do Ramburu"）。这家咖啡馆就像是艺术鉴赏的神殿，店内的吧台就是主理人表演仪式的神坛。在外行看来，这个流程显得有些过分迷信了。这样做出的咖啡中展现出的高标准、品德和技巧，可能看上去是借鉴了茶道的仪式。关口先生作为咖啡行业最具权威的领军人物，其实非常讨厌茶道，认为它过于强调形式而忽略了味道，然而另一些人则说，关口自己却在他的"咖啡之道"中创造了这样的仪式。产品制作的过程和表演可能会掩盖顾客对产品本身的体验，但是他认为，无论使用什么样的方式，咖啡制作的最终目标都是为顾客提供一杯完美的咖啡。

　　在琥珀咖啡馆，我们能看到经过漫长的历史发展形成的品味标准的精华，也能看到基于特殊人格魅力的独特风格。关口先生对自己员工的训练和表现水准、咖啡豆的品质都有极高的要求，同时也期盼自己的顾客也能拥有相同的高标准。就像某些寿司大厨一样，关口也会毫无顾忌地驱逐一些不懂或不尊重他权威的客人。即便已经年过九十，关口仍然坚持每天到店，在自己密室一样小小的办公室里审查着咖啡豆品质、烘焙、水温，甚至咖啡杯的形状。

　　关口认为，他的工作是非常系统而科学的：他注意到咖啡豆转型变化的过程存在着太多需要掌控的变数。咖啡豆必须逐次小批量地烘焙，而且在烘焙之前要剔除不完美或大小不一的豆子，以此来掌控整个烘焙流程。每一杯咖啡所用的咖啡豆都必须是一杯一杯单独现磨，这样可以减少香味和新鲜度的损失。对时间的把控也是做出一杯好咖啡的关键要素。烧水器一次也仅仅只会烧开制作一杯咖啡所需要的冷水量。长期接受他"培训"的客人都懂得在准备光顾的前一天打电话来店里预约自己本次想喝的咖啡豆，例如 1992 年产的也门豆或 2000 年的埃塞俄比亚豆。这样，老板就会提前对该咖啡豆进行烘焙，当他们到店时，喝到的将是一杯"刚从烘焙的震撼中苏醒过来"的咖啡豆所制作的咖啡。在烧水的过程中，他们才会对单杯咖啡所需的豆子进行研磨。研磨好的咖啡粉被盛装在法兰绒过滤器中（俗称"滤网袋"）。为了不萃取出过多的苦味，烧开的热水要在缓慢降温的过程中被小心翼翼地以画圈的方式从咖啡粉的上方淋入。手冲壶的壶嘴被做得"像仙鹤的嘴"一样细长，这样可以确保淋在咖啡上的水流极致的细小。"王冠"（滤网中的咖啡粉）一会儿被热水淹没，一会儿又浮现出来，如此反复，一杯完美的咖啡就此诞生了。咖啡杯也是有讲究的：他感觉用来盛装咖啡的杯子杯口必须足够薄，这样可以确保客人能小口小口地啜饮，此外，咖啡杯还必须是不带把手的，客人可以直接将杯子整个握在手中。相比由更高温的水冲煮或加压萃取的美式咖啡，这样的日式咖啡温度要略低一些，因此客人直接将没有把手的咖啡杯捧在手中也只会觉得温暖舒适而不会烫手。关口从不随咖啡提供任何伴侣。如果你拿到咖啡以后要求加糖或加奶，你很可能遭到拒绝，甚至被要求离开。如果你想要加糖加奶，则必须在点单的时候就提出，因为每一杯咖啡都是根据不同的饮用方式来制作的：如果需要加糖加奶，他可能会将咖啡做得更浓或更热，或者使用不同品种的豆子来制作。从某种意义上来说，这些添加物实际上是一种检测试剂：（如果一杯咖啡够好）你应该不会想要加这些东西，咖啡也完全理

72

应不需要添加这些东西。这里也不提供任何食物。如果你想要吃的，关口会直接说："那你干嘛不去餐厅。"

关口鉴赏能力的一大特征体现在他对陈年咖啡豆的态度。他会像储存芝士一样将陈年的生咖啡豆放在精确控温的房间里储存好几十年。他希望他的客人能了解什么品种的咖啡豆在什么时间最适合下单，但他并不排斥混合拼配。关口认为，每一个咖啡师都是以自己独特的拼配豆来被人们所熟知的；单一豆的烘焙演奏的是单一的音符，而拼配豆则是一场交响乐。

关口也难免会受到一些非议。一部分人认为，关口是个"咖啡狂人"：过分迷信，"疯子"一般的古怪且专横傲慢。他的做法常常充满了矛盾：在他的店铺里，烘焙好的咖啡豆被装在透明的玻璃罐中直接放在火炉上方的陈列架上，豆子的风味极易受到热量和光照的影响。专家认为，他的咖啡豆从生豆选料到烘焙都不达标，生豆的产地还往往与他宣称的产地不完全相符，而当你打开一批他烘焙的豆子，你会发现连上色程度都不够均匀。在日本，咖啡已经变成极富争议的领域，专家们为此设定了极高的标准。咖啡顾问圆尾修三（Maruo Shuzo）说，咖啡师必须充分尊重喝咖啡的人，因为他们调用了自己全部的感官：先听到咖啡研磨的声音、热水冲入咖啡的声音，闻到香味，观察颜色的深浅，当咖啡浸润到你口腔的所有角落时，品味几个不同层次的味道，感受咖啡滑过你喉咙的感觉，体会它的余韵。

正如我们所见，咖啡没有固定的章程。虽然很多人使用相同的方式，但并没有被奉为圣经一般的唯一正典，也并没有专门传授自古流传下来的传统做法的"咖啡学校"。与抹茶或基于茶道的茶不同，咖啡消费的基础十分广泛并且快速流动。在日本传统的绘画、诗歌、武术、茶道或传统园艺等领域，广泛存在着"家元"

(iemoto)系统,各个领域传统的大师可以利用自己的权威完全引
领该学科或手工艺未来发展的方向。然而,这个系统显得过于僵　　　73
硬和死板,基本上无法适应咖啡领域快速的变化和创新。

在日本精品咖啡行业,"讲究"是产品不可或缺的组成部分:
整个咖啡行业都基于相同的信任链条,一家好的咖啡馆应该能让
顾客在她喝到的每一杯咖啡中体会到这种标准。一位咖啡专家
认为,关口身上有一种所谓"主人的优越感"(即作为咖啡店老板
的傲气)。这样的傲气往往伴随着一些略微怪异的咖啡制作策
略,违背了大部分人的咖啡习惯。提供不冷不热的咖啡,便是他
那些怪异的咖啡策略之一。他认为,许多美国人喝的咖啡都太烫
了,这样会妨碍他们品味咖啡的风味,随着咖啡的降温,许多味道
之中的细微变化便显现出来了。[12]

咖啡店的主人当然不能只将注意力全放在咖啡上,老板以其
专业能力来思考顾客在店内全部的体验,这种考量不会因为来的
是一位常客或朋友而产生丝毫的松懈。在咖啡店老板的人生中,
不存在个人和专业的差别。

熊池(Bear Pond)咖啡馆: 将意式浓缩咖啡推向完美

田中克之(Katsuyuki Tanaka)是个咖啡老手,但他并不熟悉
东京的咖啡行业。在回日本开设自己的店铺之前,田中已经在纽
约和美国其他城市从业十八年,进行咖啡豆和咖啡技术方面的咨
询工作。与日本普遍的咖啡馆不同,他只做意式浓缩咖啡。一位
顾客戏称,他制作的是"含咖啡因的巫术"。他有两家店铺,一家
位于偏僻宁静但有时髦艺术家气质的街区下北泽(Shimo-

kitazawa)，另一家则位于熙熙攘攘的涩谷商业中心区域。虽然在日本的专业咖啡领域，有规避机器制作咖啡的传统，但这两家店铺依然吸引了不少咖啡爱好者前往，品尝他"几乎手工制作"的非凡的意式浓缩咖啡。

田中和他的太太千纱（Chisa，音译）都是拥有极大的内驱力和决断力的极简主义者。店内的装饰十分简朴，下北泽的分店摒弃了过多的家具，只有一张桌子，靠墙摆放着一个摇摇晃晃的吧台，使用最朴素的木地板。这里透露着并非刻意为之的酷。田中认真记录一切，仔细观察每一粒烘焙豆并考虑怎样完美地使用它们。他说，烘焙后的 5—10 天是咖啡豆制作意式浓缩的最佳时机。另外，温度和压力也要根据咖啡豆的状况进行精准的调节。他已经发展出一套看上去完全不会有任何偏差的制作流程，但他仍会留意到一些不确定性，导致他制作的每一杯咖啡都略有不同。他说，神秘的是"咖啡豆是一种信仰，而意式浓缩是它命中注定的归宿"。这并不是一个人在寻找自己的信徒或进行标志性的表演。人们来这里只为喝他亲手做的咖啡，在寒冷的冬日，门外也会大排长队。然而，如果店里过分拥挤，他便会停止制作浓缩咖啡。他说，他和他的咖啡豆都需要足够的空间才能成就一杯好的浓缩咖啡。

在纽约期间，进入咖啡行业以前，田中曾为许多与咖啡无关的公司工作过。他也曾是第九街意式浓缩咖啡馆（Ninth Street Espresso）和"吉米"（Gimme）等店铺的常客。他反复练习、参加课程，还参与了由"反文化咖啡"（Counter Culture Coffee，一家位于北卡罗莱纳州的咖啡豆烘焙公司）组织的杯测活动。虽然被公认为一名优秀的咖啡品鉴师，但他同样也是一名受欢迎的咖啡顾问。

一名咖啡师必须理解每一种变化，知道这种变化从何而来，并懂得如何去改变它。热情是最关键的要素。持续保持热情并充分相信自己，至关重要。然而大部分人的热情都维持不了几年：可能在学习阶段满怀热情，但从那之后，热情便不复存在。[13]

无论是否机器制作，在田中制作的意式浓缩咖啡中，我们都能从他手动的细微调节中体会到"讲究"，即便这个过程也存在机器的干预。对他而言，星巴克的咖啡师只是简单地在操作机器按钮，而当他完全掌控了咖啡机，他的咖啡也可以像野田先生在御多福（Otafuku）制作的咖啡一样充满个性。

占有整个空间：来自吧台
另一侧的咖啡馆

"喫茶店"的经营管理吸引了不同类型的经营者，而咖啡馆则能招揽多样的顾客。对于现代人来说，特别是那些已经对主流的职场生活失去了激情的人而言，"喫茶店"老板的身份虽然有风险又有空想的成分，但看上去仍然光鲜。20 世纪 70 年代至 80 年代的咖啡馆大多都是由那些主业无法养家糊口又枯燥乏味的人们创办的。许多曾经的学生革命者，因为对革命活动结果的失望，选择开一家咖啡馆来作为另一种职业选择，同时也能创造一个吸引志趣相投的人前来聚集的空间。而另一些人，则单纯是因为性格孤僻而无法适应需要团结协作的职业环境。正如一位咖啡馆评论员所说，咖啡馆的老板通常都很"作"，性格古怪又装腔作势，显然根本无法适应任何其他的工作。为了表达某种简约的特殊气质，他们还会创造一些特殊的服饰和习惯：一个咖啡馆老板可能会戴着贝雷帽、故意留山羊胡子，或穿一件无领汗衫和勃肯拖鞋，成为标榜店铺"独立"气质的行走活广告。如果你是这样一个特别适合"非正常"行为的场所的主人，那你的古怪则是这家咖啡馆特色的最佳证明。然而，你的客人们却并不一定都是如此古怪的人：就像格林威治村一样，一些很"作"的咖啡馆常常会吸引不少正常游客来访。

一部分咖啡馆老板已经以沙龙老板的身份赢得了明星地位，成为政治、艺术或其他知识分子小团体的核心人物。经营咖啡馆已经成为一种关于身份地位的职业，而不再仅仅是一门生意：事实上，与美国的东西海岸一样，咖啡师在日本已经成为一个令人向往的职业标签。这个职业并不一定能带来可观的经济收入：咖啡馆老板并不总想着赚钱。一部分老学者在退休后开咖啡馆，仅仅是为了将他的学生客户从教室转移到咖啡桌上。一些丧偶的女性经营一家咖啡馆来满足自己的社交需求，抑或是伴侣留下的遗产不足以支持她在中年就早早过上"退休"生活。大部分普通的"喫茶店"都是由对创办某种特殊文化小群体没有特别兴趣的人创办的。大部分的"喫茶店"都是很"正常"的：气氛友善又素净，见不到也听不到任何非正常的事物。到20世纪80年代，退休的夫妻经营"夫妇"（fufu）咖啡馆的热潮兴起。这样的咖啡馆就像是夫妇二人的社交圈，孩子们长大离家，咖啡馆为他们提供了一个空间来继续"养育"其他人。这些最后演变成了普通的本地咖啡馆，它们对空间和客户群没有特殊的界定，吸引了不少单纯需要家庭和职场以外的第三空间的人们光顾。

大多数的日本咖啡馆都特别强调咖啡和服务的品质，也十分注重与顾客的关系，成就了十分和谐的顾客体验。然而在有一些店铺,老板虽然从始至终都没有什么显而易见的过失,但仍然导致了经营失败。任何生意都难免存在做错事和偷懒的人:如果你在两个街区的范围内同时看到四家或五家咖啡馆,你知道其中肯定有店铺比其他几家做得好,紧接着便开始流言四起。同时作为观察者、朋友和顾客,我从我的咖啡馆老板朋友那里听到过太多关于恶性竞争导致蓄意破坏的黑暗故事:冲击某店铺的顾客群,或蓄意恶评其他老板不好的做法。然而,低价销售同类竞品的做法往往并不奏效:良好的咖啡馆体验似乎更青睐高价的咖啡,账单有时候就是品质的最好证明。

　　我在京都参加过一个面向有志做店主的人群的咖啡馆经营管理课程。我从中了解到,一个咖啡馆老板需要担当太多细致又多样的角色。这个课程包含经济管理、菜单选择、食品准备、客户服务和咖啡制作等全部内容。而咖啡制作课程又包含了多种不同的咖啡研磨和制作方式的艰苦训练,包括(在日本)著名的虹吸壶方式。因为我过往有制作咖啡的经验,所以虽然使用的是过去没接触过的新方式,但我仍然认为我肯定能体面地完成任务。然而,由于我密封步骤做得很不专业,导致我的虹吸壶爆炸了:我让我的组员十分失望,我的成绩报告单上得到了“虹吸失败”的评语。因此,我比一开始的时候谦逊了不少,虽然我自认为已经非常全身心投入,但我仍然做不到我原本想象的那种精准度。勤勉可能有帮助,但“讲究”这回事真的不是别人能教给你的:你必须从始至终将它贯穿于整个过程之中。一位女性告诉我:“你必须得在专注力方面下苦功才行。”

　　我作为学员参加整个项目,主要是为了找到一个问题的答案:你为什么想要开一家咖啡馆? 最常见的回答是“这是我的梦想。”然而当学员们学习了为期三个月的课程,他们开始关注更加精明实际的问题："我前期在设备上的投资需要多久能收回成本？"从梦想的层面来讲，也显示出了多种不同的社会主题。第一种是夫妻双方作为一个团队来共同创立一份"有爱的事业"。第二种则是五六十岁就早早退休的人群不断增加。这一类人群在退休后积极寻找新的工作作为上一份工作结束以后发挥余热的活动，抑或是作为一种经济上的投资。这种"年轻的退休人员"开的咖啡馆招待的往往是更年长一些的退休老人，既为他们提供个人休闲放松的场所，实际上又是他们社交活动的中心。被称为"老年人"的群体实际上也是多种多样的：虽然身处各个不同的年龄层，但他们都越来越独立。随着家庭成为越来越隐私的场所、邻里之间的交流越来越少、家庭成员日益离心化，他们对公共社交空间的需求也与日俱增。在 20 世纪 80 年代的这股浪潮中创立的咖啡馆如今逐渐衰落，因为它们的老板们又到了面临第二次退休的年纪，但也会有现在新近"退休"的一代人来接替他们的位置，更多更年长的人也想要在这样的咖啡馆里寻求一席之地。

　　除了在本章开头介绍的咖啡馆，我们已经看到了关口一郎在东京创办的琥珀咖啡馆中，老板对完美咖啡的严格定义和极致追求。在熊池咖啡馆，我们又见识了老板在意式浓缩咖啡制作技艺上的突破，这使得他的高超技艺几乎无法传授给他人。其他咖啡馆的例子又将为我们展示老板与咖啡馆之间关系的其他特质。在这个世界中，他们倾注了所有的技艺与个性。

茑咖啡店：治愈一代又一代顾客

　　位于东京都南青山地区的茑咖啡店（Tsuta Café）的老板小山泰司（Koyama Taiji）说，咖啡店对他来说，并不是一门生意，而是

他的人生。他甚至希望这里将来能是他生命终结的地方。像《忠　77
臣藏》(*Chuushingura*)里的英雄武士一样,他希望可以在完全履
行承诺以后死去。[14]他已经在这个吧台后面工作了二十二年并从
未想过要放弃。茑咖啡店只有一间狭长又高雅的房间,室内有一
个深木色的吧台。大大的落地窗前摆放着几张桌子,客人们可以
透过落地窗看到外面小小的日式庭院。要到达这间布满常春藤
("茑"在日语中即为常春藤之意)的小店须穿过一道门再走上一
小段步道。你会进入一个完全"私人"的空间,小山先生便是这里
的主人。他极其关注细节,对这个地方给予了无微不至的关照,
也有很强的"讲究"意识。这一切都来源于他对"喫茶店"的热爱。
他表示,他总是以"享受"的态度来对待每一位顾客,他在这个空
间中提供的一切都服务于这一关键词。

　　小山先生毕业于日本最大的私立大学日本大学(Nihon
Daigaku)建筑系,原本是立志成为一名建筑师。学生时代以及毕
业后在一家公司做主管期间,光顾"喫茶店"是小山最爱的活动。
他在关口一郎的琥珀咖啡馆收获良多,于是想通过"茑"将自己来
自咖啡馆的收获分享给其他人。这家咖啡馆使他的天职与工作
结合在一起:他对建筑的兴趣来源于他对公共社交空间的兴趣,
而他又将这家咖啡馆设计为一种带有浓厚友情氛围的独特空间。
小山先生表示,为了保持健康,他不会将自己的生活进行严格的
区分——将私人时间和社交时间、工作与娱乐完全分离是没有好
处的。对他而言,这家咖啡馆意味着一切:它包含了作为自然人
的他、他的工作和一个完整的社群。他说,如果做不到全身心的
投入,工作便无法开展:他必须做到诚信、有责任心并对他人恭
敬有礼,否则他的口碑便会受损。

　　他表示,之所以说这不是一门我们通常意义上所说的"生

意"，是因为他并没有从中挣到很多钱。对他而言，最重要的是即便这家店并不归他所有（他将其出租出去了），但那里仍然有他热爱的工作。除星期日以外，他每天坚持上午九点到店，从早上十点营业到晚上十点打烊，每天工作十二小时。吃饭也没有固定的时间，总是在吧台后面随便对付几口。在到店之前，他每天都会前往不同的其他咖啡店喝咖啡，周日休息的时候还会去稍微远一些的店。他说，这样做并不是为了生意或者带着"调查研究"的目的，只是因为他"单纯地"喜欢咖啡馆——"它是我的兴趣所在。"

这份工作是十分耗体力的。到晚上十点打烊时，他已经筋疲力尽。他一整天都在与人打交道。他必须满足客人们对始终如一的品质的期待：客人们希望无论是环境还是咖啡都应该满足他们的预期。他们希望到店便能看到小山先生就已经在那里，准备好为他们服务。这种一致性已经延伸到现有的客户群之外。他的客人跨越了好几代人："如果青山学院（店铺马路对面的一所女子大学）的一名年轻女子在她二十岁时来我店里，不久她便会带另外一名年轻男孩子一起来。然后他们结婚生子，还会把孩子带过来给我看看。等孩子长大了就会自己过来，然后孩子又有了孩子，也会到我店里来。"他说，他店里有不少这样的"孙子辈"的客人。

小山先生是真的非常开心。他说，如果不是因为他足够热爱自己的工作，这家咖啡馆应该无法持续至今。如果当初开一家酒吧，可能挣得更多，但在这里，他是"主理人"，是他创造的这个社交空间的"中心"。他认为，这家店之所以能够成功，正是因为他没有把它当作一门生意。当在经济上遇到困难，即便他不开口，客人们也会出一份力，多点一杯咖啡来帮衬他。由于他的负债，他自己的儿子没能顺利念完大学（虽然他因为运动天赋而很轻松考上了大学），但仍然在公司里找到了一份不错的工作。虽然两人还没有正式讨论过，但小山希望他儿子未来能继承自己的这份事业，儿子似乎也已经为此做好了准备。小山说，尽管如此，但没人能靠开咖啡馆挣大钱。

这家咖啡店的经济形态可能比较特殊，因为小山是独立于大型咖啡公司之外的。他的这种经营模式称为"直接管理店铺"*。许多咖啡馆都是加盟或连锁经营模式。有的咖啡供应商会为一些咖啡店提供成套的产品来帮助他们起步，而作为交换条件，咖啡店必须与该公司签订定向采购咖啡的协议。这样，它们之间便形成了一种"看板"（kanban，起源于江户和明治时代，意为一家店铺的招牌）关系，咖啡店可以对外宣传其采用的咖啡的品牌来源。

小山先生一直在尽力避免被这样的大型咖啡公司"拥有"。咖啡公司通过向店铺销售咖啡豆和其他咖啡器具来将店铺置于它们的保护伞之下。然而，他说，一家像他这样的专业咖啡馆需要一大笔资金，咖啡公司提供的经济补贴对刚起步的人来说，还是相当有吸引力的。另一方面，许多与悠诗诗（UCC）或世界咖啡公司等大企业合作的中等级别的"看板喫茶店"已经被更便宜的连锁咖啡馆抢走了全部的客户，最后关门大吉。最让小山欣慰的是，由于他选择不与赞助商合作，他的店铺得以生存下来。

小山采购咖啡的地方，老板也曾经是某大型咖啡公司的员工，后来离职开始经营自己的小规模作坊阿克拉（Akura），这样

---

* 直接管理店铺：英文原文为"direct management shop"，不与任何大型咖啡公司合作，老板直接独立运营管理，归属于我们常说的独立咖啡馆范畴。——译者注

79　一来，便可以更好地把控咖啡豆的品质。小山与这位老板已经是二十五年的老朋友，事实上比他开咖啡馆的年代还要久远，所以对老板百分之百的信任。他只购买巴西的桑托斯（Santos）咖啡豆，并且每次只采购 9—10 包 60 公斤装的量，专营巴西咖啡的阿克拉都会给他特别优惠的价格。他总是买咖啡生豆来自己烘焙。他认为，只需要采用单一品种的咖啡豆就已经足够了，因为咖啡的口味会因为季节、天气、时间，甚至客人的心情产生微妙的变化。

　　很少有大型的咖啡公司会直接出售（未经过烘焙的）生豆给咖啡馆，希望咖啡馆把烘焙交给他们来做。然而现在越来越多的"喫茶店"倾向于自己烘焙咖啡豆，这样不仅可以在老板和顾客眼中都增加一些附加价值，也能照顾一部分小型的咖啡豆经销商的生意。小山也会把自己烘焙的阿克拉咖啡豆卖给附近的咖啡馆和商店。为了通过咖啡销售来拓展生意，一位顾客建议小山通过网站来开展咖啡豆的邮购业务。这样可以扩大业务范围，也可以增加收益，还受到那些在学生时代光顾过茑咖啡的老客人的欢迎。由于他已经在这里开店很久很久，提起这家店的名字都带有一种浓浓的怀旧情谊。现在，许多离开了这个街区或从这里的大学毕业了的人们专程回到店里来寻求一份怀旧的慰藉，它已经占据了各种生活和咖啡杂志的版面。即便你或你的母亲已经不再是大学生，像《花子》（Hanako）这样为年轻女性介绍时尚和购物指南的杂志也会告诉你，在茑咖啡馆，你肯定能感受到那种学生时代懒洋洋的氛围。

　　由于拥有稳定的顾客群（他说店里的常客大约有 800 人），小山平均每天能卖掉 6 万日元左右（约合 600 美元）的咖啡和蛋糕。他一天最多能卖一百杯咖啡。一杯标准咖啡的售价是 600 日元，

而一杯咖啡的原料成本只有 58 日元。通过卖蛋糕又能再挣 2 万
日元左右。这样一个月下来，店里的营业额可以达到 150 万日元
（约合 1.5 万美元）。有忠实的顾客群，又没有其他的店员需要付
工资，付完设备开支和房租，他是能收支平衡的。

"茑"是一个让人放松的地方：无论是社交还是私人时间，
它都能为客人提供十分愉悦舒适的空间。就像一位顾客所说：
"在这里待上两三个小时看看书或聊聊天是一种非常放松的活
动，离开的时候会感觉非常好。如果我点两杯咖啡或一杯咖啡
和一杯茶，总共花费是 1 100 日元，这对一下午的休闲活动来说
并不算贵：想想我还同时租用了这个空间，就会觉得一点也
不贵。"

老板给这个空间赋予了独特的个性，形成了一家"一个人的
企业"。它已经深深打上了小山先生的烙印，如果没有他，这家店
的未来会十分不明朗。小山不确定下一代人是否还可以如此地
坚持勤勉与梦想。他希望他的儿子可以坚持挺过每个店铺都会
面临的艰难时期，进行一些必要的改变，不延续父亲既往的风格，
创造一家属于自己的咖啡馆。他并不希望这家店变成自己的纪
念馆。

80

自 我 矫 正

成为"主理人"并不一定意味着自我牺牲。他也许是想追求
一个属于自己的社交群体，抑或是想获得一些个人的知名度，甚
至别人的爱戴，同时也想为自己的勤勉努力收获一些掌声。"讲
究"看上去像是一个深奥难懂的日式概念，把严肃与不受约束严
格区分开来。而在许多老板的实际操作中，它并不是一个朴素的

仪式而是一种交易，紧随其后的是对赞誉和认可的真诚渴望以及对咖啡本身的热爱。

通常，制造粉丝群体的往往是饮品本身。在琥珀咖啡馆，关口先生的技术和他对完美表现的刻苦钻研可能吸引了不少顾客。他的弟子们，无论是曾在他店里当过吧台侍者的还是其他曾向他拜师学艺的，现在都开了自己的咖啡店，期望重新塑造一种风格，同时也想表达他们对咖啡的严谨态度。人们通常把这种重复的行为和这种特殊的咖啡制作方式的"正确性"用"仪式"或"正当作法"来表示。它们都可以通过手势来展示，并通过这项艺术独有的方式和技术设备被创造出来。[15]

世界上并不存在唯一正确的咖啡制作方式，也不存在像茶道一样严格区分各种不同做法的流派。所谓的咖啡之道，就是每个人根据不同的咖啡器具（日语中叫作"Koohii no odoogu"即咖啡道具）本身的特点来制作咖啡的方式。有的店铺用陶瓷材质的壶来装热水作为手冲壶，也有店铺用白搪瓷处理的细嘴金属壶以确保在滤网上方画圈冲煮时水流可以更加集中。大多数店铺会将布的滤网挂在金属线圈上，下面摆上小的玻璃咖啡壶或直接摆上咖啡杯。而有些店铺则会使用虹吸壶这样比较特殊的方式。法压壶在日本完全不流行，但也能偶尔见到。各个店铺自己的方式和器具就是它们的"品牌"，也是店主的个人特色和技艺的体现。

在日本，制作咖啡的器具已经被发展地十分精细，并且我们将看到这也开始对海外的咖啡制作产生影响：如今，"日本制造"已经成为顶级咖啡器具的代名词。虽然很多精细复杂的咖啡设备都是日本人发明的，但日本的咖啡师们却更偏爱自动化程度低、更需要亲自动手实操的方式。虽然我们也能看到熊池咖啡馆的田中先生这样的意式浓缩明星，老派的咖啡师们却对这种方式敬而远之。有人说，意式浓缩咖啡机剥夺了咖啡师展示自己技巧的能力和直接影响咖啡口味的可能性："如果手工制作，你便可以有更多的影响力。"大多数的专业咖啡馆是没有意式浓缩咖啡机的。[16]

御多福咖啡馆里的实践

京都市中心的四条通（Shijo-doori）是一条霓虹灯闪烁的电子产品商店集中、人头攒动的繁华地带，称得上是小型的东京秋叶原（Akihabara）。寺町（Teramachi）就是位于四条南部的一条商店街。在这条商店街内狭窄的小巷子里，有不少小小的面馆。而一家小小的咖啡馆也掩映其中。头顶上方有微笑的女性歌舞伎面具的图案和一块木雕的小招牌。一段小小的楼梯将我们引向地平面以下的御多福——一家温馨的地下室咖啡馆。

在几个街区外的河原町（Kawaramachi）就有以红丝绒软包座椅和深木色餐桌为典型特色的筑地咖啡馆（Café Tsukiji）。这家创办于20世纪30年代，模仿欧洲"美好时代"风格的咖啡馆曾是小说家谷崎润一郎和他的伙伴们最爱光顾的场所。御多福的风格与筑地相似，但整体更加新鲜、明亮，氛围也更休闲。虽然它也是一家历史悠久的店铺，但它并没有过分看重自己的历史，也不会刻意去营造有年代感的氛围。它拥有所有怀旧咖啡馆该有的元素，但它并不自我标榜为历史的衍生物或完全"符合"历史。仿佛时代错误一般，店内的墙上挂着当代的绘画作品，店里还有各种稀奇古怪的玩具和照片。唯一唤起历史记忆的，恐怕就是那些典型的20世纪20年代设计风格的火柴盒了。御多福那张欢乐的面孔,那个传统舞蹈中使用的胖乎乎的女性面具图案,给这家咖啡馆设定了一个愉快又随和的基调。

根据时段和客户群的不同,店内的小桌子和吧台有时特别安静祥和,有时又充满了愉快的交谈。当店里有人交谈时,对话常常能跨越好几张桌子,因为吧台服务员总是在"感觉良好"的时候鼓励老老少少的客人加入其中。四十多岁的店主野田先生身穿洁白的礼服衬衫,系着黑色的法式服务生长围裙,还故意留着长长的鬓角,并称此为传统美式打扮。他总是愉快又乐观,面带微笑,举止神秘。他的注意力集中在咖啡上,但还是会留意观察客人们的社交满意度。

他一次只制作一杯咖啡,一次也只烧一杯咖啡需要的水,咖
82 啡豆都要在准备冲煮之前新鲜现磨。他使用的手冲滴滤方式,在以个性化服务为卖点的咖啡馆深受喜爱。他把烧开的水从水壶里倒进另外一个壶,再倒一些进咖啡杯里用来暖杯。等待一分钟到两分钟的冷却时间,他开始向架在(也是提前预热好的)小玻璃罐上的滤网内的咖啡粉上冲热水。一开始,只是淋一点点热水在咖啡粉最表面,目的是进行加温和浸润。紧接着,经过几分钟的等待,他开始以严格控制的打转手势将一股极细的水流以螺旋方式冲注在咖啡粉上,并遵循他老师的格言:"千万不能让水接触到咖啡外部的'墙壁'或滤纸本身。"他弓着背、在三个不同的冲煮阶段都始终保持胳膊稳定,冲出的细长又稳定的水流形成了一个先上升又下降的螺旋。当水流在滤网中形成螺旋状的图案,他十分乐意顾客们来见证这芭蕾舞一般的表演。他的导师田中(Tanaka)先生在北边不远处经营一家拥有自家烘焙机的咖啡豆商店。田中认为,这与茶道完全不同,这种方式之所以正确,并不是因为它的"形式"(kata),而是因为通过这种方式能做出好

的咖啡。对咖啡有着极高自觉意识的野田先生通过自己制作咖啡的方式，同时找到了激励和放松。他说，通过不断重复，一个人可以说他找到了做这件事的方法，那就是追求完美，但他又赶紧补充道：但它并不是一种"仪式"。

与大多数这个区域的咖啡馆一样，他店里的咖啡售价 400 日元一杯（约合 4 美元）。一杯精品哥伦比亚咖啡卖 500 日元。在这里，重要的不是咖啡豆（当然豆子也必须是优质的），而是做咖啡的手艺。咖啡的专业性包含了一种咖啡师、顾客和咖啡之间的三角关系。野田先生说，接下来他优先考虑的是服务。对他来说，服务意味着为客人提供咖啡、温暖舒适的空间，以及将愿意与他人关联的客人们关联起来。一些像东京"且座"（Saza）咖啡馆老板铃木誉志男（Suzuki Yoshio）这样的咖啡师十分强调关于服务的教育："专业的咖啡师应该能够满足顾客的所有需求，并能够为顾客解答所有关于产品的疑问，直到顾客满意为止。产品也应该值得解释，否则专业人士也只能算是个外行。咖啡和它的故事，正是他期望能提供给顾客的。"[17]

经历了数年的学徒期，这位御多福的老板开始在京都大学附近的知恩寺（Chionji）内每月举办的手工艺展会上提供咖啡。这个展会上汇聚了各行各业的能工巧匠和他们的作品，各种充满奇异色彩又富有创造力的产品琳琅满目。野田的咖啡小站成为那里的焦点，甚至成为一部分人来这个展会的唯一目的。大约三年以后，他的粉丝们开始鼓励他开一家自己的店。现在，常客们总是簇拥在吧台前，或在店外的台阶上排着长队等空位。

他的粉丝们自发以这家咖啡馆为主题创建了网页。其实，像这样的粉丝俱乐部并不少见；就连为他供应咖啡豆的田中也有一小群忠实的追随者，还时常显耀他"粉丝团"制作的相册。

图 9　野田先生在京都御多福咖啡馆制作手冲咖啡（拍摄者：近藤实）

当老板是一位女性

　　到目前为止，我们看到的全部都是男性的咖啡师，实际上在精品咖啡领域，男性确实占有绝对的优势。"讲究"这个词有时候带有特殊的性别色彩，女性们自身也会不自觉地受这种惯性思维的影响。然而，我们也能看到一些达到追求"讲究"境界高度的女性。小纱（Sa-chan）就是其中之一。

　　小纱（濑户更纱小姐的昵称）是工船咖啡馆（Factory KafeKosen）的老板娘。此时，她左手握着水晶玻璃杯上方的滤网把手，右手拿着水壶往咖啡粉的表面冲热水。这件事需要绝对的专注，所以过程中她无法微笑、不会意识到房间里出现了旁人，也不能回答任何问题。她拥有冥想般的绝对镇定感，比起咖啡师，她自信又专业的姿态看上去更像是一名舞者。在这本书中介绍的所有咖啡师中，小纱是最年轻的，但她表现出的专注力却是最好的。她的专业性并不在于她店内的装饰、环境氛围、社交联系的建立或提供便利的设施。

图 10　小纱在京都工船咖啡馆制作咖啡（拍摄者：近藤实）

　　这家店位于京都商业街上一幢毫不起眼的三层小楼的楼上。在临街层并没有招牌，只有一行用工业美术字母书写着"FACTORY KAFEKOSEN"（在日语中，捕蟹的渔船发音为"Kanikosen"，店名取自它的谐音，灵感来源于小林多喜二在 1929 年发表的同名无产阶级小说）的标志。在人行道边狭长阴暗的过道里，靠墙停放着许多自行车。楼上的走廊铺着斑驳的白色木地板，并列的门上都没有任何标识。走进其中一间，你会看到一台小型的东京富士公司出品的咖啡豆烘焙机和装满咖啡豆的黄麻袋，靠墙还陈列着一排有关咖啡的书籍。穿过房间，吧台设置在靠窗的位置。两个

84

窗户之间挂着菲德尔·卡斯特罗（Fidel Castro）摆出开球姿势的
大海报，高尔夫俱乐部的人们都在抬头张望这个看上去十分专业
的挥杆姿势。在吧台左边，自行车、轮胎和各种稀奇古怪的机械
零部件都挂在墙上，还有一个顶到天花板的工作台被各种工具填
满。一个满身油污，留着胡子的嬉皮士模样的男人正在捣鼓着自
行车。吧台这边，小纱正在跟客人讨论着咖啡。

　　客人们通过一块小小木板上的菜单来选择咖啡。菜单上有
一幅墨染的世界地图，图上用彩色的小圆点贴纸标注了各种咖啡
豆的醇度、烘焙度和产地等信息。店内不提供食物。今天，客人
选了危地马拉安提瓜咖啡豆，小纱便暂停了所有的交谈，开始着
手专心为客人制作咖啡。

图 11　京都工船咖啡馆（拍摄者：近藤实）

85　　　如果你进店时正巧碰到她在冲煮咖啡，可能会听不到欢迎
声。你只需要坐下等着轮到你就行了。

大多数女性经营的咖啡馆并不是小纱这种类型的，她们在店内担当的角色似乎就是女性在现实生活中所扮演角色的一种映射，比如母亲、服务人员、护士或知己。这些角色只是转换了一种形式在咖啡馆这个空间里重新演绎。事实上，小纱也遭到非议。一些人认为她有点好高骛远了，觉得没有哪个女性在制作咖啡方面能到达男性的那种"讲究"的水平。然而，她的回头客却大部分都是男性。她并不是谁的弟子，也不是在完成一项男性化的任务。对她而言，这件事是不存在什么性别之分的。在客人们看来，她像是一个在自己的咖啡领域内独具权威的女祭司。而对她自己而言，就像野田先生一样，制作咖啡并不是一种仪式：这一系列的动作都是为了给在场见证整个过程的客人制作一杯最好的咖啡。

我们已经看到，女性以各种不同的身份在咖啡馆这个公共空间内栖息了上百年。尽管社会倾向于对女性该有的样子进行限制，但这并不妨碍她们以女招待、客人、引领潮流的时尚样本、艺术家、作家和政治活动家的身份活跃在咖啡馆中。女性作为老板自主创业、拥有属于自己的企业，既是潮流的引领者，又是传统的保持者。如果一家咖啡馆有女性出现，说明无论从风格上还是顾客群体上，这家店都极富多样性。咖啡馆的女老板总是扮演"聪慧女人"的角色，能为她的咖啡增添一份特殊的女性智慧。她们有时候扮演情感顾问的角色，以敏感细腻的耳朵倾听年轻客人的倾诉和宣泄；对稍微年长的客人来说，她们是"我也有过相同经历"的惺惺相惜的朋友。老板娘们大多是中老年的女性，有的是丧偶的单身女性，有的则是从父母那里继承了独立咖啡馆。她们提供的服务，看上去像是她们在家庭中所扮演的常规角色的延伸，但她们自己更倾向于把它当作是一份受过系统培训更具专业

86

敏感性的工作。它展现的不仅仅是家庭式的母性温暖，同时也兼具公共社交层面的能量。

一家咖啡店有一个女老板并不意味着它一定充满了女性特色。其实大多数归女性所有的咖啡馆的内部装修与一般男性经营的咖啡馆并没有什么区别。并且很多时候，女性店主通常都是从她们的父亲手中将咖啡馆继承过来的。女性咖啡师也同男性咖啡师一样，在制作咖啡的实践中通过"讲究"来追求完美表现，但在细节上往往略有差别。除非一个男性从根本上认定没有女性可以达到男性能达到的高度，否则他不可能从小纱的咖啡制作中挑出什么毛病。当然也有一些像"纯子的厨房"（Junko's Kitchen）这样将女性特色作为最大卖点的咖啡馆，它们的女店主是朝完全不同的方向在努力的，而这样的店铺与各种各样男性特色的咖啡馆之间并不构成竞争关系。

家永纯子（Junko Ienaga，音译）是一名四十来岁的女性。她将位于近郊居民区的自家房屋前面的小花园和停车库改造成了一间房屋。这间明亮的房屋镶嵌了未刷油漆的松木条，里面设置了一个小吧台和四张餐桌。餐椅都用明亮动物图案的棉布做了装饰。店里还有更多其他明快绚丽的小细节：灯饰带着花边、小窗户上挂着别致的窗帘、吧台上铺着跟椅子同款图案的棉布。菜单是在手工纸上手写的，还手绘了不少卡通图案。店里供应的食物也是真正的家庭料理，以各种汤、三明治、蛋包饭和烩饭为特色。她店里的咖啡是用壶煮的，而不是一杯一杯制作的。每天早上，等孩子和老公出门上学上班以后，她才能在十点钟开始营业，所以店里是不供应早餐的，多数是外出购物或办事归来的邻居们过来吃午餐。纯子说，这家小店是她家庭和友情的延伸：在家里招待朋友是她的梦想，而来这里的客人要么原本就是她的朋友，要么后来都成了她的朋友。店铺后面，她自己日常家庭生活的繁琐和一团糟证明她并不是个"完美"的家庭主妇，但这丝毫不影响她在自己的小店里为客人们提供带有女性色彩的完美服务。

她在自己这个乐观、微微湿润的原色舞台上呈现了一种"完美的女性色彩"，你既能感受到家庭般的温暖，又不会太拘泥于家庭成员之间的那种过分捆绑。她总是等女儿从课后补习班放学回来以后关店，这样女儿就可以帮助妈妈一起进行关店以后的打扫收尾工作。儿子随后也会在晚饭开饭之前回家来。纯子说这种状态非常完美：店里没有客人的空当，她可以准备晚餐、洗洗衣服，等门铃提示她有客人来了的时候再返回店里。

纯子将理想化的家庭角色延伸到了公共和半公共的范围内，和子（Kazuko，音译）在自己的咖啡馆感受到的却是完全不同的自我。和子想要的是完全摆脱家庭责任的束缚、有机会彻底关上身后的家门，把它留给婆婆来掌控（同时符合双方的意愿）。她的咖啡馆"乔塔拉"（"Chautara"是尼泊尔语，意为供人们卸下重担休息的场所）展现的完全是她的另一面：这是一家民间艺术主题的空间，同时也售卖周边产品、咖啡和点心。她从尼泊尔、印度尼西亚和泰国等地进口一些小商品，诸如小针织包、拖鞋、围巾这样的小物件十分受年轻女性的欢迎。她将菜单用粉笔写在一块薄木板上，每天都有一道当日特供料理，比如马来西亚料理"仁当牛肉"（beef rendang）、泰式色拉、帕尼尼组合和烤三明治等。这里使用的咖啡豆也是有机的，即有巴西和危地马拉进口的单品咖啡，也供应她自己独创的拼配咖啡豆制作的咖啡。这家店开在一所大学附近，其商品的价格对于学生族来说不算便宜（午间套餐价格为 900 日元，约合 9 美元），常客是学校里的教职员工。跟纯子的店一样，这家店只提供午餐，但会营业到下午五点，这

87

样她到家就正好可以帮婆婆一起做晚餐准备。她的工作是做餐后的打扫和准备孩子们第二天的便当。与和子一起创业开店的是她女子大学时期的同学，她俩都认为，咖啡馆能带给她们一些超越家庭责任以外的新收获。她俩的老公都是家里的长子，所以都与婆婆共同居住，而婆婆又正巧十分愿意挑起照顾家庭的责任。她们的店周末不营业，一方面因为大学周末放假，没客人光顾，另一方面，她们也需要时间来与放假在家的孩子们待在一起。

　　第四位女性店主名叫盐技幸人（Shiowaza Yukito，音译），是一名八十多岁的寡妇。她在东京御茶水地区的神田川边上经营着一家咖啡馆。店铺位于一所大学的范围内，来客大多是对艺术有兴趣的人。在丈夫过世以后，她请一位建筑师朋友帮她把房子的前半部分改造成了这家咖啡馆。因为买不起原版画，她就请学美术的大学生来临摹现代欧洲艺术家的作品。这样，既能为学生们提供一些兼职赚钱的机会，也能吸引他们和他们的朋友来咖啡馆光顾。这家画廊咖啡馆开始变得十分受欢迎，她作为咖啡的定义者和艺术美学品味的代表是店里的一大亮点。随着咖啡馆的生意越来越兴隆，她开始有资金来购买米罗、达利和夏加尔等人的原创平版画作品。她说，她好像变成了年轻艺术家们的策展人和赞助人，等他们长大，开了画展或成为知名的艺术家，又会给咖啡馆带来更多的客人。她表示："我并没有想过要变得多富有……这么多年服务顾客的经验告诉我，如果你以最大限度的真诚来服务他们，他们也绝不会让你失望。"在街区内的其他咖啡馆相继倒闭之后，她的店仍然能够存活下来，也证明了真诚沟通的原则："我们始终带着（有'讲究'的）真诚奉献来探求真实。"[18]

　　这些为咖啡馆全心奉献的店主和老板们经验的本质，是强烈希望在社会公共空间提供殷勤好客的个性化服务，为这些原本平平无奇的服务增添一些个性，成为她们咖啡品质背后的有力支撑。她们的表现来源于这样的热情，但又不流于形式：她们并不是像电梯小姐那样，机械化地按按钮、用背得滚瓜烂熟的台词和经过训练的"服务"嗓音来为客人提供指引；她们也不是圆滑的吧台服务生，以男主人的姿态来保护自己，避免与客人产生危险的人际关系；她们也并不像茶道行家那样总是表演一套无关紧要、不合理又不必要的仪式；她们也与连锁咖啡馆的年轻店员不同，工作内容不仅仅是简单的点点按钮、记录账单，在吧台工作的时间也不会这么短。这些咖啡的制作者们明知完美并不那么容易得到，但又一心追求完美。诚然，这些有"讲究"的"咖啡人"并非凡夫俗子，但他们也绝不是什么边缘人群：他们的咖啡文化很快变成了世界级现象，在国内打败西雅图系咖啡连锁、在海外成为大家争相模仿的对象。他们工作中朴实又平常的部分是他们在为客人提供一杯好咖啡时，总伴随着贴心的服务；而他们又如此地优秀，这使得他们能够以影响世界的日本本土文化形式誉满全球。

第五章

日本的液体能量

　　杰米·万·施恩德尔(Jaime Van Schyndel)在他位于马萨诸塞州阿灵顿的"巴里斯摩"(Barismo)咖啡馆实践着日式咖啡的制作。他非常着迷于日式的咖啡豆烘焙方式。这种方式严格追求将咖啡豆"精细打磨"到只留下一种单一的风味。他说,正是这种常常被认为"过分讲究"的方式成就了咖啡的高品质,这也正是他在自己的咖啡豆烘焙中所致力追求的品质。据他介绍,相比优先考虑自动化和标准化的生产,日本咖啡工艺更多地与咖啡制作者的手艺和心法密切相关。他拥有两台咖啡豆烘焙机,都是仿照日本富士皇家公司(Fuji Royal)出品的机器,从台湾专门量身定制的。他店铺前端的货架上,摆满了来自日本的咖啡器具,包括家用虹吸系统、滴滤咖啡机和各种布滤器。这里既是现代咖啡爱好者的天堂,也是一个复古的匠人工作室。无论是咖啡制作方式还是店内陈设,他和他的这家咖啡馆,都与日本街头的咖啡馆毫无二致。

　　如今,高端的日本咖啡已经成为最优品质、最高工艺和技术的代名词。日本制的咖啡设备通过咖啡馆和个人远销海外。这些设备以其出色的表现证明了日本人对待咖啡的严谨态度。当然,不仅仅局限于咖啡设备,日本咖啡的制作程序也将这种严谨推到了极致,已经远远超越了制作一杯好咖啡这个最原始的现

图12　咖啡制作设备（图片由作者本人拍摄）

实目标。一位美国评论家非常恼怒地表示，为了达到最终效果，"咖啡制作过程中充满了一系列的温水暖杯、滤纸浸润程序。一会儿焖蒸，一会儿停顿，还要用热水在杯中画无数的同心圆圈。我仿佛已经不是一个咖啡制作者，而是一个被禁锢在厨房吧台上的咖啡奴隶"。[1]一家位于圣弗朗西斯科的蓝瓶咖啡馆（Blue Bottle）（得名于科尔什齐齐于1683年在维也纳创立的咖啡屋）专程从日本好璃奥公司和上岛公司采购了包含虹吸系统和慢滤组件的咖啡制作设备，还售卖一款用它制作的咖啡，命名为"京都冷萃"。这组设备包含了数量庞大的细玻璃管，常温水通过这些细玻璃管，历经数小时，慢慢滴进装有咖啡粉的过滤器中，最终流入

90

底部的玻璃瓶内。日本创造的这种设备已经售往不少美国的精选咖啡店，售价高达 2.5 万美元。一位来自加利福尼亚的咖啡店老板表示，这些设备"为店里增添了不少美妙的日式风情。"这种说法对于他的许多客人来说，意义并不大，也提高不了多少声望。[2] 看来，美国的咖啡新潮流可能完全来自日本咖啡，而不是反过来。

日本咖啡？这个表述本身就已经否定了"在日本常喝咖啡的人受到了美式习惯、口味和潮流的影响"这一假设。日本人对咖啡的消费远远早于西雅图人。日本从 17 世纪最开始接纳咖啡，发展到现在"平均一个街区三家咖啡馆"的密度，有着它自己稳定的演变轨迹。日本的咖啡行业带给我们不少惊喜，在整个咖啡世界中也有其独一无二的特色。其中之一，就是咖啡进入日本的途径和它之后逐步"日本化"的过程。咖啡进入日本的途径不同于其他主要的欧洲咖啡消费大国。事实上，现代咖啡在全球的广泛传播也得益于日本在 19 世纪对咖啡的大量进口。阿拉伯商人和土耳其使节最先从真正意义上将咖啡变成一种全球性的商品，但将咖啡贸易进一步发展并传播至更广阔世界的是日本人。正如我前面所述，咖啡，无论作为商品还是饮品，它的复杂性和矛盾性都代表了日本与世界的密切关联。

一位研究者认为，咖啡在 20 世纪 30 年代（讽刺的是，这正是日本倾向于独立的时间点）为日本提供了进入现代国家阵营的入场券。从这个意义上来说，现代化的进程不是由政治驱动，而是得益于经济和地理上的关联。新的流动劳动力向有工作机会的地方流动，比如巴西。他们成为个体企业家、创业者，创造出一系列的贸易链，使咖啡豆得以流通，他们也从中获得财富。

咖啡在日本的变化呈现出一种崭新的文化风格。这种变化也同时能在他们接纳其他新奇商品和概念时看到。在日本，一种新的事物或观念总会伴随时间和消费者的兴趣变化迅速完成归化，变为日式。拉面就是一个很好的例子。它原本是从中国传入的，但现在，它的文化"风味"几乎已经被完全同化，身上作为外来文化的"中国风"元素已经少之又少。爵士乐的日化发生在 20 世纪 30 年代；战后，蛋黄酱迅速被同化成了日本的"家常"风味。当许多日本探戈舞迷开启前往布宜诺斯艾利斯的朝圣之旅时，这种舞蹈已经伴随着草裙舞的普及，早早成为日本家庭业余兴趣爱好的保留剧目，并逐渐发生演变。在消耗品领域，日本的处理方式不是完全的取而代之，而是为其"做加法"，推出数量庞大的衍生产品，创造多种多样的消费商机。咖啡以独特的日本方式坐稳了"一席之地"（当然，是西式的座椅而非日式的蒲团坐垫）并不可动摇。这一点与西洋音乐、服饰或建筑的经历相似，但又远远快于它们。这种促进其本土化或归化的文化结构储备于咖啡创造的空间之中。这些咖啡馆的空间不是从现代化出现之前的那些场所简单复制演变而来，也并不与那些场所形成竞争关系。

　　隐藏在这种现象背后的文化结构包含着多方面的情感和诱因。日本表面上是一个相对保守、恪守传统的社会，然而一旦陈规之墙被打破，日本人对新鲜事物则不会有一丁点的抵触。但这也并不意味着毫无节制地全盘接受：这里似乎存在一个十分有效的无形"滤网"作用于各种新奇事物之上。它可以对各种新鲜的品位和行为方式进行过滤，使之变成符合本土实践、品位和特性的美味"咖啡和小甜饼"。这些本土约定俗成的理解包括一些有关服务的观念，比如在咖啡端上来之前为客人奉上热的或冷的湿毛巾，一杯手工制作的咖啡中还包含了许多隐藏在"手艺"之中的概念。文化本身就是社会变革的对象之一，难免会受到地理、

92

历史、经济和市场等多方面因素的影响，所以，任何产品和它存在的环境都不需要代表"传统"。也许一个 20 世纪初的男士手中捧的咖啡与另外一个 21 世纪初的男士手中的咖啡来源于相同的巴西咖啡豆，但他们的消费行为和消费场所却已经经历了长达一个世纪的文化变革。

咖啡在传往世界各地的旅途中，不断在当地被赋予新的意义，抛弃原产地的文化，不断适应或创造新的当地口味和制作方式。我们将看到，当咖啡来到日本，它不但很快融入了许多现有的领域，还成为创造全新领域的有力手段。我们普遍认为，相对于原创者，日本更像是各种产品和创意的接受者，但任何原创的产品和创意来到这里，都会被改造或进化。哈鲁米·贝夫（Harumi Befu）等一些学者认为，经过日本改造的产品和创意已经在全世界广泛传播。[3] 这些产品并不总带有浓厚的日本色彩；许多都"无国籍"且没有某种特定的国家文化特征。漫画、凯蒂猫（Hello Kitty）、动漫电影等事物可能在某种程度上还带有"日本"色彩，但对日本的其他产品（如电子产品），人们都不会有这样的看法。[4] 而在咖啡领域，虽然欧洲通常被认为是其贸易和文化的主场，但我们仍然认为日本是较早从事世界咖啡贸易、积极对产品和口味标准发起创新的元老级国家。随着日本自有咖啡文化的品牌化进程，无论是彻底本土化还是带有强烈国际化色彩，日本的咖啡制作方式已经开始促进全球咖啡口味趋势和技术的变革。日本咖啡"品牌"文化的一个重要方面就是它极高的行业标准，以至于一种新的咖啡豆在进入其他市场之前，都要先被送到日本接受检验。有点讽刺的是，巴西作为咖啡口味输出国的地位已经彻底被撼动，日本开始为任何一种新的咖啡豆赋予全新的价值维度。

　　无论是小众的还是日常普通的,日本"喫茶店"的咖啡已经成 　93
为"公共饮用行为"的核心主题。如今,日本咖啡正处在世界体系
和本土品位的交会点,同时受到不断变化的地缘政治、技术、农
业、地理等方面现实因素的影响。干旱、虫灾、柴油价格变动或运
输河流的洪灾等状况都会危及日本的咖啡饮用模式。由于在装
有咖啡豆的黄麻袋内检测出杀虫剂成分,日本在 2006 年暂停从
埃塞俄比亚进口咖啡豆。这导致耶加雪菲,尤其是摩卡豆在日本
赢得了一大批的追随者。日本每年从埃塞俄比亚采购的咖啡豆
高达当地产量的百分之二十(紧随德国和沙特阿拉伯,位居全球
第三),所以拒绝从当地采购咖啡豆演变成了一个政治事件,后来
得益于投资商的帮助,埃塞俄比亚咖啡生产商最终再次达到日本
标准,对日本的咖啡豆出口于 2010 年 4 月得以恢复。针对所有
这样的案例,日本专家表示,"关键是要重新建立起信任"。经历
过这样的情况,日本一些大型的咖啡烘焙公司倾向于自己掌控咖
啡种植过程,并增加咖啡豆的品种来源。

关于口味的产业:一杯咖啡中的
"文明开化"运动

　　明治时代,"文明开化"运动兴起,政府倡导优先引进西方技
术和结构类产品,期望以此为跳板,使日本经济和地位在更广阔
的世界范围内得到"提升和飞跃"。[5]"文明教化"成为全国上下统
一的重要课题。19 世纪 90 年代,从巴西进口的咖啡受到年轻的
世界主义者们的欢迎,因为他们希望通过饮用"现代"和"欧洲"咖
啡彰显自己的城市化。在那个时代,喝咖啡的活动还是局限在受
西方文化影响较多的精英阶层和有上层中产阶级背景的上班族

当中。然而,进入 20 世纪,咖啡很快成为家喻户晓、十分"常规"的饮品。虽然有些人批评现在的年轻人已经忘记了日本茶的味道而转投"巴西"口味,但这仍不妨碍咖啡和咖啡馆成为许多人日常生活中不可或缺的组成部分。

然而,日本的咖啡消费活动比明治时代西方化风潮的流行,早了至少 170 年。咖啡能在日本成功发展的先决条件来自历史上一些幸运的小意外。17 世纪初,遭遇海难的日本水手们被带上外国船只,因喝咖啡而恢复了体力。漂向日本的外国船只也给日本带来了咖啡。有记录显示,在 1841 年,一名水手被带上西班牙船只,"来了一些好心人,给我们喝了一种像茶一样的加糖饮料,他们管它叫'咖啡'(koohii)。"[6]

无论是在外国人还是日本人的日记中,都有关于早期传教士和商人将咖啡带进日本的记载。在 1639 年葡萄牙和西班牙商人被驱逐出日本之前,他们在日本就有喝咖啡的习惯。因此,日本的观察者们后来把咖啡称作"红头发老外"喝的饮料。那时候,只有少数日本人把咖啡当作药品来饮用。在日本"锁国时代",位于长崎附近的出岛(Dejima)地区仍然保持着与西方世界的贸易往来。在那个时代,这个小岛是日本与西方世界交流的窗口,招待那些只有通过特别许可才能进入日本本土的外国商人和其他来访者。只有少量的日本人被允许进入这个岛屿,大多是翻译、商人或从事色情服务的人。到 1601 年,日本已经与荷兰东印度公司达成独家经营的贸易合同。随后,法国人也于 1664 年来到这里并创办了自己的贸易公司,但直到 1853 年,荷兰公司在当地都有着接近垄断的地位。法国人是相对较早开始咖啡交易的:一位迎战土耳其军队的年轻军官将咖啡豆从威尼斯带到维也纳;差不多同时期,法国的东方学家让·德·特维诺(Jean de

Thévenot）又将几百麻袋也门摩卡咖啡豆从伊斯坦布尔带回法国马赛。[7]

咖啡作为一种交易商品，是荷兰人最重要的收入来源。当来自马拉巴尔（Malabar）的种子被带到巴达维亚进行殖民种植，荷兰人开始在那里发展培育各种不同的品种。17 世纪 90 年代，首批经由印度来自中东的咖啡豆和荷兰人在锡兰种植农场生产的咖啡豆，经荷兰贸易航路抵达日本出岛。咖啡早在 1705 年就出现在了主管（荷兰语"opperhoofd"意为经营主管、商馆馆长等职务）的日记之中。文中记载道，在日本人招待使团团长的晚宴中，出现了咖啡。

咖啡贸易第一次在日本呈现活跃态势是在 1724 年。后来，我们马上看到了要求荷兰向旧萨摩藩（Satsuma）领主送咖啡豆以及其他对咖啡表现出极高兴趣的证据。[8] 1725 年，德川吉宗将军（Shogun Yoshimune）安排与荷兰商馆馆长会面，采访者桂川甫周（Katsuragawa Hoshu）问到了有关荷兰人喝茶的情况。得到的回答是"我们没有煎茶（sencha），也没有粗茶（bancha），但我们有清茶。"[9]（"karacha"在当时代表咖啡的意思）1775 年，年轻的瑞典医生卡尔·彼得·通贝里（Carl Peter Thumberg）来到长崎出岛担任殖民地医生。他的文章中提到，在那里生活的荷兰人有餐后饮用咖啡的习惯，不少当地的日本人也开始尝试这样做。他的翻译在为日本人记录关于荷兰人的生活习惯时写道："咖啡，是荷兰人习惯饮用的日常饮品。它的形状与豌豆和大豆相似，但它是从咖啡树上采摘而来的。荷兰人对咖啡豆进行研磨，再把粉末放进热水里，等待一会儿，再加糖饮用。对荷兰人而言，咖啡就是像茶一样的存在。"[10]

"兰学者"（精通荷兰文化和荷兰语的学者）们对咖啡在日本

的推广也起到了重要作用。日本医生们阅读了兰学者们翻译的荷兰医学和植物药学文献，开始像西方人一样，将咖啡作为增强食欲、减缓头痛和治疗"妇科疾病"和腹泻的药物来写进处方里。他们注意到，荷兰人"在早晨和晚上喝咖啡，可以振奋精神。如果在早餐和午餐前后饮用咖啡，还可以帮助消化。"[11] 日本医生们实践荷兰人的做法时只关注了对咖啡好处的报道，而忽略了文献中其他关于"导致无力和嗜睡"等副作用的介绍。[12]

虽然与荷兰商人走得近的日本人已经开始将喝咖啡作为一种享受，将咖啡作为药品来使用的情况一直持续到 19 世纪早期才停止。到 1797 年，咖啡已经成为一种具有重要价值的商品。在长崎的地方志中有一张关于当时的"红头发外国人"送给当地娼妓的礼物清单。清单中，礼物的内容包括蜡烛、香皂、卷烟、盐、巧克力和装在小铁盒里的咖啡豆。长崎的娼妓们更偏爱咖啡：出岛的客人教她们在咖啡里加蜂蜜来喝，她们发现咖啡提神兴奋的作用对她们的工作非常有帮助，因为她们需要时刻保持清醒来防止客人从她们身上偷东西。与翻译们一样，娼妓也是一种文化媒介，成为咖啡口味的传播者。

1797 年 6 月 19 日，咖啡也是一种供奉神仙的神圣祭品。位于九州地区的太宰府天满宫神社（Dazaifu Tenmangu Shrine）是日本最虔诚的神道神社之一。咖啡在当时被十分正式地作为礼物奉献给那里的神职人员。当时的商人井出要右卫门（Ide Youemon）是松平大名（Daimyo Matsudaira，大名是日本古代封建领主的称谓）的女婿，因为他在长崎的时候与其他商人一起喝过咖啡，所以他准备了咖啡作为礼物来供奉给神社。这一举动体现了企业家们早期对咖啡的兴趣，以及期望通过将其供奉给神仙来提升它的价值。井出希望通过提升咖啡在精神层面的权威性来寻求更多的客人,从中获得更大的利益。

在出岛殖民时代之后,西方人第一次对日本咖啡的记载出自一名叫菲利普·弗朗茨·冯·西博尔德(Philipp Franz von Siebold, 1796—1866,以下简称"冯·西博尔德")的医生。1823年,他以科学收藏家和作家的身份随荷兰贸易官员游历爪哇(Java)和日本。冯·西博尔德被允许在日本传授医学和走访日本病人。在他第一次到访时,他记载了日本人觉得咖啡的味道苦得难以接受,让他们联想到不少"中药"。后来发现,咖啡对许多症状(尤其是胃病)都具有很好的疗效。据说,在身体系统受到"寒冷"破坏而生病的时候,咖啡可以为身体提供有益健康的"加热"作用。冯·西博尔德还注意到,过度依赖咖啡的日本人会选择梅干(umeboshi,经过腌渍的梅子)作为解药,大概是利用了它的降温效果。[13]

冯·西博尔德想要在日本传播咖啡延年益寿的功效,然后自己开始从事咖啡豆进口生意。他向荷兰东印度公司建议:"每年向日本运送几千磅的咖啡豆。你们应该把咖啡豆烘焙并研磨好,然后装进精美的罐子或瓶子里,再将详细的咖啡制作和饮用方法写下来,做成标签贴在咖啡容器上。"[14]

然而,在他周全的市场调查过程中,他注意到"在我们进口咖啡产品的时候,有两大主要障碍因素需要特别留意:第一,日本人天然不喜欢牛奶;第二,他们对咖啡烘焙并没有什么经验。日本人认为,喝牛奶是违反佛教戒律的行为。他们认为,牛奶是'白色的血液',喝'白色的血液'是一种罪恶……所以他们无法像荷兰人一样欣赏牛奶的价值"。西博尔德没有说错——并不是所有人都能接受这一口。有报道说,大田蜀山(Oota Shokuzan,又名"Oota Nambo",大田南亩)于 1804 年在长崎地方法官的办公室喝过咖啡："我喝了一种叫咖啡的东西，好像是由某种烘焙过的豆子做的……一股烤焦了的味道。我可受不了那种味道。"[15]

德川幕府开始支持咖啡的传播，在1857年，将其作为礼物赠送给弘前地区（Hirosaki）津轻藩（Tsugaru-han）的领主。然而，咖啡在普通民众中的流行也让官方产生了不小的担忧。他们担心，咖啡这种令人愉悦的饮料，一旦落到普通民众手中，将会变成遭受外国文化侵蚀的窗口，如果不加以控制，有可能会严重威胁到日本文化的完整性。与此同时，幕府认为，咖啡的流行应该让国家从中受益，于是从1866年开始对咖啡征收进口税。

面对外国文化影响，日本通过推行保护与发展并行的"和魂洋才"政策来保持日本文化的完整一致性。他们一方面引进西方先进产品，另一方面保护日本传统文化。19世纪60年代，随着大批官员、学者和其他精英阶层开始游历海外，喝咖啡也成为学习"文明"（西方文化）和"现代化"的重要组成部分。咖啡文化甚至传播到了日本乡下。当时开始流行一种叫做"咖啡糖"的饮品，就是将一粒包了咖啡粉的糖放进热水里融化后用来招待孩子们。还有另外一个版本叫做"砂糖果子"（satogashi）——将咖啡粉末和白砂糖混合在一起压制成糖果，可以直接吃，也可以放到热水中融化后饮用。这种做法在当时的大阪十分流行。一位作家写道，商人们把这种饮品给大阪乡下的农民喝并告诉他们："这就是文明开化的味道。"[16]

到了社会风气更加开明的明治时代，人们对外国商品、思想和技术的兴趣出现了热潮。政府劝导民众食用牛肉，接着喝咖啡来帮助消化。牛肉，起初也大多是被当作"药材"来食用的，后来，武士们违反了佛教的戒律，开始通过吃牛肉来强身健体。[17]咖啡和牛肉一样，在文化的菜单中天然带有"雄性"的特质。在日本咖啡历史上的这个节点,郑永庆创办了他的咖啡馆——可否茶馆。

虽然日本人喝咖啡最早是受到了欧洲的影响,但当越来越多的咖啡爱好者游历海外,他们发现他们饮用咖啡的方式与英国或法国的方式存在很大的不同。20 世纪初,随着越来越多的日本艺术家和作家成为欧洲咖啡馆的常客,他们不得不开始适应当地的咖啡口味。例如,日本人起初是不会把打发过的奶油作为配料加到咖啡上面的。后来,从维也纳归来的日本人开始在日本的咖啡馆要求来一杯"维也纳咖啡"(Kaffe Wien),才兴起了这种做法。而巴西咖啡和它的文化根源又有着完全不同的基调。正如我们在第一章中看到的,早期日本和巴西在咖啡生产和消费方面的紧密联系使双方的咖啡产业都得到了繁荣发展。

与巴西的联系

咖啡的市场和口味的增殖变化并不仅仅是通过它的广泛传播来实现的。大多数咖啡消费大国的咖啡豆都是通过进口获得的。世界上唯一一个既是生产大国又是消费大国的国家是巴西。荷兰和葡萄牙从巴西采购咖啡种子来进行栽培种植,实际上,最早把巴西咖啡引入日本的就是葡萄牙传教士和商人。

1727 年,咖啡通过荷兰人从也门传入巴西,随后又被带往法国及其在马提尼克(Martinique)和圭亚那(Guiana)地区的殖民地。[18](荷兰和法国等)殖民政权在当地对咖啡豆进行严格掌控,以确保在咖啡生产行业的垄断地位。对于走私或未经授权私自运输咖啡树苗和咖啡豆的行为,有包括死刑在内的许多处罚机制。

巴西咖啡种植园的第一批工人是来自印度的土著民,由于他

98 们十分容易受到外来传染病的侵害，很快就被非洲黑奴取代了。黑奴们同时还在矿山和糖料种植园工作。19 世纪 80 年代末，咖啡行业进入低谷期，巴西开始联系从日本和欧洲过来的移民们种植咖啡。1887 年，种植农场的农场主和经营者（fazendeiros，葡萄牙语，意味农场主、庄园主）联合起来成立了移民促进协会，为欧洲和日本的移民提供援助，确保他们不花一分钱就能来到巴西。

水野龙（Mizuno Ryu），日本历史上第一位"咖啡皇帝"，一开始就扮演着劳务输入代理的角色，负责把日本工人输送给巴西当地的农场主。因为在引进劳动力方面经验丰富，水野龙在巴西当地被称为"移民英雄"，20 世纪早期，他又在日本创立了世界上第一家连锁咖啡集团。1906 年，水野龙徒步穿越安第斯山脉到达巴西，后来又与巴西的日本大使馆联合进行咖啡推广工作。他同时与巴西政府和日本政府合作，推行了支持移民引进和移居海外的新法律。巴西政府首先同意在三年内支持三千移民，完全支持跨国劳动力流动。水野龙和其他代理们从日本乡下招聘了许多家中年纪较小的男孩子。在传统观念中，家中的长子将来是需要继承家业的，没有家业可以继承的较小的男孩子们就需要走出家门去自谋生路。

1908 年 4 月 28 日，"笠户丸号"商船载着 781 名契约劳工移民从日本神户港出发，前往巴西桑托斯港。他们于 6 月 18 日到达，开始在新发展起来的种植园中工作。他们到达的那一天正好是一个节假日，这些日本人看到港口上正在燃放的烟花，想象这些烟花是为他们接风的。巴西人让日本人吃惊，而这种情感是相互的：在日本人下船以后，巴西人上船检查时发现，日本人使用过的厨房、宿舍和浴室都那么地干净整洁、令人惊讶。然而，日本人没能在他们即将工作的种植园找到匹配的工作环境。当时的工作条件都比较艰苦,与奴役制度相差无几。[19]签了合同的农业劳动力都被当作临时工随意使唤,他们的福利并不在雇主的考量范围。许多人在到达六个月以内就解除了合同逃跑,还有很多人因为感染疟疾等疾病又缺乏有效的医疗救治而死亡。然而,陆续有新的劳动力源源不断到来。在 1923 年关东大地震以后,一大批在地震中失去房屋和谋生手段的人带着家人来到这里。直到 1941 年,从神户出发的移民船只从未间断。"二战"结束后,移民商船又开始源源不断,直到 1973 年,最后一艘船只离开横滨驶向巴西。后来移民人数逐渐减少,通常只有一些早期移民家属前往巴西团聚,工人们大多开始坐飞机出行。

自从 1887 年的 18 吨免费咖啡运到日本开始,日本的咖啡进口量保持持续增长势头。而巴西方面,从 18 世纪末开始,咖啡出口量也持续稳定增长。1797 年,480 袋咖啡豆离开桑托斯港;到 19 世纪中叶,出口量已经超一百万袋。1905 年,巴西由于生产过剩导致咖啡豆滞销,随着价格下跌,巴西人不得不将咖啡豆存入仓库保管。面临这样的危机,巴西政府开始将日本作为他们潜在的未来市场。1902 年,一批 60 吨的咖啡豆运往日本,1907 年增长到 76 吨,而到 1912 年,有记录显示已经达到了 84 吨的运送量。到 20 世纪 20 年代,随着日本国内咖啡馆文化的兴起,对巴西咖啡豆的需求量达到了相当高的水平。1936 年,日本国内咖啡馆数量达到 1.8 万多家,咖啡豆进口量也达到了 3 500 吨之多。如今,巴西是日本国内咖啡豆的主要来源,总进口量达到了巴西年产量的 24.9%,德国和美国合起来占比 49%[20]。

山中启子(Keiko Yamanaka)的调查报告表示,1908 年到 1924 年,在招聘活动相对集中的日本西南部,约有 35 000 日本人进入巴西务工。[21] 1925 年，日本政府出台了一系列推动向巴西输出劳动力的国家政策，因此，在 1925 年到 1934 年，约有 12 万劳动力输出到巴西，其中约有 41% 为女性。至 1941 年，到巴西务工的日本劳动力们大部分已经完成了劳动合约，拥有属于自己的土地，开始种植水稻和咖啡。"二战"结束后，移民活动还一直持续到 1973 年。

推动人口向日本以外流动的主要因素是经济状况的变化。除了农业产量不佳，日本还面临一个新的经济问题：从海外战场归来的士兵们。在 19 世纪末和 20 世纪初，日本经历了两次战争：甲午战争（1894—1895）和日俄战争（1904—1905）。这两次战争导致日本国内劳动力市场必须接纳成千上万从战场归来的士兵。许多边缘劳工们面临失业风险，这便促成了一波移民潮的出现。而巴西方面，咖啡种植园也急需劳动力：1885 年，在巴西的非洲黑奴被释放。十年后，《友好贸易和航运条约》（*Friendship Trade and Navigation Treaty*）在巴黎签署，鼓励日本来填补奴隶制废除所造成的劳动力短缺。因为"干净、耐心和讲秩序"的好口碑，日本劳动力在海外十分受欢迎。[22]

100 　　在第一代移民巴西的日本咖啡工人当中，获得成功的那些人在艰难的环境中努力生存下来，得以从劳动合约中赎身，到当地短短几年就买下了属于自己的土地。[23] 1913 年，山口兄弟（Yamaguchi）创立了朝日农场，而在当时，他们并不是第一个这样做的日本移民，历史学家们把这一年称为日本产业在巴西发展的开端。[24]

到 1923 年，巴西当地归日本人所有的种植园已经拥有 2 500 万咖啡树，而从第一批移民开始仅仅过去 24 年，到 1932 年，这个数量已经增加到了 6 000 万。那个时期，巴西至少有 6 000 名日本人农场主，人均拥有咖啡树一万株。[25] 日本劳动力为巴西咖啡产业不仅带去了农业生产的热情，也推动了具有企业精神的现代化发展。[26]

正如郑永庆是日本咖啡馆历史上的创业先锋，水野龙帮助成千上万的日本工人进入巴西咖啡种植园，还成为巴西当地的日本帝国殖民公司主席，也在日本咖啡历史上留下自己的名字。他几乎垄断了咖啡贸易的方方面面，在日本创立了一家拥有近五十家分店的咖啡连锁集团，接收巴西为了宣传推广而向日本捐赠的咖啡豆。[27] 带着"在日本推广咖啡"的使命，水野龙创立了圣保罗连锁咖啡馆（Café Paulista chain，得名于巴西城市名圣保罗）[28]。咖啡在日本的成功并不是得益于西方，而是日本自身力量的推动，这是日本咖啡和咖啡馆的历史故事中许多令人惊讶的事实之一。

水野龙的精神推动力在其他专攻日本市场的企业家中也能看到，他们往往都成为当地的农场主和咖啡出口贸易公司的老板。我们可以说，如果在那个艰难的时代没有日本人的努力，巴西咖啡行业可能需要更长的时间才能得到这样的发展。而如果没有巴西的主动出击，日本咖啡行业从西方势力的主导中（如果真的有出现过这种主导情况的话）独立的过程则可能需要花费更长的时间。

日本历史上，对咖啡的消费唯一出现过下降趋势的时期是在"二战"接近尾声、孤立无援、定额配给和食品短缺开始出现的时代。德国咖啡商人曾将日本作为他们从东南亚采购咖啡豆的集散中心。20 世纪 40 年代早期，他们在日本储存咖啡豆的仓库被破坏。所有能够得到的咖啡豆都优先供给军队，大多数的咖啡馆仍然不得不积极寻求咖啡的替代品。一位咖啡行业的老官员说，在战争年代，咖啡与其说是一种物质更像是一种概念，比起这杯饮品，人们更在意咖啡馆这个场所带来的舒适感：喝上一口温热的不那么精致的咖啡替代品，足以让他们回想起曾经美好的时光。

20 世纪 60 年代，战后经济全面恢复，日本迎来了经济繁荣时代，咖啡行业也再次腾飞，咖啡馆和喝咖啡逐渐成为日本城市生活中不可缺少的日常组成部分。咖啡背后的"文化结构"已经得到了全面的发展，喝咖啡成为人们每日常规和城市化的象征，这种行为也在日本根植了更加稳定的产业格局。日本咖啡行业独具特色的发展之路使它与欧洲模式完全分离开来。

101

咖啡行业中的信赖感：三"高"

如果我们需要更多的证据来证明日本咖啡和西方咖啡更深层意义上的区别，可以从咖啡行业本身的结构、策略和逻辑入手。圆尾修三（Maruo Shozo）已经给我们介绍了许多日本咖啡行业独有的特征，表达了对更广阔的咖啡生产和分配领域的兴趣。从某种程度上来说，由于日本更容易建立大众咖啡消费市场，日本咖啡市场已经开始促进世界精品咖啡格局的形成。日本咖啡产业拥有自己"日式"的个性特征并且已经形成了各部分相互协作的完整行业体系，这种非凡的行业特点是非常值得探究学习的。

将日本咖啡行业与该领域中其他的国家明显区分开来的诸多因素中，"综合商社"（sogoshosha，综合贸易公司）的参与是必不可少的条件之一。在这样的综合贸易公司的策略中，有一套纵向一体化的管理系统，各个级别的生产、进口和市场营销的每一个环节都由同一家公司全权掌控。"集中管理"并不足以形容咖啡生产的各个操作层面之间的相互关系。

一体化的管理模式通常是从生产到市场的顺序持续向前推进的,然而罗伯特·劳伦斯(Robert Lawrence)认为,日本咖啡行业采取的是"反向后退"的方式——从将产品零售给消费者的节点出发,倒推到向国内市场大批进口的阶段,再倒推到原产地的咖啡豆种植和采收环节。[29]从最终成为一杯咖啡的节点到咖啡豆原产地的整个供应链中,我们都能看到,所谓"经过严格管理的可预见性"始终发挥着功效。

咖啡馆和"喫茶店"通常都与咖啡公司达成协议,以各种不同的方式让它们与咖啡种植者达成同盟。维持它们之间关系的方式主要有三种,而其中两种又较第三种更为普遍。供应商会与咖啡馆老板协商,成为该店铺唯一的咖啡豆供应商,而作为交换条件,供应商需要在前期为开店提供必要的装潢、设备,乃至咖啡杯碟等用具的支援。这使得咖啡馆被纳入该咖啡公司的范围之内但又不作为该咖啡供应商的特许加盟店或直营店。前文中我们已经了解在咖啡供应商与咖啡馆之间的"看板"关系之下,咖啡馆仍然可以保持自己独立的店名和运作模式,只需要在窗户等地方贴上表明供应商名称的小小"看板"即可。另外一种模式就是特许加盟经营,即从某咖啡公司购买或租赁一家冠名的店铺,一切经营事宜都限制在该咖啡公司的管理、选择和权威之内。而第三种,则是完全与大型供应商不发生往来的独立咖啡馆。这样的店铺往往都是从本地的小型咖啡豆烘焙作坊采购,通过老板之间的私人交情进行交易,即不依赖也不享受大企业的保护伞。

常客对咖啡店老板的信任感可以被传送到这个老板所信赖的烘焙厂商身上,继而又传送给咖啡豆的进口商和供应商,经过他们,又进一步传向远在原产国当地的顾问、种植者和本地工头身上,这一切都完全属于同一家公司的管理链条之上。然而,这

102

个系统之所以能够起作用，并不是因为这个链接之中的结构性和经济性，而是来源于这种长期的合作关系中所蕴含的高品质与信赖感。这些联系几乎都不是通过立法来构建的。农民们尽可能地提供品质最好的咖啡豆，是因为每一个环节的品控都能够及时准确地回归到原始协议上来。

这个系统中还有一个非常重要的条件：基于所有这些信赖感之上的生产、加工以及后勤物流保障是十分复杂和可靠的。信赖感在咖啡行业的重要意义是怎么强调都不为过的。这些关系的建立，并没有法律和政府从中斡旋介入。这些非合同的协议具有强大的约束力，从中发挥粘合作用的就是双方对追求咖啡高品质的共识。

据圆尾修三介绍，日本的咖啡消费取决于三"高"：高品质、高价格、生产的高成本。日本精品咖啡的高品质是众所周知的，而这些高品质都是通过咖啡专家的努力得到实现和保障的：在日本咖啡行业努力奋斗的专业人士，他们的水平即便是在世界范围内也是数一数二的。高品质的源头起始于健康的咖啡树苗、良好的营养补给，以及在最佳的时节对咖啡果进行采收（这意味着，在实际操作中，即便是同一颗咖啡树的果实，成熟时间也是不均衡的，所以得在不同时间进行多次采收：如果想要提高采收效率则要对咖啡树进行基因改造，使所有的咖啡果都同时成熟），去掉咖啡浆果黏液。即便是内部的咖啡豆进行干性或湿性发酵的过程，也必须选择合适的时机才能进行。接下来，就要对豆子进行干燥和小心地储存，以防发霉或受到其他的伤害。经验丰富的挑豆工人要对咖啡豆进行手工筛选，确保豆子尺寸大小均匀，挑出其中的坏豆。咖啡豆要储存在麻袋中，既能允许适量的水分蒸发，又能避免咖啡豆遭到害虫及其他不利因素的损害。在每一个环节中,咖啡豆的质量都要能够得到保障,即便在向日本的咖啡豆供应商运输的环节中,这种保障也丝毫不会停止。每一个农场的产品都要经过这个过程中的关键人物——咖啡"杯测师"(coffee cupper)的反复检验。

咖啡杯测师的生活十分严谨,依靠长期专业训练培养出来的直觉。他们的训练主要是经验的积累和大量的实地探访:由于咖啡只能生长在南北纬 25 度之间的区域,所以他们探访的地方大多是不怎么发达的偏远地区。日本的咖啡专家们一边对自己克服困难的能力感到骄傲,一边又表示十分羡慕葡萄酒鉴赏家的生活,因为他们的产品多生长在气候更加温和、"文明程度更高"的地区。虽然如此,他们仍然十分珍惜这种旅途的艰难,因为这样反而可以帮助他们更好地将注意力集中在"味觉"上。

许多日本的咖啡公司十分注重与给他们供应咖啡豆的原产地保持联系。丸山咖啡(Maruyama)的老板丸山健太郎(Maruyama Kentaro)每年有一半的时间都在为他供货的咖啡种植园进行实地考察。他不仅要留意树苗的健康状况、树种与土地条件的匹配程度,还要关注种植者的工作态度。京都"京和"(Kyowa's)咖啡公司董事长辻隆夫(Tsuji Takao)将公司定位成一家"传统咖啡公司"。他利用"多次到访咖啡原产地"学到的知识,在自家工厂外面的停车场附近创造了一个小型的咖啡农园,其目的不是为了能在日本种出咖啡,而是更进一步了解一粒咖啡豆的生命周期。在法国人关于葡萄酒的思路中,"风土"(terroir)是他们十分注重的概念,即对葡萄生长的土壤和气候条件的关注。而在咖啡行业,这种关注更胜一筹,甚至延伸到了"人文风土"(human terroir)领域,除了自然条件,还要强调对农场主、栽培者和生产者人格特征的关注。有些公司还要对采购他们产品的咖啡馆老板进行考察,因为他们不愿意自家的咖啡豆被粗暴对待，也不愿将豆子出售给没有良好咖啡制作态度的店铺。

当一个咖啡从业者达到了"大师"级别，他便会开始研究属于自己的拼配方式，以最好的组合拼配技巧来发展自己的咖啡，同时为自己赢得声誉。一部分像关口一郎这样的大师选择点到为止，而另外一些人却始终没有停止尝试。在这里，咖啡专业人士与咖啡馆专业人士相遇。而评判是否专业的标准，则是由这个行业的出版物（日本至少有三家出版各种关于茶和咖啡杂志的出版社）决定的。但正如一位京都的咖啡专家所说："一个真正专业的咖啡师，都有自己的一套做法，有自己独特的风格。"如果你只是简单地跟着专业的方式去做，那你就称不上专业。

104 　　我们应该摒弃盲目模仿，但如果你正在学习基础的技巧，反复的模仿练习是必须的。

三"高"中的第二"高"，即"高"价格是日本咖啡市场的一个重要特征。价格越高卖得越好，廉价则意味着低质。在日本，价格是衡量咖啡品质的可靠标准，便宜的咖啡是无法卖给识货的精品咖啡买手的。在日本，夏天的中元节和冬天的盂兰盆节都有互相赠送礼物的传统，咖啡已经进入了两节礼品的首选行列。在各大商场的礼品服务部门，所有作为礼品采购的物品中，食品类占比最大。20 世纪 60 年代，即便是最普通的食物，只要商场给它进行精美包装，也会变得十分拿得出手。在当时，经过漂亮包装的瓶装植物油、果汁或速溶咖啡都是不错的选择。而到了 20 世纪 80 年代，泡沫经济社会之下，随着人们收入的提高，需要更加奢华一点的物品来跟上节奏。因此，昂贵的威士忌、欧洲进口的巧克力、盒装的珍贵茶叶开始成为首选。现在，整粒或者新鲜现磨的咖啡也是十分高档的礼品，但必须是装在精致的茶叶罐里的精品咖啡。把三罐咖啡打包到一个考究的盒子里，再贴上写明了产地和烘焙程度的标签：这样符合日本习惯、价格适中的礼品如果赠送给对的人，完全可以是高品质的象征。尊尼获加黑标威士忌（Johnny Walker Black Label）的经营者发现，打折商品不适合作为礼物：只要他们公司一开始做打折促销活动，喜欢选威士忌做礼物的日本人马上就会转头去买芝华士（Chivas Regal）。[30] 在 20 世纪 90 年代早期的不景气和后来的经济大萧条时代，每当礼物季到来，虽然购买量有所下降，但对高价商品的购买趋势并没有明显减少。

　　咖啡的价格不仅取决于咖啡豆的品种，还取决于运输和生产制作的成本。价格最高的咖啡产自咖啡农作物品质最好的地方。在当地，种植和制作咖啡豆的劳动力成本都非常高昂，这样的豆子无论是在日本还是世界其他地方都深受追捧。日本买手最热衷从巴西、哥伦比亚和印度尼西亚采购，日本市场近六成的咖啡豆都来自这几个国家。从哥伦比亚到巴西，根据当地（以 2008 年为例）当时出现消费热潮或产量减少等状况，咖啡豆的每公斤价格从 2.46 美元到 4.24 美元不等。在日本，出售给消费者的袋装咖啡豆价格也有很大的差异，而价格最高的咖啡豆多来自像东京谷中（Yanaka）、京都猪田（Inoda）这样的精选店铺自家烘焙的产品。在所有的咖啡馆中，大约有 5% 的店铺单杯咖啡售价在 650 日元（约合 6.5 美元）以上，售价 500 日元（约合 5 美元）以上的店铺约占 25%，还有一些精品咖啡店的单杯售价在 400 日元（约合 4 美元）左右（以上均为 2008 年的价格）。像罗多伦这样的便宜连锁咖啡店的售价并不在此价格区间范围内，单杯咖啡售价低至 180 日元（约合 1.8 美元）。[31]

　　因其极高的行业标准、技巧手法和寻源采购方式，作为第三

"高"的生产"高成本"在日本几乎是无法避免的。日本咖啡的生产和分销逻辑非常复杂，且与信赖感紧密相关。我们将看到，它包含和保护了一整个完整的体系，在这个体系中，品质、价格和分销环节都可以被维持在一个相当高的水准。好品质的咖啡豆通过高价格来得到保护，而这个价格也并不完全处于日本咖啡豆进口商的掌控之下。正如我前面提到的，咖啡豆加工和处理都会受到产地当前条件的制约，并不能完全按照买手的意愿来提前预测。例如，燃料价格突然上涨，东南亚种植合作社的农民们就会减少在干旱季节用水泵给咖啡树浇水的频率，以此来减少水泵燃料的采购。农民们也并不会将这件事告诉那些和他们签订了采购合同的日本买手们，直到品质低劣的咖啡豆被采收和运输到日本买手们手中，买手们才会意识到发生了什么。在这种新的微型合作企业中，在当地安排一个日本承包商不是一个合理的选择，而他们之间还并没有建立起足够的信赖关系，可以通过良好的沟通来避免这种惨剧的发生。在正常情况下，如果有中间人教会他们日本咖啡的运作方式和日本买手的期望值，当地的农民便会知道应该怎样与日本客户进行更深度的合作交流。对买方来说，投资建立这种关系是相当昂贵的，但在日本咖啡行业，经济上的节约显然会影响咖啡品质，而品质永远是他们更优先考虑的重点。

原产地的影响力与失真现象

日本的消费模式已经在世界精品咖啡市场形成主导，并且发展出了不少有销路的咖啡豆来源。我们已经看到，巴西咖啡贸易的发展始于他们对日本农业移民的引入和对日本市场的开拓。巴西咖啡贸易还从日本获得了不少咖啡生产、精品咖啡贸易和定价的提示。对日本买家来说,巴西桑托斯是主导市场的咖啡豆。日本市场对咖啡豆的选择一定程度上也会影响世界其他地区的买家对咖啡豆的选择。

国际咖啡组织(International Coffee Organization)出台的标准也已经受到了日本标准和日本采购实力的影响。日本咖啡行业领导者们表示,对于星巴克带起来的"追求区域性、单一品种豆"的美式风潮,日本买手们早有预料,因为他们也对两个区域性的咖啡感兴趣:牙买加蓝山咖啡和夏威夷科纳咖啡。在日本,这两个品种的咖啡十分受欢迎,以至于它们原产地的名称本身就已经成为一种"品牌"。这些单杯售价高达 1 300 日元(约合 13 美元)的咖啡,已经成为行业高品质的标杆。然而,值得注意的是,在这些精品咖啡的生产和分销环节中已经出现了令人不安的扭曲失真现象。

咖啡豆的地位取决于它们出产于某个特殊产地的事实。日本的买家们也是依靠宣传咖啡豆的原产地来获利:在牙买加,蓝山咖啡豆必须来自蓝山地区。因此,咖啡豆的供应十分受限,而当地为了维持咖啡豆的高价格,也会采取策略来将产量控制在很低的水平。随着日本市场需求量不断升高,日本咖啡进口/烘焙公司并不是要求原本出产"蓝山"咖啡豆的牙买加出产更多的咖啡,而是选择将产自古巴、海地和多米尼加的咖啡豆运往牙买加。这些咖啡豆都是相同的品种,在中美洲和加勒比地区广泛种植。咖啡豆来自牙买加,现在已经不意味着它是在牙买加"蓝山风土"条件下种植出产,而意味着它可能来自许多不同的产地。每年,有大约 7 万袋(每袋 60 公斤)这样的咖啡豆从牙买加运往日本。事实上,市面上销售的蓝山咖啡只有 35%是牙买加种植的咖啡豆。当然,这样的策略是世界各地通常的做法,但掌控处于精品咖啡金字塔最顶端的产品是日本特有的策略。

日本已经垄断了牙买加咖啡出口生意（也可以说已经垄断了当地的经济：一位美国顾问说，如果日本人不再喝蓝山咖啡，牙买加人就要开始挨饿。）在当时，牙买加咖啡豆总产量的 93% 都销往了日本，并且绝大部分都去了同一家公司（悠诗诗公司）。悠诗诗公司的操作模式以纵向一体化为主要方针：公司在产地种植园中占有大量的股份，可以对生产进行补助，掌控劳动力成本和运输成本，也完全掌控在日本国内的分销环节。悠诗诗公司还能锁定价格。而出口到日本的夏威夷科纳咖啡也有过类似的故事发生。一家咖啡公司将哥伦比亚产的咖啡豆带来夏威夷，以填补科纳咖啡产量的不足，当这些咖啡豆到达日本，在所宣称的"纯正科纳咖啡"豆子中大约有 30% 是哥伦比亚产的咖啡豆。

同时，日本咖啡消费情况也会受到全球生产系统的其他变化和压力的影响。20 世纪 70 年代早期以前，未经过烘焙的"生豆"在加工过程中相当耗时，还很容易受到病虫害的侵扰，但年长的烘焙师说，那时候的豆子品质却更好一些。随着古老的咖啡树种渐渐给更加能够抵御病虫害的新品种让路，咖啡豆的产量是得到了大幅度提高，但口味却大不如前。烘焙师们感觉，现在的豆子虽然大小更加均匀，坏豆也很少，但咖啡的口感变得更加平淡无奇了。他们开始调整烘焙技巧来适应这些口味上的缺陷。干燥和包装过程的合理化和精简化同样也会让咖啡豆损失一部分风味。另外，过去古老的咖啡树的珍贵变种（比如波旁种和铁皮卡种）已经逐渐被打入冷宫，仅仅在哥伦比亚、墨西哥和危地马拉的一些小型精品咖啡种植园中还有种植，而大批量产的企业还是青睐更新、抵抗力更强的咖啡豆。即便是像悠诗诗公司这样的主要在大规模市场活跃的烘焙公司，如今也看到了多次小批量烘焙方式的价值，开始为旗下的精品咖啡店供应经过严选的小批量新鲜烘焙的咖啡豆。这样，顾客们也自然被"培养"地开始追求诸如"科纳"和"蓝山"这类知名产地的咖啡。这部分顾客在喝咖啡这件事上也变得越来越一丝不苟、精密讲究。咖啡馆为了迎合他们的喜好，也开始讨论"醇度"和"密度"。

　　起源于荷兰和巴西的日本咖啡已经远远向外延伸到更广阔的世界。日本在作为咖啡消费国的发展历程中，独立开展咖啡豆的寻源采购，创造了欧洲和美国之外的独立根据地。虽然早期深受欧洲咖啡文化的影响，但现在，日本将喝咖啡这件事完全并入了另外一个新奇的轨道。接下来，我们将探究对日本咖啡品位产生不同影响的因素，因为品位也持续改变着日本咖啡和这些喝咖啡的场所。

第六章
咖啡的归化：当代日本咖啡馆中的风味

　　"华丽生活"(Lush Life)是位于京都的一家小型爵士乐咖啡馆。老板只选用一种咖啡豆且一次只制作一杯咖啡，而老板娘也只会制作当天的咖喱。这里的选择很少。作为客人，你只能简单地选择黑咖啡或咖喱饭，聆听布鲁贝克(Brubeck)、迈尔斯(Miles)或比利·斯特雷霍恩(Billy Strayhorn)——当然，这些音乐大多数时候也是老板挑选的——放松又愉悦。在诸如此类的场所，品味更关乎信任，你不带任何需求地来到这里，也不会被提任何要求。选择困难所带来的焦虑彻底消失了。你也不必到这里来积极展示你的内行，只需要简单接受已经为你准备好的一切就好。既然选择来到这样的咖啡馆，就表示你已经做好了准备不提任何要求、不追求任何个性。于是，品味便是咖啡制作者和消费者之间这种相互信赖关系的产物。即便在日本这种咖啡产品和场所都持续不断变化的大环境下，这种以信赖交换高品质的互惠主义仍然十分奏效。

　　日本的咖啡制作，无论是处于品味阶梯什么位置，手工艺性的还是工业性的，都已经见证了许多次的"革命"。它们有的改变了人们的咖啡饮用习惯，而在一部分饮用者中也遇到了不小的阻力,而还有一些则彻底改变了大部分人喝咖啡的方式。寻源采购和生产方式的改变可以说实际上创造了世界范围内对精品咖啡的高需求。随着科技的进步,即便是最普通的夫妻经营的小咖啡馆,也能既供应缓慢滴滤的手冲咖啡,又能供应意式浓缩咖啡,灌装技术的出现让身在旅途的人们能够随时随地喝到咖啡饮料。

图 13　京都花房咖啡馆（拍摄者：近藤实）

电子设备能够根据生咖啡豆的年份、湿度、密度以及拼配需求、烘焙师和消费者的喜好等条件来进行自动调节,达到标准化、可预见性的烘焙质量。然而,在日本和其他地方的咖啡爱好者当中流行的还是手工咖啡,或者通过某些奇妙的装置将手工制作的水准提升到接近极点的高度：接近完美。"手工"是一种品味,但未来的咖啡可能完全来自机器制作并且让到手的咖啡价格更高。

109

有一些潮流趋势，虽然在世界上其他一些地方兴起，但都从某种程度上带有"日本"特征。比如速溶咖啡就是由旅居美国芝加哥的日本化学家加藤佐取（Kato Satori）* 博士发明的。1901 年，加藤在纽约布法罗（Buffalo）举行的泛美博览会（Pan-American Exposition）上介绍了该项发明，并在芝加哥成立了自己的咖啡公司加藤咖啡（Kato Coffee Company），但在当下，速溶咖啡并没能在任何国家流行起来。[1]直到 20 世纪 50 年代，速溶咖啡才开始在美国量产，20 世纪 60 年代才开始在日本普及，并迅速成为家庭和办公室的日常饮品。速溶咖啡最初的市场定位是"高端"商品，通常冠以"皇家""总统"这样的名号，还会邀请魅力四射的演员（通常为西方演员）拍宣传广告。这样的策略使得家庭主妇和办公室白领们感觉自己喝的并不是方便食品而是某种高端精英阶层的饮品。咖啡天然的"男性"属性也十分适合大多数都是男性员工的办公室环境。

速溶咖啡的制作方式由最初的真空干燥法发展为喷雾干燥法（1966），又于 1970 年被冻干咖啡取代，在办公室和家庭中喝咖啡也变得毫不费力。随着瓶装液体冰咖啡等咖啡产品在便利店的销售量大幅提升，日本开始从速溶咖啡粉售价更加便宜的巴西、墨西哥和哥伦比亚进口工业量产的咖啡。2010 年，星巴克开创了一种名为"Via"的免煮咖啡，将其宣传为一种更方便的优质咖啡（对速食一词轻描淡写），但目前并没有任何证据显示它在日本的精品咖啡消费者中能获得成功。然而无论是何种方式，咖啡都变得更容易获得了：日本的某些咖啡形式与

---

* 原文中作者出现了"Satori""Satoru"两种拼写，经查询，正确的应该是 Satoru，此处保留原书作者拼写。——译者注

消费者之间几乎已经不存在任何障碍和界线。

略显讽刺的是，在追求咖啡品味的过程中，充满了矛盾和摇摆不定：效率使得标准化生产的咖啡无处不在，然而精品咖啡的品味需要的却恰恰是足够小众、本土和独特。那些以极强的独特个性著称的咖啡是爱好者们梦寐以求的，然而我们往往并不一定能从咖啡馆中获得这份独特又高雅的体验。这使得咖啡爱好者们开始在家中尝试自己创造这份体验。家庭制作的咖啡要么是速溶的，要么就是用咖啡机制作的滴滤咖啡。在咖啡行业中，后者这种从原粒咖啡豆制作出来的咖啡被称为"常规"咖啡。而如果想要通过自己双手创造出独一无二的咖啡馆风格的一杯时，可以摆弄的东西可就太多了，远远不止热水、滤纸和咖啡粉而已。挑选咖啡豆时，有不同的品种、产地、生产时间和不同的烘焙程度。咖啡豆是什么研磨程度？研磨设备是磨盘式还是刀片式？这些都有太多的选项可供选择。在日本，虽然略有一些区别，但咖啡已经成为技术宅们新的研究对象。

对咖啡行业技术的改进，目的是培育出更好的口味，而不是为了提高效率：正如一位咖啡专家所说，我们与机器之间存在着一种奇怪的关系——我们只需要机器来帮我们完成它们比我们做得更好的部分，而并不希望它们带走我们制作咖啡的艺术。我们对机器的选择可能仅仅意味着挑一个滤网、一个放在咖啡壶或杯子上带圈的法兰绒滤布，也可能只是一个梅丽塔滤杯（Melitta，现在一般都用一次性的硬纸板或软纸质的设备），还有可能是在众多选择中挑选一只家用的虹吸壶，[2] 虹吸壶是一种略显复古的咖啡制作方式。一场完美的虹吸壶制作对制作者的专注力有极高的要求。酒精灯对下部玻璃壶中的水进行加热，当水沸腾，气泡上升，热水便会接触到位于上部的咖啡

111

粉,此时,咖啡师就要对上面的混合物进行搅拌。等到某个瞬间,当下部的加热源被移走,壶内的真空状态被打破,便会瞬间出现奇妙的一幕,咖啡液会瞬间从上面全部冲向下部的玻璃壶中,虹吸咖啡便制作完成了。相比其他国家,咖啡壶或法压壶在日本的使用并不太普遍。很少有人在家里烘焙咖啡豆,一部分原因是日本家庭的空间普遍较小,而家庭烘焙需要足够的空间和良好的通风条件,但德国或意大利产的家用机器还是可以买到的。我有一个朋友会在自己的阳台上烘焙咖啡豆,但都会提前通知邻居们在他操作时关上门窗。

　　小型的社区咖啡豆烘焙公司都有一批对规格参数有严格要求的忠实客户。谷中就是这样的店铺之一,咖啡豆会在下单以后现场烘焙,顾客可以选择原地等候,也可以让店铺提前十五分钟打电话通知自己过来取货。那些选择在店里等待的客人都会被"招待"一杯咖啡,一边闻着自己下单的咖啡豆烘焙散发出的香味一边饮用。顾客将咖啡豆带回家,先让豆子(从烘焙的冲击中)"醒"24小时,不使用电动磨豆机,而是用杵和研钵手工研磨单杯咖啡用量的咖啡豆。他们说,做咖啡让自己感觉愉悦放松,手磨咖啡消耗的体力和时间也是乐趣的一部分。

　　挑选咖啡豆可就更复杂了。日本市场上原本接触不到的哥伦比亚等产地的咖啡豆开始进入日本;意识形态、伦理和品味等方面的考量又为手工种植、有机、可持续发展的咖啡农作物创造了新的市场。2005年,住友商事(Sumitomo)成为日本第一家进口"鸟类友好"咖啡豆的公司。他们与史密森尼候鸟中心签订独家经营合同,并由日本小川(Ogawa)咖啡公司负责市场营销。标榜产地带给咖啡豆的不仅仅是更强的营销力,这些咖啡豆的原产地仿佛成了幻想中梦幻之旅的目的地,所以采购和喝咖啡的行为就仿佛是一场浪漫的逃逸。在这一点上，美国和其他众多有喝咖啡文化的国家又存在一种略显讽刺的现象。现在，全球都在追求本土的东西，认为产地就是代表优良品质的标志：带有当地"风土"的食物可以经得起长途运输，但个人的体验可以广泛流传吗？正如前文所述，喝咖啡的活动往往都发生在与咖啡豆生产地距离很远的地方，咖啡豆也通常都生长在生活标准十分低下的不发达地区。购买对环境友好、在可持续发展观念下种植的咖啡，和理解咖啡来到消费者手中需要燃烧大量的碳燃料、手中的每一杯咖啡都代表着全球困境，两者之间也存在着不一致。然而，相比考虑如何解决这些进退两难的困境，日本消费者更优先考虑咖啡的口味和其他品质。

112

随着咖啡消费量的不断增加，日本咖啡又有了一些有趣的新发展。例如，出售咖啡豆的商店里，低价咖啡豆的销售额增加了，这表明精品咖啡的消费者们并没有完全放弃喝精品咖啡的习惯，而是也会购买不那么"有名"的豆子，或尝试一些较罕为人知的品种。[3]

咖啡口味的品牌化

市面上存在某种特殊的"日式"的咖啡吗？许多消费者认为存在。一位 45 岁的东京商务人士说："当我在海外的时候，我会十分想念日本咖啡。奇怪的是，世界各地都有咖啡，但都不符合我口味：它必须是日式的。"

咖啡正式作为一种"常规"饮品进入日本饮食文化，沿用的是早期荷兰人的饮用方式，虽然大多采用轻度烘焙的咖啡豆，但口味却偏浓（通常我们称之为"密度"高）。现在人们普遍偏爱中度烘焙的咖啡豆，当然，对要求严格的饮用者来说，烘焙程度必须根据豆子的种类、年份和湿度来合理选择。在日本并不存在一种所谓的"日式烘焙"，但整体上都更倾向偏浓厚的萃取度。事实上，日本的咖啡消费中，很大一部分都与日本人更加偏爱的饮用方式相关。在世界三大咖啡消费国（美国、德国和日本）中，日本咖啡的萃取是最浓的（指的是单杯咖啡所使用的咖啡豆克重），这一事实更进一步提高了咖啡豆的进口量。日本的"综合拼配咖啡"（house blend）口味较"浓"，一杯咖啡要使用 13 克咖啡豆，大部分美国人都觉得口味太重。在日本，还有一种不那么浓的咖啡叫作"美式"（在意式浓缩咖啡中加热水稀释而成），起源于占领时期美国大兵的喝法，这种咖啡口味淡、酸味重。"酸"味与苦味截然相反，常常被品鉴师们挑剔，被认为是因为豆子没有好好干燥或保存造成的，可以通过高浓度的萃取来适度掩盖。而正如丸山咖啡公司老板丸山健太郎所说，"事实上，咖啡的酸度才最能反映咖啡的品质。我所说的酸度并不是指咖啡的酸味，清晰的酸度是带着甜味的。种植咖啡的地域海拔越高，咖啡豆的潜在能力就越大，咖啡豆的酸度就越柔和可口。"[4]

　　总体来讲，日本人对高浓度咖啡的偏好为咖啡在日本贡献了极高的消费率：单杯咖啡使用的豆子越多，咖啡豆进口量自然越多。但日本人对咖啡口味的喜好也有地域差别：咖啡烘焙师和拼配师们会根据当地人的喜好来定制咖啡。大阪人是口味最"重"的，一杯咖啡要使用 16 克咖啡豆，有时候还要对咖啡粉进行两次冲煮。名古屋人则偏爱中深度烘焙，每杯咖啡使用 13 克咖啡豆。京都人喜欢偏深度的烘焙，一杯咖啡使用 14 克咖啡豆。东京人喜欢轻度烘焙，一杯咖啡只用 9 克或 10 克豆。

对比来看,东京的咖啡几乎与美式咖啡无异了。虽然美国各地也存在差异,但一杯 8 盎司的美式咖啡平均的咖啡豆用量是 8 克。[5]另一个咖啡消费大国德国的变动范围就更广了,每杯从 6 克到 10 克不等。据说,贝多芬是出了名的爱算计,他要求一杯 6 盎司的咖啡必须使用 60 粒咖啡豆,出来的咖啡口味十分柔和。

丸山这样的专业人士的品味与普通消费者之间存在着相当大的距离。但消费者大多还是被口味引导,主流市场并不是完全由新奇性来驱动的。一些面向大众的咖啡杂志也通过讲授咖啡专业知识的"课程专栏"来提高普通读者的鉴赏能力。日本的消费趋势有自己的模式和轨迹,它会在多个有商机的市场中来回波动,与消费者的日常生活有相当高的一体化程度。在 20 世纪 80 年代和 90 年代早期,富有奢华的创造力和挥发性、具有小众市场特性的年轻人市场更受重视。总的来说,日本的社会潮流都以年轻人在服装、食物、音乐和装备等方面潮流趋势的反弹和流行为主要特点。20 世纪 90 年代,经济不景气的现状并没有压缩市场的消费速度和多样性,但人们采购的物品转向了更廉价的商品和小型奢侈品。路易·威登手袋销量大减,但花 350 日元在咖啡馆里买个座位喝杯咖啡的消费活动却大大增加。年轻人的咖啡口味在不同性别之间存在很大差异。年轻女性喜欢明亮且气氛欢快的咖啡馆,常常被甜甜的花式咖啡饮品吸引。年长的女性在咖啡馆里喝咖啡,回到家喝茶,并不会对各种经过调味的咖啡饮料动心。任何年龄段的男性都不爱喝这些所谓的咖啡饮料。

咖啡在越来越多样化的同时,也变得越来越"平常"。虽然新引进的咖啡豆品种和新的制作方式常常会引起人们的关注,

114

但咖啡的消费并不是依赖于新的流行趋势的增值和扩散，而是
依赖于长期的连续性和一致性。一些咖啡本身的潮流（比如怀
旧咖啡馆的流行）能够唤起人们对更古老和淳朴风格的记忆。
将咖啡放在天然木炭上烘焙的做法（炭烧咖啡）唤起了人们对
过去乡村的情感，也在饮食行业唤起了一种现代"天然"潮流。
有趣的是，像粗茶和焙茶等日式的烘焙茶也是以这样的方式制
作的：炭烧咖啡能够在茶中找到先例。在以炭烧咖啡为卖点的
咖啡馆外面，会摆放着一小篮木炭、碳化的木条和树枝，散发着
古老乡村淳朴的气息（而在那个古老淳朴的时代，咖啡其实并
不普遍）。

　　另外一个将老物件玩出新花样的当属虹吸壶咖啡了。20
世纪 50 年代，使用虹吸壶的咖啡馆是挺常见的，但如今，虹吸壶
被一部分店铺作为体现怀旧风格的标志，用它来体现店铺使用
的是传统且复杂的手工艺模式。更有甚者，用一整套复杂的虹
吸系统来制作咖啡，或一套包含了许多玻璃管和烧瓶、类似一
整套实验室设备的组件来制作冰滴咖啡。它们既可以以新奇
性成为一种有效的营销手段，又可以唤起人们对过去更加精巧
的虹吸壶的回忆。韩国咖啡连锁店豪里斯（Hollys）在日本的 69
家门店全部都摆放着制作冰咖啡的冷萃设备，但并不使用，只
要将它们摆放在店里，就已经足以表达新颖和高端。明明是新
兴的店铺，却总是优先考虑使用古老的方式。位于京都的花房
咖啡馆自 1955 年开始，就坚持以虹吸壶制作咖啡作为自家特
色。与慢慢萃取的手冲咖啡一样，店铺使用虹吸系统一杯一杯
地为客人制作咖啡，象征着对古老制作方式和品质的坚持。为
了让客人保有一些选择的空间，花房咖啡的老板事先会询问客
人对口味的喜好，问他们偏爱的醇度是厚还是薄，口味苦还是

柔和。作为一名合格的顾客，你得对咖啡足够了解才能真的拥有自己的偏好。顾客同时也在消费现场的环境氛围：所有品味其实都被包含在整个喝咖啡的体验之中。

　　有些店铺，特别是京都的一些年代久远的咖啡馆，自带了某种历史色彩的氛围。位于祇园（Gion）地区的洋兰（Cattleya）咖啡馆使用来自附近八坂神社（Yasaka Shrine）的"圣水"，出售的不仅是一种带有历史色彩的神圣感，还认为以这种纯净的水制作的咖啡独具风味且能预防疾病、对健康有益。这家咖啡店采用深木色装饰，灯光也是 20 世纪初的风格，具有那个时代的艺术圈咖啡馆的氛围。祇园是京都传统的娱乐场所，深夜，大批艺伎在结束了宴会上的工作以后，来到这家咖啡馆放松片刻。洋兰咖啡是由店铺创始人在 20 世纪 20 年代开创的，那个时代，出现了日本历史上第一波有咖啡专业鉴赏能力的人。在这里，传统的权威远远超过了新鲜感和多样性的魅力。这里并没有提供太多的选择，客人们大多只能被动地欣赏。

　　纯粹主义是咖啡消费的基线：在美国和少部分欧洲的咖啡爱好者组织中，单一品种豆制作的咖啡即是"纯粹"的代表；而在日本，相比单一豆，拼配咖啡更受偏爱。拼配咖啡（blend，日语发音为"burendo"）往往是一家店铺的"招牌"，由老板亲自拼配。一家店铺的拼配咖啡代表了老板在咖啡豆的口味、色泽和单杯克重上的掌控能力。在美国，综合拼配咖啡是一个营销概念，但它并没有包含太多"品质优良"或"稀缺"的意义。在马萨诸塞州的一家精品咖啡店，我向咖啡制作者询问，综合拼配咖啡包含了哪些不同的种类，得到的回答是，就连经理本人也不一定知道，咖啡供应商每个月都向所有与他们合作的独立咖啡馆供应"自家拼配咖啡"。而在日本，情况则截然相反。哪怕再

115

小一家咖啡馆，只要是自家烘焙咖啡豆的店铺，老板可以立马详细为你介绍今天的"拼配咖啡"使用的是哪三种不同的咖啡豆，如何与这样一个下雪的冬日完美匹配。他说，今天用的是萨尔瓦多、哥伦比亚和巴西三种产地豆的拼配（三种豆子都是根据其重量、尺寸和湿度分开独立烘焙的），口味柔和，足以抵御冬日的寒风。咖啡馆老板们通常会提到，他的拼配灵感得到了烘焙师朋友的建议，自己店里的咖啡都是来自这位朋友的烘焙作坊，并且只是小范围地通过个人关系来销售——这就是我们前面所讲过的，信任链的终端。

咖啡品鉴师们会以"浓"和"淡"来强调咖啡的醇度（body，日语称为"koku"），把"入喉感受"（余韵）也看作整个咖啡体验的一部分。星巴克在日本的店铺不会根据所在的区域来调整萃取方式，咖啡发烧友们表示，这就是它在日本火不起来的原因。不同地区之间对这些连锁店的称呼也有区别：东京人管星巴克叫"sutaabakusu"，而在关西地区，人们管它叫"staabaa"，跟东京比起来，显然略带一些贬低的意味。我们还会看到，星巴克在日本遇到的阻力绝不止于此，它的企业核心概念也与日本的咖啡馆使用习惯相悖。

日本人的咖啡品味与美国人之间存在很大的分歧。诸如"薄荷巧克力坚果"等经过调味的花式咖啡饮品、低因咖啡这类美式的饮品在日本都不太有市场。在美国的咖啡整体销量中，低因咖啡产品占比约为 15%；而在日本，仅占 0.15% 且大多是通过西雅图系美式连锁店售出的。日本咖啡专家表示，进口的低因咖啡口味和香气都十分欠缺，所以日本人不爱喝，然而还有一个官方因素阻止了日本人对低因咖啡的消费。

116　　　　在日本的西方学者眼中，无论是水洗法还是化学试剂法，将咖啡脱去咖啡因的过程都有些反常识。它对身体健康带来的危害要远远超过过量摄入咖啡因所带来的伤害。因此，低因咖啡很难从日本卫生部门获得进口许可。2004 年，美国和日本开始进行培育低因咖啡豆品种的基因实验。2007 年，悠诗诗公司宣布培育出了一种杂交的天然低咖啡因咖啡豆，可以用来制作"天然"低因咖啡，特别适合老年人和怀孕女性等特殊人群饮用。因为很少人会特别去关注咖啡中的咖啡因问题，所以这种低因咖啡的市场营销策略是首先引起人们（特别是这些特殊人群）对"咖啡因问题"的关注。在一项非正式的调查中，我发现许多日本人都表示咖啡对他们的睡眠有帮助，很少有人提到咖啡会引起睡眠问题。实际上，在日本许多有关咖啡的医学讨论强调的都是它的积极功效：最近一项报告显示，日本喝咖啡的人群患肝癌的概率比不喝咖啡的人低 51%，老年人喝咖啡可以有效预防记忆力丧失。

日本人偏爱御多福和琥珀这类精品咖啡馆的手冲滴滤咖啡，强调日本做法与美国主流倾向之间的重大区别。在大多数美国的咖啡馆里，咖啡都是吧台上的意式浓缩咖啡机制作的，还有装在水壶或压力壶中的咖啡供客人续杯。美国版的欧式咖啡馆在美国占绝大多数，但日本的情况却完全不同：有鉴赏能力的人们不会选择任何意式浓缩咖啡为基础制作的饮品。因为它是机器制作的，跟一杯一杯独立制作的手冲咖啡相比，缺乏个人的专注力和技巧。以高效率、科技高度发展的制造业闻名的日本总是将手工艺摆在机械化最末端的位置，手工制品总是比机器自动化的制品更具价值。正如一位观察家所说，在动漫和漫画等当代全球范围内流行的日本产品中，这种对手工的偏好似乎否定了科技的迅速发展。像日本咖啡一样，一页一页手工绘制的卡通也身处矛盾争议的中心。[6]

　　手工制品被赋予的另外一重价值，就在于它能够直接让顾客见证并理解制作的过程。它是人类努力和技巧连续统一体的重要一环。制作寿司的日本厨师（日语中把日本料理的厨师称为"板前师傅"，从"站在案板前"这个意义引申而来）会将做好的寿司直接手把手地交到客人手中；同理，咖啡制作者吸引客人的注意力、展现权威，从而将咖啡从业者内心的信念感具象化。一杯咖啡把控了咖啡师与客人之间的关系。[7]

图 14　京都摩尔咖啡馆（Café Mole）外景（拍摄者：近藤实）

117　　从消费链的顶端来到它的另外一端——大街小巷和车站站台上随处可见的饮料售卖机（日语发音"jidoohanbaiki"自动贩卖机），我们来探寻风味旅途更远处的风景。1969 年，悠诗诗公司开始在日本市场推出罐装咖啡并取得了巨大成功。1973 年，百佳（Pokka）公司创造了日式自动贩卖机，为速食饮品市场提供了展示产品和营销新创意的空间。

对许多日本人来说，"咖啡牛奶"是能唤起童年回忆的味道。许多喝罐装咖啡的人都是为了喝上那一口带着甜味和奶味的咖啡（自动贩卖机售卖的各种品类中最受欢迎的一类），回忆一下学生时代校园午餐里包含的那瓶"咖啡牛奶"的味道。咖啡味和甜味能掩盖一部分瓶装或纸盒装牛奶的怪味。在家里，人们也鼓励学龄前的孩子们喝加了速溶咖啡和糖的牛奶。自动贩卖机中，除了加糖加奶的标准咖啡，也有不添加任何甜味的黑咖啡、甜或不甜的冰茶和热茶，还有能迅速补充电解质和能量的新型运动饮料。[8]罐装咖啡的包装设计和广告看上去都是面向男性的：比如老板（BOSS）咖啡总是在深棕或黑色的咖啡罐子上印一些脸庞宽宽的男性肖像。罐装咖啡其实算是一类独立的饮品，与其他地方售卖的咖啡有明显的区别：一个在等待电车的空隙将罐装咖啡一饮而尽的男人一会儿又会出现在咖啡馆里，喝一杯"常规"或精品咖啡。绝大部分在列车站台上喝罐装咖啡的人并不认为自己此时喝的是"咖啡"，只是因为图方便，用某种液体来提提神罢了。

118

几代人的消费活动证明，咖啡具有填补市场空白和创造新的小众市场的能力。由于长辈在家中喝茶的同时也喝咖啡，所以在"二战"后出生的一代人的记忆中，咖啡是家庭饮品的代表。到20世纪80年代，咖啡取代茶水，成为办公室主流饮品。在办公室中普及也会导致在家庭中的普及。在办公室里，咖啡可以体现地位的区分：一位咖啡评论员说，如果你到访一家公司，对方为你提供完整的咖啡服务（整套的咖啡杯碟、勺、奶和糖），那证明你是高级别的访客；给你端绿茶，说明你是普通访客；如果啥也没给你端上来，那你可以走了。如果能够伴着咖啡进行长时间的商谈，在你离开之前，对方还会为你端上一杯热茶来为今天的会面画上圆满的句号。随着能制作"现煮"咖啡的机器的出现，在一些比较老的办公室，还保留着专门为男性员工提供端茶倒水服务的"OL"（office ladies，缩写为"OL"，女职员）。这即便不是大男子主义的行为，也至少略显陈腐。

通过向外输出漫画和动漫等"软实力"产品，日本世界的独特魅力被世人知晓。现在，像其他的文化产品一样，咖啡带着它独特的日式"表演"方式走向世界。在美国，当美国北部大众市场仍然以"拿铁""大杯"等西雅图系潮流为主、受困于欧洲模式时，"巴里斯摩"（Barismo）、"蓝瓶"（Blue Bottle）和其他为咖啡口味和制作方式提供新来源的店铺都从日本看到了一个新的市场动向。大正时代，社会普遍向往欧洲生活，于是带有欧陆风情和口味的咖啡馆层出不穷。现在，这样的怀旧氛围不仅在京都那些长期经营的古老咖啡馆能看到，就连在星巴克的新潮空间中，也会看到这样的痕迹，然而只是单纯给饮品取了个怀旧的名字，饮品本身与古代意大利毫不相关。到日本旅行的人总有个疑问：为什么日本的咖啡馆里不卖绿茶？一些新兴咖啡馆里售卖的加了奶油和糖的抹茶冰饮可不是这个问题的答案。[9]

茶饮为何从公共空间中消失？

咖啡馆供应的饮品中通常不包括绿茶。最令人意外的情况是，在日本，大众主流的公共饮品是咖啡而不是茶。之所以觉得奇怪，大概是因为茶叶生长在日本，被看作是日本饮品的缩影，然而却没有成为一种出类拔萃的现代饮品。尽管如此，茶文化自公元 6 世纪由中国传入以来，在日本人的生活中占据了稳固的位置。日本的茶叶已经成为绿茶的世界标准*。自 13 世纪开始，在喝咖啡人群未触及的领域，茶拥有自己专属的品鉴市场，持续作为品鉴和审美情趣的对象存在。无论是在家庭、寿司店，或在办公室里作为咖啡之外的选项，茶都普遍存在并且受人欢迎。将茶作为富有仪式感的高端需求也并没有任何减少，只是咖啡更迅速地成为一种受欢迎的社交饮品，在公共空间中挤占了茶的位置。当咖啡馆里的女招待们成为时尚潮流的引领者时，艺伎也逐渐退居到传统文化表演者的位置；同理，当咖啡成为更具活力的现代生活的代表，茶叶便成了一种日本艺术美学的象征。咖啡更加民主开化也更新奇，自然与其他的新鲜事物更加契合。

公元 6 世纪，茶叶伴随着中国传统的佛教禅修理念进入日本，后来又开始作为药材来使用。直到公元 13 世纪，茶才进入非宗教的领域，成为精英阶层的社交饮品。加藤秀俊（Kato Hidetoshi）指出，茶也带有政治属性，是幕府首领与属地之间交流的媒介。[10]

明治时代，茶道表演开始从朝廷向普通平民传播开来。现在，茶道作为一种民族文化的体现，带有强烈的"日式"文化特征。像关口一郎这样的东京咖啡大师已经拥有一套自己专属的咖啡制作仪式，这与茶道十分相似。但如前文所述，咖啡具有更强的民主大众性，而茶道更加具有"阶级性"，讲究一套完整的文化遗产承袭系统。在明治时代，掌握茶道技艺是对每一个达到适婚年龄女性的基本要求，也是一种寻求自我满足感的方式，还是年长的男男女女们赢得声望的手段。日本绿茶（日语发音"nihoncha"）就像"空气"一样无处不在，虽常常意识不到它的存在，但就像呼吸一样离不开它。而咖啡从进入日本开始，就

---

　　* 编者、译者对此句表示怀疑，持保留意见。

变成了同样重要的存在。[11]

不那么讲究仪式的茶屋也可以具有休闲和社交功能。18 世纪的江户城，有大大小小两万多家茶屋，平均每百人就有一家茶屋。有小到只能容纳三个人的店，也有能同时容纳五十人的店铺。加藤将这些大大小小的茶屋称为"多功能社交媒介"：在这里，人们既可以互相留消息，也可以碰面交流，还能寻人。这些功能与 18 世纪的英国咖啡馆十分相似。

像 18 世纪的英国咖啡馆一样，茶屋的主要顾客是社会阶层低下但经济实力不断上升的商人，因此常常遭到质疑。官方可能会担心这些社交活动背后隐藏着煽动性的政治隐患。然而，茶屋越来越显得枯燥和保守，咖啡成为更能够顺应时代变迁的饮品。茶屋渐渐变成了只有老年人、穷人和没那么有社会影响力的人们的活动场所，他们的社交活动主要是到茶屋里来下下围棋。而咖啡馆对客人反而并没有什么要求，也并不会捆绑社交或社会阶级分层的义务。咖啡开始为这个场所赋予了与茶完全不同的环境个性。咖啡站在新奇事物群的边沿，引导和帮助更多其他的创新变革进入日本社会。

咖啡和绿茶是互不重叠的两种饮品，很少会在一张餐桌或一个空间内同时出现——除了无处不在的自动贩卖机：它们都会被制成冰或热的罐装饮料在同一台机器中出售。唯一一家例外的店铺引起了我的注意。这家店位于东京新桥地区，店内是高雅的大正时代风格装修。当我被领到座位上刚坐下，服务员就给我端上来一杯水、一块擦手毛巾和一杯装在没有把手的杯子中的日本绿茶。这里实际上是一家咖啡馆，还是出售精品咖啡的高端咖啡馆之一。店里的菜单写得非常详细，需要一些时间来阅读，你可以一边啜饮着这杯免费招待的绿茶，一边认真考虑应该点哪杯咖啡。在西方人眼中，这一幕显得有些不可思议，但这其实恰恰证明这两种饮品是互不重叠的，并且担当着完全不同的功能。前者是热忱欢迎和优质服务的象征，后者是经过谨慎选择的消费对象。

有趣的是，现在，大众对绿茶的消费也紧跟咖啡的潮流趋势。新兴的绿茶风潮（有专家称之为"Neo-日本茶时代"）借用了西雅图系咖啡产品的模式，尤其是给咖啡增加甜味、创造出各种花式饮品的做法。这样的茶屋往往会刻意选择古风的家具，供应一些能唤起人们普遍对"日本传统"风格记忆的绿茶制品，例如抹茶奇诺（绿色版的卡布奇诺）、绿茶冰激凌芭菲、杯子里放着牙签串起来的荔枝的冰镇抹茶、刨冰、绿茶酸奶冰沙等类型的产品。这都是为了迎合赶时髦的年轻女性对甜品的喜好。就像加了奶油和各种甜味剂的调味咖啡饮料被咖啡专家们称为"咖啡甜品"一样，绿茶行家们也对这样的绿茶衍生品嗤之以鼻。[12]美国的健康运动也间接地带动了这类饮品的潮流，因为日本绿茶一直被宣传为一种对健康有益的饮品，这股潮流如今"回归"到日本，成为咖啡饮品之外的另一种健康新选择。

一家叫"库兹"（Koots）的饮品连锁公司，已经将西雅图模式运用到了绿茶上，出售以绿茶为基底的拿铁（比如"焙茶拿铁"，使用了煎炒过的绿茶，添加了香料的印度奶茶，是一种在美国年轻人中十分流行的饮品，取个带"拿铁"二字的名字，方法就更具国际性了）。老板松田公太（Matsuda Kouta，同时是日本咖啡连锁集团塔利的创始人）希望能够重新配置咖啡馆的选择，使其多样化。他将绿茶定义为"有益健康"的选择并宣传他的那些以绿茶为基底的甜甜的全是奶油的饮品即使热量不低，但也是健康的。公太先生在他的招股说明书中引入了全新的国际化健康理念：反对使用添加剂和杀虫剂，以及咖啡级别的高咖啡因含量。他推

121

广有机抹茶制作的拿铁，使用不含激素的牛奶。大部分的日本人，包括厚生劳动省都不认为咖啡因是什么大问题，而公太却提供了关于咖啡因的对比研究数据：一杯咖啡含有 90 毫克至 150 毫克的咖啡因，而一杯绿茶只含有 8 毫克至 20 毫克的"更温和的咖啡因"。

另外，还有一种喝茶的潮流是中式的：这里所说的并不是那些精致的中式茶馆，老人们在那里品茶、讨论各种茶的优缺点，而是另外一种略带色情性质的传统中国特色茶楼。这些中式茶楼售卖的是历史上某个特殊时期的异国风情：他们售卖茶水，沿用了 20 世纪 20 年代中国独具魅力的景象，店内的女招待都穿着紧身旗袍。这样的店一般开在民族风餐厅附近，感觉比咖啡馆更适合这里的整体氛围。

像库兹里出售的调制绿茶调制饮品都是从走在时尚前沿的咖啡中借鉴而来的。据说下一个将会是巧克力饮品，或根据印加文化方式由可可豆制作的各种饮品（不加甜味剂或仅用肉桂和花生进行调味）。可可豆也是以产地的"风土"树立品牌，根据自身的价值来分等级。在巧克力商店的菜单上会告诉你哪一种是刚刚从国外运抵的，以及你选择的巧克力包含多少比例的纯可可（同时也会写明健康提示）。

尽管有库兹这样的地方，但绿茶还没有像咖啡一样打入新的公共空间。吸引老年人过来一坐就是好几个小时的老式茶屋已经被邻家咖啡馆取代，茶的地位也被咖啡取代。每个人的生活都离不开茶，即便是咖啡爱好者，也会以一杯茶来开启新的一天：有人说，茶是"我妻子每天早上随着报纸一起送到我面前的东西"。而在这个领域的另一个面是即将消失的"日本抹茶"（matcha）体验。

现在,越来越少的年轻人愿意围绕茶的文化进行深入学习,学习茶道、理解茶的品质。许多人甚至都没有喝过一杯正经的抹茶,除非他们作为游客到京都旅行,才会想去尝试一下抹茶。他们可能会皱着眉头喝一杯苦苦的抹茶,但随后又会十分享受地吃抹茶味的圆筒冰淇淋。绿茶没做到的是像咖啡一样为烹饪料理提供一些新的创意:咖啡馆并不是只针对新新人类开放,也面向所有想要获得新的食品味觉体验的顾客。

与咖啡相配的食物

人们总是期待咖啡能带来一些新鲜东西,它会介绍一些食物给顾客,而这些食物在自己原本的国家,并不会与咖啡一起食用。例如,咖喱是最早被引入咖啡馆的食物,紧接着是炒饭和意大利面。在"喫茶店"类型的咖啡馆,客人们可以培养出全球化的饮食口味。比起咖啡,卡巴莱风格的咖啡馆更重视酒类饮品(能鼓励客人们花更多钱),逐渐变得更像夜店,而其他类型的咖啡馆则开始研发各种料理。

在食品领域,依然是欧式咖啡馆的传统最具影响力。巴黎的咖啡馆在19世纪中期就已经开始为客人供应食物:根据不同的时段会供应简单的热菜、沙拉、点心或面包。它并不是要取代餐厅的功能,只是为客人提供一些轻食。20世纪早期的日本咖啡馆以供应咖喱饭为主,这是一种具有复杂历史渊源的食物。19世纪晚期,咖喱传入日本,带着各种版本的传说故事。有人说,它是一名来自英国的船员带进来的。另一种说法是,据一份观察报告记载,在古代萨摩藩的官员们乘坐法国军舰前往欧洲的旅途中,看到一名印度船员在船上煮一种"香气宜人的泥浆",日本人

122

品尝以后觉得十分美味，所以将它广泛传播到日本各地。咖喱饭在日本的普遍流行，起始于这种食物成为军用食品。[13] 日本咖啡馆供应咖喱的做法与同时期欧洲的咖啡馆情况相似。1747 年，英国第一家咖喱咖啡屋在伦敦坎宁镇（Canning Town）码头地区（即现在的维多利亚港）开业，厨师是一名叫阿里（Ali）的孟加拉人。当时的英国咖喱添加了来自加勒比海殖民地的糖，味道比印度咖喱更甜，这种烹调方式成为当时的标配。在印度进行殖民统治的英国人返回到本土，使咖喱这种食物得到了广泛传播。不仅是统治印度的英国官员，普通的英国海员也是这种口味的积极传播者。后来，英国人发明了咖喱粉，从而将咖喱的口味标准化并将这些咖喱打上英国的烙印。被引入日本并逐渐"日本化"的咖喱就是这一种。

　　日本咖啡馆里出现的第一款糕点是一种法式点心，而芭菲、栗子奶油泡芙（在栗子泡芙中间填上稀奶油馅料）、焦糖布丁、巴伐露（bararois）等等也都是来自法国。热松饼（"hotcake"或"pancake"）来自美国，但日本人一般作为下午茶食用，而不是像美国人一样在早餐的时候吃。有一种从那个时期一直延续至今仍然十分受欢迎的咖啡馆食物是"咖啡果冻"（coffee jelly），它由加了糖的咖啡和"寒天"（海藻提取物，替代明胶使用）混合制成。这种由日本人发明的食物采用的是欧洲模制果冻的做法。所有这一类食物都被统称为"haikara"食品。"haikara"是英文单词"high collar"在日语中的发音，单词本意是"高领"。在明治时代，偏爱西方着装的时髦年轻人热衷于穿硬挺的高领服装，所以日本人用"haikara"一词来指代高端、精英或带有西方现代文明色彩的事物。虽然日式口味和烹饪方式被广泛使用在冰激凌、烩饭、焗饭和奶汁烤菜等料理中，但日本咖啡馆的菜单上很少会出现传统的日本料理。为了与日本料理中的"米饭"（日语发音"gohan"）区别开来，咖喱饭、烩饭等料理中使用的米饭在日语中称为"raisu"（即英文单词"rice"在日语中的发音），实际上指代的都是大米。在东京新宿区的老牌日式咖喱屋中村屋（Nakamuraya），店内有关于印度咖喱历史的详细介绍，目的是让顾客弄清楚印度咖喱与日本咖喱的区别。在美国的咖啡馆，普遍认为咖啡只能用来搭配甜品，而在日本，除了少数专门售卖糕点的店铺，咖啡并不是甜食的专属搭配。随着外国食物的不断引进，特别是在咖啡馆这样一个适应性极高的空间，咖啡几乎可以与任何食物搭配，不管是花生还是冰激凌。然而，它唯独不能匹配的居然是"日本料理"。从某种意义上已经演变成"日式"料理的咖喱饭，是唯一的例外。[14]

这些外国食物在旅途中发生巨变，相互融合。它们中的一部分发生了明显的"日本化"，还有一些则完全引申出了全新的现象。为咖喱饭和烩饭配上大勺子就是其中一个例子。三明治也不是直接用手拿着吃，而是要用餐巾包上再拿。还有一些做法显然已经与日本饮食习惯产生了融合。早餐习惯就是其中之一。

一天中最重要的一餐

咖啡馆的大部分食物都是加餐、零食或临时充饥类的。咖啡馆并不是餐厅。值得注意的是，咖啡馆的经营许可规定，这类场所不能以需要烹饪的料理为主要经营内容。[15] 但是，咖啡馆提供的一项服务，使其可以被定义为用餐场所，那就是"晨间套餐"（Morning set），一种将美式和日式饮食融合在一起的早餐。一份经典的早餐套餐中，饮品可以从咖啡和红茶中选择，食物总是

图 15 京都摩尔咖啡馆内景(拍摄者：近藤实)

包含吐司和沙拉，有时还会有水煮蛋。吐司一般都很厚，接近 2 英寸的厚度，配上黄油一起送来；沙拉中的番茄一般都是去皮后切成小兔子耳朵的形状，再淋上统一的沙拉酱汁。早餐套餐与中产阶级白领同步发展，为他们忙碌的家庭和工作计划服务，也能

124 为那些在家庭与职场之间流动工作的人群提供方便。它也是在海外工作的日本人思乡情绪的金标准，因为他们总会怀念晨间套餐曾带给他们的舒适感，以及用这种可预见的美好方式开启全新一天的感觉。晨间套餐的魅力在于它的快速可获取，也在于它实惠的价格，因为套餐中的咖啡通常还花不到 100 日元（约合一美元）。单独一杯咖啡的售价大约在 350 日元左右，而一整份晨间套餐也才 450 日元至 500 日元。唯一的不足是，晨间套餐一般只在午餐时段之前供应。

在以名古屋为中心的中京地区，曾经出现过"晨间套餐大

战"。各大咖啡馆为了争夺客源，争相推出价格更便宜、供应时段更长的早餐套餐。在早上十点或十一点之前购买一杯咖啡，就免费赠送吐司和水煮蛋。丰田汽车的故乡丰田市（Toyota），是这项服务的先驱，自 20 世纪 60 年代就开始供应。有些店铺虽然收费，但全天都供应这种套餐；而在另一些店铺，只要你买上一杯咖啡就可以免费畅吃吐司和水煮蛋；还有的地方提供沙拉、寿司饭团或茶碗蒸蛋等不同的选择。这些地方十分受退休老人或自己不会做饭的年轻人欢迎。

　　有些咖啡馆因其美味的食物而被人们熟知。食品成为它们吸引顾客的最大竞争力，店铺的菜单通常都呈现在显眼的位置。现在，某一类特殊风格的食物，比如有机食品或"民族风料理"，往往又能给这个店铺贴上额外的品质优良的标签。还有咖啡馆专门为素食主义者和土食者＊（locavore）提供符合他们要求的食物。餐厅仅在固定的用餐时段营业，而咖啡馆则与它们不同，全天都有食物供应。正因为如此，对于那些作息并不怎么规律的人群来说，咖啡馆显得十分重要。另外，人们在咖啡馆里也不需要吃一顿完整的饭：他可以随意点一份三明治、一碗汤、一盘意大利面或一块蛋糕，不必参考任何官方的用餐建议。现在的许多年轻人会选择不吃早餐，在上午的课间或工作间隙吃点零食，在临近傍晚的时候，在咖啡馆里坐下，吃点东西来垫一垫饥肠辘辘的肚子。这种饮食自由既反映了不同个体在饮食安排上的多样性，也是促成这种可能性的重要原因。当然，家庭中也少不了咖啡的

125

　　＊　locavore：土食者。由英文单词"本地"（local）和"吞食"（vore）结合而成，指那些热衷于食用住所附近出产的食物的人。这种在欧美国家兴起的新生活潮流旨在节省运输食材所需要耗费的矿物燃料，并鼓励民众自己生产种植食物。——译者注

存在，在家中制作咖啡的方式也多种多样。然而，尽管如此，对品质的追求依然主导着人们的味觉和消费行为，也导致了咖啡行业历史上许多举世瞩目的大事件。

日本咖啡和咖啡馆开始走向世界，对世界各地的咖啡文化产生影响。来自日本的咖啡已经成为国际市场上的宠儿。这不仅仅关乎咖啡豆本身、产地和其多样性，它们已经成为一种全球性的商品。让日本咖啡在世界精品咖啡市场上独占鳌头的是日本人在选豆、烘豆和研磨等过程中表现出的精工细作，以及他们在制作手工咖啡时表现出的专注。这些内容共同构成了其独有的"日式"高品质。我们已经能在许多美国的咖啡馆中见到日本制造的烘豆机、虹吸系统、手冲咖啡用具。对日本咖啡的讨论热度堪比时尚达人们对下一季时尚潮流风向的预测。大部分城市的咖啡消费都是由某一个大规模企业的企业文化决定的。这种公司的营销团队会创造出一种"放之四海皆准"的空间和饮品方案。即便是那些致力于为顾客提供本地化、个性化服务空间和饮品的公司，最后也变得程式化又缺乏个性。日本的咖啡经营方式为缺乏个性选择的食品业复杂供应体系注入了一剂灵丹妙药。独特的品味表现方式和咖啡馆环境成就了"日本咖啡"。有追求品质的观念，又有能让品质有保障的场所，这已经胜过了任何文化背景。所有的日本创意基本都伴随着这一结论。

在马萨诸塞州塞勒姆（Salem）的佳禾咖啡馆（Jaho），身为咖啡师的老板既会给客人制作完美的意式浓缩咖啡，也会一丝不苟地制作虹吸壶咖啡和手冲咖啡。巴里斯摩咖啡馆老板杰米·万·施恩德尔（Jaime Van Schyndel）会烘焙和出售咖啡豆，与咖啡馆合作，还会出售各种家用咖啡器具。巴里斯摩不只是一家咖啡

馆,还是传播高端咖啡知识和品质标准的机构:店铺会在周末举 126
办"杯测"活动,任何时间都可以获得关于好咖啡的长篇演讲。在
店铺后厨区域有一台让人印象深刻的工业用烘豆机,是按照日本
专业烘豆机顶级厂商富士皇家公司的型号从台湾定制的。玻璃
虹吸系统、冲煮壶、滤纸等咖啡冲煮工具都是从日本进口的。这
里介绍的烘豆师们并不仅仅像动漫粉丝一样将咖啡作为来自日
本的好东西加入自己的宠爱清单;正如杰米所说,他们原本就是
一群从事咖啡行业的人,只是后来发现,日本人对待咖啡一丝不
苟的态度并不是"神经质",而是为了制作出最高品质的饮品。
在洛杉矶、塞勒姆和纽约,日式咖啡制作课程已经出现并被推向
市场。过去,我们总是向日本学习经营管理方面的秘诀;而矛盾
的是,现在,我们要学习的是日本最前沿的咖啡品位和矫正全球
千篇一律模式的方法。

　　咖啡是一部分人渴望的对象,也是另一部分人振奋和恢复精
力的秘方,它的魅力无处不在。它既可以本土化,也可以国际范
儿;既能被当作普通事物接纳,也可以作为不同寻常的存在受人
追捧。它可以是速溶咖啡,或是超市里售卖的普通咖啡豆,也可
以寻源采购、经过一系列清洗、干燥和烘焙程序以满足极端挑剔
的品鉴者的口味。它可以是日式的,也许你的下一杯咖啡可能就
是日式的。

第七章

城市公共文化：日本城市中的网络、坐标网格与第三空间

有时候，能在咖啡馆里独处一会儿已经足够了……

——一位中年商务人士，东京

日本城市和它的公共空间

127　　　一个城市人可能家住郊区却在热闹拥挤的市中心工作，每天要在几个不同的区域之间往返。老街坊之间的亲密关系和城市人群的孤独之间存在鲜明的对比，但也完全不足以形容这个人每天的旅途。早晨，离开亲密无间的家庭场景，穿过后街小巷来到车站，坐上一趟拥挤又陌生的电车，最后来到紧张又活跃的职场：在一小时或更短的时间内，一个人可以经历四种以上不同的社交空间，有的让人感觉并不怎么和谐，有的却充满和蔼的亲近感。

现代日本城市为人们提供了许许多多互动交流的机会，但只有少数场所中的社交行为是出于自主选择和自愿。咖啡馆就是人们自主选择的空间之一。我们前面提到过的"第三空间"指代的就是这类场所，在这里，他人的任何即时需求都不起作用。在

西方文献中，特别是在表述美国咖啡馆时，重点总是放在第三空间的社交层面上。在个体化和孤立型城市体验日益增加的社会中，这样的空间能使人与人之间产生更多的联系。[1]然而在日本，虽然也有一些证据表明咖啡馆的确具有社交方面的功能，且这些特征在更早期的时代十分明显，但现在，大众对咖啡馆最普遍的体验已经发生了改变：正如本章题记中那位商务人士所强调，咖啡馆也是一个十分适合独处的场所。当然也有许多咖啡馆鼓励社交活动，一部分店铺甚至坚持并督促客人这样做，但大部分人到访一家咖啡馆为的是与老板建立"弱连接"，而不是与其他来自咖啡馆之外的人们发展某种更加牢固的人际关系。[2]美国的咖啡馆更多的是为人们提供面对面交流的机会（尽管耳机、笔记本电脑等电子设备会人为制造出许多私人"蚕茧"），而日本的咖啡馆是让人们从日常生活中紧张的社交关系网络中暂时抽身，得以放松的场所。你可以停止专注。这是一个与家庭和职场（或学校）毫不相关的场所，既没有家庭中厚重的情感，也没有职场中目的性极强的计划和责任。事实上，你在这里可以什么都不做，独处就好。

鸟瞰整个日本城市生活，其实充满了密集感与紧迫感：站在角落等红绿灯时，和你站在一起的拥挤人群甚至能遮住马路上来往的车辆。在办公室里，周围都是跟你一样埋头看电脑屏幕或低头看报告的同事。在商店街行走，你必须小心翼翼地在人群和自行车流中穿行，边走边留意不要碰到别人的包、车轮、小朋友和店铺门口陈列的商品。人们很难通过留意和校准个人、社交和建筑的空间得到喘息的机会。这已经成为它的第二天性，但也必会造成一些损失。

与其他任何地方一样，日本的城市既充满了确定性，又如万

128

花筒一般持续发生着变化，充满了不可预见的多变性。你可能每天乘坐同一班电车通勤，车门总是在站台预设好的准确位置打开，并且总是按照时刻表准点到达。然而走下站台，离开电梯，来到大街上，你会发现另外一个确定性事件极少发生的场所。在西方的大都市，公共空间总是提供和鼓励更多的机遇和新鲜感。日本的城市也是如此，城市街道见证了人类的多样性，即便在一天当中的某个时段，这种多样性会被千篇一律的深色职业套装、白衬衫和领带所掩盖。

城市生活多样性中更加不和谐的层面往往会被那些行色匆匆赶往公司的上班族和一边玩手机一边逛商店街的年轻女孩子们忽略。"无视"是日本城市生活的必备技能之一：尽量不去关注那些看了听了会让人感到不愉快的事物。这可能是一种自我保护的方式，同时也是一种与差异和解的策略，在一个愈加被监控的社会中，这样的差异很可能会被严密监管和从现场去除。在街道这样的公共空间，另类事物如果可以被无视，那么它就有更多机会蓬勃发展起来。

像这样的社会规约某种程度上可以减轻城市生活的压力，然而城市交通的可靠性多少能确保从一个地方到另一个地方的行程是可以预见的，但在东京这样的城市，仍然无法避免不受控制的混乱感，并且不只是困惑的局外人才有这种感受。在日本城市里相对老一些的街区中，会有不少小小的街巷，这里的邻居们可能从你还是个孩子的时候就已经认识你。这里通常还会有一条商店街。在一天结束时，你到小店采购晚餐食材，也许店里除了老板以外就只有你一个客人。大众浴室在这样的地方仍然存在并且发挥着不可或缺的功用。晚上你去那里洗个澡，可能会碰到好多你的邻里街坊。

图 16 在棕色咖啡屋（Brown Café）独处（图片由作者拍摄）

从地面上看，这些居民区与高层公寓区域之间形成鲜明对比，并不怎么齐整有序。事实上，高层公寓里的业主们不太可能世世代代在同一栋楼里住上几十年，邻里之间也没有那么紧密的联系，但是他们也与那些人口相对固定的老街区一样，有相似的责任网络。"网"（web）的形象通常是带有一定"粘性"的多重同心圆组成的蜘蛛网状结构，适合用来形容家庭中的人格主义以及居住在老式街区里的家庭与周围邻里之间的亲密关系。而"网格"（grid）的形象则更加规整和"理性"，通常用来定义城市中更加现代化区域的人际关系：自由且人与人之间只被其物理模式所连接。

所有的日本城市都有不少共同的特点，比如人口密度大、生活节奏快。然而，根据不同历史和地志等因素的影响，每座城市又有各自独特的品质。比如，东京的大部分地区都是蜘蛛网状的

130

小巷,后来开发的区域又由更加宽松的网格状结构组成,这使得许多外来游客(甚至包括那些从日本其他地方来的人们)感到困惑,也很难找到他们想去的地址。邮寄地址几乎很难引导你找到目的地,街道地址也不像在别处一样能引导你找到具体的地点。即便是本地人,也会通过传真或手机彼此发送做了标注和地标的地图,帮助他们在自己的城市中导航寻路。比起全球定位系统这样的新科技,到附近的警察局要一张地图或了解一些更精确的本地信息也许更有帮助。在一些西方观察者看来,这样一个已经位列世界上最现代化大都市的地方,这种现象显得有些"不合理"。正是东京的这种独特的城市智慧,体现出了每一个东京人的本地性。

京都又是另外一番景象。这座更具古典特色的城市是仿照中国古代都城的建设方式,以皇居为中心、以网格状纵横铺陈开来的。它像美国纽约一样容易辨明方向,由北向南以数字来依次为街道编号。所有日本城市共通的要素是对这些网格之间空间的需求:在这种情况下,既需要极其私人的也需要足够公开的空间。

城市规划师柴田德卫(Shibata Tokue)解释,一部分城市设计成用小街巷将居民房屋、商店、学校和诊所等设施连接起来形成蜘蛛网状的结构,是供人们步行的,而另一部分由现代化的街道构成的网格状结构,是供交通工具在多个独立的大型街区之间通行使用的。在小巷子里都是本地居民的活动范围,要去稍微远一些的地方,则通常会选择走大一些的马路。在小巷里步行的人们通常都彼此认识,如果没有被认出来,就会被认为是外来的陌生人;在大马路上的人们往往都是从别的地方来的,并且都坐在各种交通工具里。[3]

　　现代城市生活体验就隐藏在这些蜘蛛网和网格之间，在那些正式和非正式的空间之间，在由人类使用而创造的空间和科技及其需求创造的空间之间。在一个现代人的生活中，穿越和交错总是在不知不觉中自动发生，但多多少少都会给人带来一些压力。如果没有寺庙空地、公园和车站这些供人们喘口气或为下一段旅程做准备的放松空间，日本的城市生活恐怕要比现在更加令人厌烦。能在个体和更宏大的体制之间调和极度私人空间和极度公共空间的场所正是我们探讨的咖啡馆。

　　人们的城市生活体验总是在邻里和更隐匿或不明显的场所之间来回反复，这些空间在"公共文化"中的意义也在不断发生转变。我们已经看到，在历史的不同阶段，日本城市空间的功能已经发生了变化。本书提到过的这些咖啡馆在帮助个体调节生活中的私人和公共空间的过程中，体现并适应了这种功能的变化。一个在本地商店街购物的女性与商店老板相熟，跟老板们坦诚聊天，还有那些同时在店里采购的顾客们，虽然彼此不知道姓名，也能热络地聊起来，拉拉家常。如果她不加入这种亲密热络的关系就会被认为性格古怪。然而，如果离开了那个空间，比如，场景换到一家大型商场的茶室，她就得保持默默无闻，充分尊重他人的隐私，即便是坐在旁边两尺远的位置的人，也要装作"视而不见"。同样是"公共"空间，亲密的邻里街坊的"公共"和"一般公众"的公共空间，其蕴含的大众文化是完全不同的。

　　在日本城市中，咖啡馆大多是"未被标记"的公共空间。社区范围内的寺庙和神社往往会被当作是家庭范围的延伸，个人无法做到完全匿名。在寺庙的空地上总有可以预期的社交活动发生，在这里相遇的人们会自觉地坐到一起，分享新鲜事，照顾在一起玩耍的孩子们。与咖啡馆不同，这些是"受束缚"和"受约束"的空

131

间，无法抛开个人已经建立起来的身份特征。

柴田表示，这样的场所正在逐渐消失，自 1923 年东京大地震后的城市重建开始，城市的形态和功能已经发生了变化。新的街道设计更方便车辆通行。原本作为人员聚集空间和社交场所的小道路也因为交通变得危险，不再适合人们相互交流和互相保护。建筑学家槇文彦（Fumihiko Maki）将这些小路称为"路地"（roji），认为它们是日本城市生活"空间分层的工具"之一。传统意义上，我们用"表"（omote）和"里"（ura）来区分城市的前街和后巷。"路地"是"后巷空间"，更容易发生可预见的邂逅。更加公开又宽敞的街道则是"前街"，人们更容易隐姓埋名。近郊的大型公寓楼虽然居住人口密集，但并没有多少空间供人们进行偶发的社交活动。槇文彦说，他十分怀念过去，也对现在的城市居民表示担心，日本人的"内心世界"已经变得"越来越严格划分"，过去那种共享环境已经不复存在："集体主义的内心世界"正在逐渐消亡。⁴

然而，在大正时代后期，大地震之后的城市重建创造了许多方便商业和交通发展的大型道路，但"路地"（小巷）的功能并没有完全消失，而是进入了新的现代街区的内部。在被林荫大道和大马路环绕的空间中，仍然保留着老旧居民区，一条条小巷子连接的民居在周围大路上高端写字楼和高层公寓的映衬下，显得格外低矮。这种见缝插针的小巷子在老旧的街区内得以留存下来，在那里，你能看到民居和小店以各种奇怪的角度杂乱地建在一起，还能碰到不少只有两人宽的小巷子。在这些不怎么规整的区域，房屋都是透水透气结构的，人们在白天都将移门敞开，欢迎邻里来访，也方便他人能从门前小路上注意到屋里的情况，一旦发生火灾或其他危急情况，可以彼此警觉照应。在过去机动车还不那么发达的年代,老人们会把家里的手工活儿搬到这样的小巷子里,大家聚在一起一边劳作一边看护在拥挤的土路上玩耍的儿孙们。后来机动车带来了危险、噪声和尘土,居民们便开始在家门前靠近道路的一侧建起水泥围墙,把道路留给车辆行走。休闲的社交被限制到围墙之内、购物场所、咖啡馆和酒吧里,很少有人会抽时间留在家里等待邻居"偶然"闯入他们的生活,聚会成为一种需要经过深思熟虑的行为。当电话普及以后,提前给对方打个电话的行为取代了突然的登门拜访,而在过去,人们唯一需要做的是直接到对方家门口,敲门问一声"打扰了,你在家吗?"在寺庙空地不再对外开放的地方,咖啡馆便成了人们偶遇的场所,也就是另外一种现代的"路地"。

过去,在"路地"的娱乐区域,街上漫无目闲逛的浪子和温文尔雅的慢行者获得了不少文化声望,也以他们的内行展示了对城市的"占有"。而如今,这种现象已然演变成了一种怀旧的对象。现在有人在街上漫无目的散步会显得很可疑,他已被速度取代,浪子被埋头忙着赶公交和地铁的陌生人取代。当街道成为一个地方到另一个地方的传送带,在街上漫步会被当成一种堕落又可疑的行为。

城市人类：充实的生活和空白的空间，不可兼得

格奥尔格·齐美尔(Georg Simmel)在他 1902 年创作的散文《大城市与精神生活》中描写到,富有创造力且积极向上的城市人受到了纷繁复杂城市生活的刺激。一个拥有"大都市"世界观的人必须热心、开放、充满激情,思维敏捷又争强好胜,乐观又坚定

冷静。齐美尔提到，这会导致掩盖在表面冷漠厌世态度下的"敏感性的饱和"。既然准备加入城市生活的游戏，一个大城市人就不能太过偏爱沉思：乐观积极的行动力是必需的。[5]在当今日本，一个齐美尔口中的现代城市人可能会被来自家庭、学校和职场的各种需求所饱和，全部的时间都被挤占，他（或她）便无暇再享受城市带来的刺激感和愉悦感，甚至没有时间独处。四海为家的浪子会懂得享受城市的多样性和乐趣，但他们又可能迫于生活压力，找不到时间来享受这些。在日本各种类型的组织机构中，保有成员资格都是以全身心的投入为前提的，即百分之百的献身其中。但即便在如此高程度的嵌入性要求之下，人们仍然能够在城市中找到制度规定的身份之外的时间和空间。在日本城市中，咖啡馆供人们独处的价值远远高于它作为社交场所的价值。触手可及又要求不高的咖啡馆，是城市人寻求片刻喘息的场所，也是强化现代文明和传统社会嵌入性之间对比的地方。

　　咖啡馆体现出的矛盾性之一包含在现代人自主选择孤独的普遍程式之中。在这一表现中，团体性和个人主义是并列存在的，而从相互关联到解除关联的转变正是现代性的体现。1938年，路易斯·沃斯（Louis Wirth）提到，城市"为个体提供了足够的自由和疏离感，从而排挤掉了传统的社会体系。"[6]"家庭-乡村-社区"的体系可能会无视个体自发性的"自由"，但该体系能为个体提供社会支援，而城市，虽然给个体足够的自由，但我们也很难从中寻求到任何支援。沃斯指出，城市中的大家庭，可能无法控制家庭成员从城市生活中的其他制度机构寻求满足感，更无法取代其他大众的文化和政治体验。城市中的家庭，不得不优先满足其他机构组织或制度对个人的召唤，而邻里和社区对家庭的要求，同样也会占用个体的私人时间和忠诚度。

东京的"下町"(shitamachi)地区是小店老板、小商贩和手艺人密集居住的老旧街区。赫伯特·甘斯(Herbert Gans)将这类人群称为"都市村民"，如今居住的街区更加狭隘而局限，街区的边沿使他们得以与持续变化的城市新区域保持关联。这样的社区与美国的部分老旧"少数民族"社区十分相似，世世代代在那里居住的居民们以他们居住的这个空间来鉴别身份。例如，在波士顿北端，大家通过常去的教堂来确认人的身份，有一些意大利移民甚至会通过他们从家乡带来的那个铃来判断身份，形成了独有的"乡土情怀观念"(*campanilismo*)：通过铃声来认人。[7]早前，地道的伦敦东区人通过一个人在出生时是否能听到波教堂(Bow Church)的钟声来判断他是否属于"纯正地道"的伦敦人。

"下町"居民可以通过公共浴室来认识自己的邻居。到人人都能去(指的是身体上没有文身的人群，所以黑社会被排除在外)的公共浴室，目的绝不仅仅是洗个澡。这种人员汇集的社区公共场所有着欢快愉悦的社交氛围。在大城市包围下的这种关系紧密的社区包含两种人群：一种是从来没有离开过这个地方、被邻里熟识的本地人，另一种则是因为工作、学习或经商而移居到这片陌生领土的人。

在日本，家庭中负责参与社区事务、维持邻里关系的通常是家里负责日常家务的那个人，这个人会将自己大部分的时间都贡献给家庭。大部分三代同堂的家庭中，这个人可能是家里的主妇和退休的老年人。而生活在更现代的社区、只有两代人的家庭越来越不那么对外开放，能够加深社区联系的偶然聚会变得越来越难得，即便是待在家里也不常碰面。现代"城市"人是另外一种意义上的"城市"，居住在更具私密性的房屋或大型公寓楼里的人们与自己的邻居也少有社交联系。他们的社交活动专注、理性且带

134

功能性，并不像乡村中的社交那样广泛扩散开来。他们的日程总是排得满满的，并没有太多空间留给随机的本地聚会或休息。然而，城市中也有不少这样的"现代"人愿意主动参与的空间。

在酒吧里，你完全可以进行匿名社交（除非你和一群同事一起去酒吧），随意创造一个全新的自己，以轻松又不受约束的方式进行不具名的人际交往。而同样是作为公共空间的咖啡馆，与大众浴室和酒吧又有所区别：与浴室一样，它也属于"障子（shooji，一种纸糊的隔断墙或隔断门，但能透光，邻座的大部分噪声也会传过来）匿名"场所，不想被看到的东西就肯定不会被看到。另外，咖啡馆不像酒吧一样对人有过多的社交要求，你可以不急不忙地享受自己的时光，它也不像浴室一样有洗澡这个特定的任务要去完成。对于城市居民而言，这也许就是他们最迫切需要的自由。咖啡馆可以屏蔽掉所有城市的噪声，无论这噪声是鼓舞人心还是令人沮丧。

就像 19 世纪的美国一样，日本的城市既有它的崇拜者，也不乏贬低者。[8]城市与乡村之间的对话尝试从未停止，但两者完全不同的特性导致了强烈的对立。受枯燥的传统环境捆绑的乡村人被城市里开放的街道解放出来，因此他们需要城市具有更多的创造性和自主性；而城市人需要平静与喘息的机会，但如果长久地在乡村定居，又会使他们丧失精致。英文单词"country"的本意就是"非城市"。

与西方国家一样，日本的城市也是多种多样的。东京在企业、媒体和政府等方面有卓越的影响力，它的风格是其他任何城市都无法复制的。地域主义也是导致城市多样化的重要原因。亨利·史密斯（Henry Smith）针对"三都"（san-to）问题进行探讨，论述了"三个中心都市"在城市风格和品质方面的不同分配。英国和法国都是单一焦点性的国家，伦敦和巴黎分别是两个国家唯一的首府"母亲城"。而史密斯提到，在现代东京（过去的江户城）成为城市最标准的定义之前，日本的都市风貌一直是由京都、大阪和江户三部分组成的。这三座城市的功能和特征，可以通俗地概括为：痴迷服装（京都）、食物（大阪）、娱乐和饮品（江户/东京）。[9]

　　三座城市对城市化概念的理解也各不相同，这使得日本城市文化并不像英国或法国那样只有单一的中心。乡村和城市也是以不同的方式区分开来的：英国人看上去更重视乡村而轻视城市，抑或是总尝试着将乡村建设成城市（都市田园），如"文明"公园，而日本人则显得更偏爱城市。工业化的快速发展和对城市环境的破坏也丝毫没有减少人们对城市生活的美好想象和向往。

　　把田园生活带入日本城市体制（指的并不是在郊区弄个塑料大棚种一小块萝卜或菠菜这种等级的现象）是一种高度美学范畴的活动，以粗糙的乡村风情形成了城市茶屋"风雅闲寂"的特色。在时髦的咖啡馆里也能看到这样的缩影，比如使用原木制作的吧台，或以随意摆放的树干来做房间的隔断。史密斯指出，相比之下，真实的日本乡村往往被看成是卡利班丛林一般"原生态的蛮荒之地"，而英国乡村则显得恬淡又有人情味。日本的乡村居民是"未开化"的。"田舍者"（inakamono，乡下人）一词指的就是乡巴佬、无知、粗鲁又没受过教育的人，或引申为在乡下人的世界里起主导作用的老式生活方式和人际关系。而有时候这个词也会被赋予浪漫主义色彩，被明显城市思维的人拔高，指代纯真、田园牧歌一般开放又自然的品质，与已经被污染、黯淡无光、疲倦不堪又虚伪的城市人形成鲜明对比。尽管如此，支持这种看法的是环境而不是人。

　　与同时期的美国和英国一样，直到明治时代，日本城市给人

的印象还是颓废、堕落和伤风败俗的"暗夜之城"。[10] 正是因为城
市中所有这些迷人的事物，在大众的观念中（特别是城市人），城
市是一个不受道德约束、地区和家庭监管力不能发挥作用的危险
地方。工业化进程开始，西方影响和新流动性发挥效用，城市又
因为足够多的机会和希望展现出新的吸引力。

日本城市的变迁之路

　　日本城市的转型虽然快速，但并没有统一的模式，城市的发
展没有单一的路径，也没有统一的模板。由于时代、历史经历（特
别是战争时期的爆炸、火灾和地震）和本地文化的不同，每一座城
市都在地理、科技、建筑和社会等方方面面展现出不同的风貌。
促使城市变化的原动力包括人口快速增长、工业发展、公共交通
发展、售卖国内外商品的大众市场的建设等。所有这些因素共同
构成的结果都能通过不断变化的社会模式来体现。

　　来自乡村的新移民也改变了城市的形态。到 19 世纪 70 年
代，第二产业的发展，涌现了一大批大型企业机构，政府官僚政治
机构不断完善，城市经济环境中，老商业模式和从事手工艺的中
产阶级开始让位给新的工业白领中产阶级。[11] 随着城市范围不断
扩大，在城市新交通系统的支持下，中产阶级居住的半城郊地带
进一步向外拓展，但是与美国的城市不同，日本城市区域并没有
被完全掏空。

　　相反，传统商业汇集的"下町"（东京"市中心"）街区与新的
"炼瓦街"（Rengagai 钢筋水泥建筑区域）并肩存在。19 世纪 70
年代晚期，英国测量师托马斯·华达士（Thomas Waters）设计规
划并重建了银座，使之成为砖砌结构的住房、商店和办公楼汇集

之地。那些在火灾中被毁掉的街区都改建成了人行道、拱形游廊和立柱。这便出现了一个有点讽刺的事实，这些最现代最西方的大型建筑首先出现在了最本土的下町街区，很快，就发现它们变得不适宜居住，屋顶开始漏水、通风条件也不太好。

　　银座快速成为新事物消费的场所：新风格、新商品、新的都市风貌列队到来。被街上的路灯和商店橱窗里的新型电灯照得通亮的银座闪闪发光，成为"都市娱乐区"。"逛银座"（ginbura，据说是当时庆应大学的学生创造的词汇），从新桥一直逛到尾张町（Owari-cho），是当时十分流行的夜晚娱乐活动。明亮的灯光本身就是这个地方的魅力之一。街上那些代表着民主开化的事物原本在黑暗中显得危险、阴郁又颓废。如今在灯光的映衬下显现出前所未有的高级感，不论阶层、不论男女老少都对它们趋之若鹜。作为新的繁华街，这里是人们获得关注、寻求欢乐、展示着装品味、观察并向他人学习的好地方。在 20 世纪之交，银座和这里的商店、咖啡馆成为通向国际化的大门，同时也是一个虚拟的社区，在这里寻求他人的认同与赞誉也是诉求之一。正如一位 20 世纪 20 年代的观察者所说，"街上的每个人都以自己的着装作为护照……华丽的服饰……看上去他们唯一的目的就是边看边自我炫耀，仿佛这样做就可以与行人之间形成某种亲密的关系，这使他们感觉自己与所有人都相识。这样的景象使得银座时尚街区成为首都奢华夜生活里的'移动俱乐部'。"[12]然而，通过"逛银座"获得的社交资本很快便失去了价值，因为从周边地区到访这座城市的游客们开始拥入这片区域。这些外面来的人们似乎在追求某种本地人无法与之分享的东西：东京街头的地位。因此，东京土生土长的"摩登女郎"和"摩登青年"们把逛街活动留给追求城市风格的奋斗者们，选择坐到咖啡馆或餐厅室内的餐桌

137

上去增强属于他们自己的文化资本。

据曼纽尔·塔蒂斯（Manuel Tardits）描述，在 19 世纪的最后几十年，由于地铁线路和大型商场的建设，银座和丸之内地区变成了一种全新的公共私人空间。[13] 1873 年，连接东京和横滨的新桥站（Shinbashi）落成，受惠于外国的人和创意可以更方便地将新奇的事物从横滨带到东京。东京站是明治时代为庆祝日俄战争胜利的地标性建筑，它连接了纵贯城市南北、从新桥站到上野站的地铁线路。这座欧式风格的红砖建筑虽然由于战争原因晚于其他的现代建筑，但它面对皇居而建的中心地理位置意义重大。

地铁站周边的区域渐渐发展成商业区，有些地铁线路甚至拥有自己名下的商场，例如以大阪为中心的东急电车公司（Tokyu）。因为每一条专用线路的终点站上盖区域都有它自己的直营商店，所有的阪急（Hankyu）商店和电车共同组成了一个全新的模式，为人们提供集交通和消费为一体的综合设施。

商场也是一个引进新商品的新颖场所：许多人逛商场与其说是为了购物，更像是在逛博物馆或展览，既能消遣娱乐又能接收到新鲜信息。松屋（Matsuya）、松坂屋（Matsuzakaya）、三越（Mitsukoshi）和高岛屋（Takashimaya）等银座的大商场最早都是从越后屋（Echigoya）和白木屋（Shirokiya）这样的服装纺织品店发展起来的。老旧商业区与那些娱乐性消费超越传统采购行为的新时尚购物场所重叠而生。在老商铺里，顾客会应邀观看商品的制作过程并可以按照他们的要求来做。店内很少有现成的商品陈列，随便浏览、只看不买的做法并不那么符合常规。

随着东京人口的增加以及伴随着在地面上行走的电车环状线路山手线的竣工，来自不同背景、不同经历的人群之间的距离被拉得更近。新兴的中产阶级白领们乘上这些电车，在小店老板、小商贩和手工艺家庭等旧中产阶级生活的区域中穿行。在下町区，"城市村民们"居住在狭小的房屋中，一楼开个临街小店，生活起居就在店铺二楼的小空间中进行。这里的人们与邻居小伙伴在小巷里一同玩耍，一起上学，几乎一辈子都住在彼此附近；但现在，这样的人群不会再被认为是狭隘的乡巴佬。他们的家族已经在这片区域居住了四代人或更久的时光，就像土生土长的伦敦人一样具有传奇性、权威性的声望。他们完全拥有这座城市，骄傲且不会被任何精英阶层吓退：他们就是"江户子"（edokko），是旧江户时代的子民。

虽然身居城市，但在这样的街区中从古至今存在着结构紧密的宗族观念。如果你的人生与每一个人都相关，紧张压力是在所难免的，你几乎很难找到一个地方休息独处而不被任何人关注。正如一位六十多岁的下町居民所言："咖啡馆是一个你甚至都不用离开这个街区，就能开解所有压力的地方：它是十分适合独处的场所。"另一方面，在山手线覆盖的区域，在那些原本什么都不存在的地块，建起了许许多多大型公寓和住宅，形成了新的街区。一个从零开始创建的社区可能会缺乏下町式的亲切感，但咖啡馆却是社区中能够与他人产生联系的普适性场所。

作为过渡性的引导角色，咖啡馆展现了城市化和现代化，同时又为人们在社会的反常状态中给予了一些安慰。需要学习城市生存之道的移民工人们来到前辈老乡汇聚的"喫茶店"，加入这个用他们听得懂的方言传递信息的社交网络。这种"睦邻之家"性质的咖啡馆与伦敦的英式小酒馆十分相似，刚到城里来打工的人们可以在这里彼此保持联络。在波士顿也有爱尔兰酒吧这样的地方，供新移民们交流工作、住房信息或彼此慰藉。

总的来说，与美国相比，日本城市的高速都市化和工业化发

139　展并没有带来太多的断裂和错位现象。这当中的原因有很多。其中一个原因可能是，大部分从乡村到日本城市里的移民们是通过亲戚或乡下的熟人来介绍新工作，所以相对而言，他们的移动得到了更妥善的支持，在城市里的居住环境也更加稳定。孤身一人到来的人们也可以通过县乡政府等机构取得联系。因为私人关系也不总是靠得住的，环境改变产生的创伤其实也有重要意义，因此，移动也不代表关系的断裂。

　　咖啡馆总能提供一些帮助。古波藏保好（Kobakura Yasuyoshi）就是这样的移民之一。他在大正时代真正的乡野之地（至少这地方给人的印象是这样）冲绳出生长大。当他到东京时，比他早来东京的前辈老乡把他带到了咖啡馆。从此，他便时常光顾咖啡馆，用他的话说，倒不是因为想喝咖啡，是因为"'喫茶店'能最快速地提供了解一座大城市的线索"。他一边喝着咖啡，一边学习"人们行为举止、打扮、态度和讲话方式，在这里找到了所有人情世故的模范"。在当时，咖啡对他来说是很昂贵的消费，所以他选择走路去咖啡馆，省下 15 钱的车票钱正好可以买一杯 15 钱的咖啡。[14] 正是在这样的空间中，新的都市智慧在人与人之间传播。在小面摊和咖啡馆这类消费并不昂贵场所，恰恰能够找到城市新兴"高领"（haikara）品位 *。

　　大正时代早期，越来越多的年轻人来到城市接受高等教育。他们会把咖啡馆作为教室和宿舍以外的聚会社交空间。跟乡村

---

　　* haikara：在第六章，作者对日语中的"haikara"做了详细的阐释，这里引用以供参考。"haikara"是英文单词"high collar"在日语中的发音，单词本意是高领。在明治时代，偏爱西方着装的时髦年轻人热衷于穿硬挺的高领服装，所以日本人用"haikara"一词来指代高端、精英或带有西方现代文明色彩的事物。——译者注

移民一样，学生们也把咖啡馆当作学习的场所。咖啡馆鼓励同龄学生之间相互学习，提供就哲学、文学和政治等问题进行交流和讨论的机会。在这里，他们仿佛觉得自己能改变世界。正如一个有理想有抱负的人所愿，在这里展现自己的智慧可以提高作为知识分子的声望。

在 20 世纪 20 年代后期，咖啡馆为政治活动家们提供了一个支点，使他们能够尝试着推动历史。在"二战"期间，政治讨论会受到官方的严密监管。最后一个坚持开放的社会公共场所就是咖啡馆，即便食品配给耗尽，最后只能提供米饼和"代用咖啡"也依然坚持营业。在"二战"期间没有遭到空袭轰炸的京都，一部分咖啡馆通过提供热水和坚果来维持营业。物资短缺的情况并没有随着战争的结束得到缓解。战后重建和恢复时期，在其他便利设施都无法获得的情况下，咖啡馆是人们唯一负担得起的奢侈享受。

咖啡馆里既有独具挑战性的新奇事物，又能提供可以预期的舒适感；这个地方既可以富有创造性，又允许平凡无奇。在一个改变会受到巨大阻力的时代，它却能扮演千变万化的角色。在 19 世纪 80 年代，现代性是来自外国的，但它很快就在日本完成了归化。20 世纪 20 年代的"现代"是由各种外国元素进化而来的品牌，涵盖了服装、音乐和室内陈设等方方面面。但在当时，追求时髦的人们并没有觉得自己多有"国际范儿"，反而认为自己只是"时髦"且"日本"。 140

在上海、柏林、巴黎和维也纳的咖啡馆巡回了一圈的作家、画家等日本"文化人"从海外归来，准备将他们在外面接触到的新奇事物介绍给国人。在这些地方的审美学习包含了多方面的潮流。

战争结束、经济还未得到繁荣发展之前的那些年，人们逐渐回到咖啡馆，在长期的物资匮乏状态中寻求一些补偿。电影和咖啡馆正好满足了人们对廉价娱乐活动的需求。20 世纪 50 年代，东京有不少多层结构、中庭带有高高天花板的维也纳欧式风格咖啡馆。这些店里的深木色椅子、天鹅绒软包座位和咖啡上点缀的大团搅奶油让客人们重新获得了高雅的体验。名曲"喫茶店"（古典音乐咖啡馆）里极佳的音响效果为人们提供了近似音乐会般的唱片聆听体验。

如今，这样的咖啡馆已经成为博物馆一般的怀旧场所，以"深棕调咖啡馆"的名字出现在各类指南杂志上：他们刻意用深棕色调来拍摄古老的咖啡馆，借以营造过去的氛围。对于没有真实地经历过那个时代的年轻人来说，这种过去的氛围就像一种巡游展览一样，是一种令人愉悦的享受。年长的访客们延续着过去的做法来到这里，按照登记册显示的一样，日复一日，不断重复点播他们喜爱的音乐。正如一位"午后"（GoGo）咖啡馆（京都的一家为老年居民服务的工作日咖啡馆）的常客所说："这地方看上去有些老派，但现在我们就是喜欢这种老旧的风格。我们希望这里永远保持它一直以来的样子。无论是墙壁还是天花板，我们都能感受到这家店铺的历史痕迹，仿佛见证了整个城市生活的发展历程。"这样的顾客总是按照老样子坐在那里，享受着曾经他们唯一能负担得起的娱乐活动。一名常客说："这个地方时常能让我想起那个物质匮乏但精神富足的过去。"

当过去成为体现时代变迁的试金石，这种与历史的碰撞能制造出时间与时代的边界体验。这就是沃尔特·本雅明（Walter Benjamin）所说的"现实与最近的过去之间的正面交锋"。[15] 在那个听唱片音乐是一个既私密又具有社会性、"聚在一起集体享受独处"的时代，咖啡馆便是记忆与文化的制造者和载体。

20 世纪 50 年代、60 年代，新兴中产阶级为咖啡馆找到了新的功能。这些咖啡馆是连接家庭和职场的桥梁，同时提供卸下来自家庭和职场的要求之外的放松时间。常年加班过劳的上班族们需要这样一个区别于家庭、职场和酒吧社交环境的临界场所来享受片刻的独处。独处总能代表某一种特殊的日本情感特征。这种沉思、冥想的体验在禅宗艺术和茶文化中被美化为"风雅闲寂"。这些刻意创造出来的独处被认为有助于创造力的产生和健康精力的恢复。这大概是因为这样的时刻能够将一个人从日常生活中的根植性中解脱出来。在日本都市中的独处行为，既体现了"孤独感"（sabishisa）的积极一面，也让不受束缚的状态成为问题，比如 20 世纪 20 年代某些尝试完全脱离现代化的冒险行为。[16]

在日本，"现代化"作为空间、时间和文化的定义，充满了变数，又并存着许多的矛盾。现在，"摩登"已经变成了一个带有历史色彩的词汇，由过去的品味和兴趣构成。在 19 世纪晚期和 20 世纪初，这个词汇代表的是治理国家的西方策略和西方工业、科技的发展。20 世纪一二十年代，咖啡馆文化中的"摩登"意味着在更公开的场合展示行为、装饰和服饰等领域在社会、文化和审美方面的变化。现在，"摩登"指的是"二战"后重建的起步阶段，以及 20 世纪 50 年代融入了包豪斯元素的审美风格。有一位咖啡馆老板说，对于他和他的顾客们来说，"摩登"是一种装饰艺术。由于现代化指的是过去的时光，所以常常带有一些怀旧的弦外之音。图 16 中的"棕色咖啡屋"这种属于过去的咖啡馆，证明了与忧郁愁思的正面交流，有时是因为沉湎于回忆，而有时则是与某件事物（比如一杯咖啡）之间建立起的创造性联系。

一间咖啡馆能够受到大众的欢迎多半不是因为它的风格，而是因为它的可靠性、可预见性和舒适性。对于一部分咖啡馆来说，还必须考虑顾客的风格和品味：总之就是必须有特色。根据定义，作为现代场所的咖啡馆应该是千变万化的。在持续发展、融合和多样化但又存在问题的社会空间中，日本咖啡馆在其形态转换的过程中反映并创造了一种都市生活方式。咖啡馆既长寿又不断增殖的现象证明，它的生命力并不是来源于它早期外国的起源或它经历的各种时尚潮流，而是得益于它被广泛的本地运用。茶屋是无法轻易做出改变的，它与古老的运作方式结合得太过紧密。社区浴室或寺庙空地虽然努力使自己顺应时代改变，但其实也很难有大的变化。比如，一些社区的公共浴室引进了新的水暖设备，增加了酒吧或看电视的休息室等便利设施，寺庙的空地也建起了帮助社区内的职场妈妈们照顾孩子的日间托育中心。

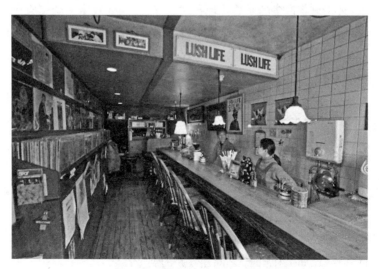

图 17　京都华丽生活爵士乐咖啡馆（拍摄者：近藤实）

　　然而,咖啡馆正是在不断转型的过程中得以持续发展,不必 142
为了生存下来苦苦坚持。我们已经看到,从家到办公室,咖啡馆
被置于人们日常生活的中心位置。这样一个例子就能让我们回
忆起咖啡馆的功能性。

都市空间中的家庭：中间地带

　　现在,咖啡馆无论是对家庭还是它包含的个体成员来说都几
乎是不可或缺的必需品。下村直子(Shimomura Naoko,音译)是
一位在办公室里兼职的妈妈。她每天早上五点半就要起来为孩
子们准备午餐便当并急匆匆地把他们送到公交车站。小一些的
孩子讨厌被姐姐领导,而年长且专横的姐姐也不愿让着弟弟,直
子不得不处理孩子们的争吵,她的丈夫小茂(shigeru)又站在那里
等她找一条干净的手帕。他决然听不到孩子们的吵闹声,也不去
看妻子的脸。如果他愿意去想,会发现妻子的责备全都落在他的
身上。妻子需要的不是他的帮助,而是他马上消失。出于彼此之
间无声的默契,此时丈夫会选择快速离开家,到他常去的咖啡馆
喝上一杯现煮咖啡、吃一份厚切白吐司、一小份沙拉和一个水煮
蛋。这标志着他即将从家庭和孩子制造的一堆麻烦向办公室和
工作职责转换。这份"晨间套餐"同时满足了他跟妻子两个人的 143
放松需求,也将妻子的其中一项家务责任(丈夫的早餐)完成了外
包:在城市咖啡馆的诸多功能中,供应早餐这一项便可以缓解紧
张的家庭关系。
　　丈夫下村茂(Shimomura Shigeru,音译)是成千上万在咖啡
馆或"喫茶店"这样的"中间地带"解决早餐的城市上班族(并不
全是男性)之一。前文的描述只是"喫茶店"在当代日本城市中

的功能之一。众所周知,咖啡馆是日本重要的现代化工具,而它也能够为严格定义的制度和角色提供一些社会和文化层面上的灵活性。咖啡馆不是任何过去存在的事物的现代变体,在功能上也不与任何过去的设施具有对等性。这个空间产生于现代生活的间隙,为其提供服务,不断呼应其他社会机构的变化,在这个过程中为其他公共机构提供支持与帮助。这些持续变化的社会机构之一就是规模越来越小的城市家庭。这些越来越"核心化"的家庭与学校、职场和其他消费娱乐场所之间的联系更加紧密,以至于家庭本身越来越无法满足各个成员的个体需求。

维拉·麦基(Vera Mackie)表示,与过去传统的家庭相比,现代化的家庭更具有私密性,活动更局限在小家庭的范围之内。传统的家庭是以时间为计量单位,家庭成员代代相传的线型化模式;而现代家庭的模式则更加核心化,以空间来作为定义标准。[17]乔丹·桑德(Jordan Sand)也十分强调家庭的"规范意义",因为它在某一个特定的时刻代表着家庭的团结一致性。[18]当人们考虑"家庭"这个概念时,往往会把那些居住在他处的亲戚们也算在内,而在现代社会中,有效的"家庭"则单指那些居住在同一屋檐下的成员。随着住房越来越小、居住在一起的家庭成员往往只包含两代人,但由于成员们都不得不参与到职场和学校等外部世界中去,家庭变成了一个更具私密性的场所。家庭变成了一个支援系统,为那些第一活动场所在家庭之外其他地方的成年人和孩子们提供必要的支持。

日本的中产阶级生活将家庭成员们从过去作为父亲、孩子和母亲存在的空间中分配到各自不同的其他空间之中。女性的角色变成了支持男性在新的就业结构下发展和辅助孩子的校园生活。到 20 世纪 20 年代，一种全新的消费文化也重塑了家庭的形态。大型百货商店通过商品陈列以及包括烹饪课程在内的其他方式为全家一起购物的家庭呈现了一种全新的家庭文化模型。通过在纸媒上打广告这种本身就很"摩登"的宣传方式，家务管理的"专业化"重新定义了女性的角色，家政学成为女性们意识形态的中心，也改变了家庭空间及其意义。家务变成了有意识的、目的明确的一套技能和标准，不再毫无章法，这不仅让家庭主妇的角色更具"现代性"，也让家庭氛围更具"女性色彩"。当时兴起的这股专注家务的狂热风潮，特别是各种女性杂志上描绘出的理想景象，将中产阶级的女性们塑造成了世俗社会中的圣人形象，她们被紧紧包围在家庭的怀抱之中，免受各种城市危机的侵扰。另外，能干的家庭主妇还被赋予了掌管家庭财政预算和管理整个家庭事物的权利。

144

　　明治时代，人们常用"贤妻良母"（ryoosai kembo，贤惠的妻子、优秀的母亲）一词来形容深居家中的女性，日语中用来称呼太太、夫人的词语"okusan"从字面上来说，本身就含有"内部、里面"的意思。[19]贤惠的女性用自己的身份和劳动让家庭远离城市街道的尘埃与不确定性。在这个角色中，她们扮演的是稳定的中产阶级家庭中少数人的女主角。她们与 20 世纪初的美国主妇一样，也是"科学的家庭主妇"，以营养学知识和高效的工作把原本阴暗又不受待见的厨房变成了现代化的生产中心。[20]鼓励女性担当这种家庭角色和大批女性走出家庭到工厂等地方工作的情况出现在同一时期，这并非巧合。"良妻贤母"这样的称谓同时也有助于创造出一种新的女性阶层划分方式，旧有的方法已经失效。只有丈夫的收入足够支持他们中产阶级家庭地位的女性才能有资格做一个贤惠的全职家庭主妇。一个街区的整体氛围也是住在这个街区的主妇们形成的。大部分现代人都选择居住在离自己需要的事物和服务更近的地方是出于家庭中必须有一个人"留守家中"的设想：会有一个人留在家中（通常是女性），生活以整理家中大小事务为中心。

对比而言，职场女性则拥有一个更加公众的形象。在职场中工作的女性并不是贤惠又不显眼的家庭主妇：她为纺织业和其他产业领域的工业化进程添砖加瓦。在阶梯的底部，也有女性在矿井下工作或为农业产业化做出贡献。作为"外出务工人员"，她们可能居住在郊区工厂附近的宿舍中并与乡下来的劳动中介签订雇佣合同。她们也可能选择更加独立又不稳定的生活方式，比如在城市里与老乡或小伙伴一起合租一间房子居住。她们的职业生涯一般只有三年到五年的时间，而这段职业生涯也几乎不会让她们的生活有质的改变，最终还是回到乡下继续生活。虽然她们的品德和未来婚姻的可能性是她们家庭关注的重点，但更加优先考虑的是她们打工的收入，因为在外打工的她们会定期往家里寄钱（自己寄或通过工厂寄）。她们为家庭做出的贡献使她们成为孝顺的女儿，这是工人阶级家庭中十分看重的美德。

145　　　在大正时代，一部分年轻的女性开始以自己的方式参与到城市公共生活中去。工厂女工和办公室白领女性们开始努力在自己身上投资。她们尤其注重服饰，这使她们加入"逛银座"和光顾咖啡馆的行列。在这些现代的娱乐场所，女性不再单纯是供他人欣赏的对象，她们开始取悦自己，努力学习现代化的生活方式。她们更加敢于光明正大地与男性走在一起，发展所谓"奇怪的男女关系"，或者为了规避社交风险，选择与女性朋友同行。她们是大正时代不可或缺的一道城市风景线。

空 间 与 边 界

20 世纪 60 年代，我还是个年轻学生，第一次到访日本，就被某些略显杂乱的街区景象深深吸引：两层的木质结构小楼、七层高的水泥公寓楼（为了应对地震灾害，那时候的楼房最高只允许建造到八层高度）、小作坊、寺庙、商店和咖啡馆鳞次栉比、无序但看上去十分亲切（至少在我眼中）。我记得曾经有书里写道，这里的城市居民在自己大门方圆三百米的范围内就能找到几乎所有的生活必需品，从鱼贩子到干洗店，应有尽有。[21] 离我住处不远的地方就有一条"商店街"。带拱形门廊的入口引导人们进入一条偏僻小路，道路两边紧挨着布满了各种小店。[22] 每家店的门廊上面都会悬挂着向外伸展成半圆拱形的塑料花枝条装饰品，且随着季节变化而变化：二月是梅花，春天是樱花，秋天是橙红色的枫叶，虽然时常布满灰尘，但直到它们的"季节"结束，也丝毫不会枯萎褪色。20 世纪 70 年代以前，冰箱还没有在普通家庭中得到普及，所以家庭主妇们大约每两天就要采购一次食物。在这个地方，你会碰到自己的邻居，商店老板们也十分了解你的需求，或特地为你留一条你最喜欢的鱼，购物中途去咖啡馆歇歇脚也带有强烈的社交成分。美国的城市都是严格的分区制模式，商业、居住和工业生产都被规制到特定的独立区域，而这种模式在日本却不常见。在老旧一些的街区，所有这些功能的设施都混杂在一块儿发挥作用。

更新一些的最近建成的社区则没有这么紧密混杂的结构，实际上也实现了将商业和工作区域独立到居住区以外的分区制模式。但是，最基本的商店、餐饮等设施还是保留下来了，即便是在那些被视作"郊区"的社区,居民也可以在步行范围内解决日常生活所需。而在更新一些的公寓大楼的开发阶段,小商店之类的设施就被一并考虑进去了(虽然已经由连锁便利店取代了独立经营的本地商铺)。

146　　在这样的街区有一个不那么带有目的性的场所,人们在这里可以选择忙碌也可以啥也不干,与人碰面或独处。这其实就是咖啡馆的本质所在:极度缺乏定义是它最主要的特征。在 20 世纪60 年代中期,东京有 2.7 万家咖啡馆。1985 年的顶峰时期,全日本的咖啡馆数量达到了 15.5 万家。到 2008 年,东京的咖啡馆数量达到 8.3 万家。每一个街区都至少有 1—2 家"喫茶店"供人们社交或独处。在家庭和职场生活都十分紧张的时代,独处是一份难得的体验,所以人们总是习惯去毫无个性的咖啡馆寻找这份体验。花上一杯咖啡的钱在咖啡馆里买下这份空间的合理性,是火车站、公园、商场、寺庙庭院和商店街等场所均无法提供的。在布满灰尘的寺庙庭院待太久总会引起他人的注意,而独自坐在咖啡馆里看看报、读读书,也不会被别人贴上"性格孤僻阴郁"的标签,也不必为了在这种不知名的场所看上去"正常"和得体而强迫自己露出积极阳光的表情。

　　日本城市居民在时间和空间上都很缺乏,相对富裕的人们发现,自己根本没有时间去使用他们负担得起的那些商品,甚至都没有足够的空间来摆放它们。人们家中往往都十分拥挤:碗柜和储藏室都塞得满满当当,吸尘器、取暖器、电视等日常生活设备乱七八糟地摆在一起。装满成堆的音响的盒子里可能还装着衣服或其他物品。这完全不是我们印象中榻榻米房间该有的那种平静又安宁的景象:没有西式的家具,壁龛上只有简单的一支当季花朵和一幅怀旧的卷轴画装饰。现在几乎已经没有人能负担得起这样奢侈的整洁空间了。走出公寓或自家房屋，人行道上也是拥挤不堪的：到处是自动贩卖机、自行车、植物盆栽，还有那些为了避免猫猫狗狗们占据空地而摆放的一排一排、难以避开的装满水的塑料瓶矩阵。在小型停车场，划分了六个车位的地方往往要利用坡道或升降装置停下二十辆或更多的车。在这样的大环境中，咖啡馆的座位几乎成了必需品。

　　所以，提供一份独立的空间便是咖啡馆的众多魅力之一。如今，在家也能做出好喝的咖啡（虽然很难真的实现），人们通过手机或其他社交媒介便能与朋友家人实现沟通。这些新情况的出现使得咖啡馆在供应饮品和提供社交方面的功能变得不那么至关重要，但缺乏足够的空间这一简单又持续的事实足以确保城市中的咖啡馆在未来也能长久发展下去。它能让事情进展顺利。

咖啡馆的暗面

　　同时，咖啡馆也会显露出社会中不能正常运转的一面。咖啡　147
馆可以成为孤苦无助人群的避难所。在 20 世纪 90 年代早期，看上去毫无失业风险的"终身雇佣制度"下的中产阶级白领工人可能突然失去工作，并且无法将这沉重的打击马上告诉自己的家人。早上，穿着工作套装与家人道别，声称去上班，而实际上只是找一家咖啡馆来消磨时间，这样的故事在当时屡见不鲜。即便是那些已经将被裁员的事实与家人摊牌的人，白天也会选择到咖啡馆里坐坐，因为如果待在家里，即便没有人说话也难以掩盖某种尴尬又窘迫的负面情绪。在东京的虎门（Toranomon）地区就有一家这样的咖啡馆。它虽然靠近所有的大型政府机关，但却并没有开在主干道上，而是隐藏在更加内部的地块之中。"跃动"
(Jump)看上去是一家不起眼的普通"喫茶店"，店内靠边是一圈
诺家海德皮革软包沙发卡座，中间是桌椅。店里有两个大书架，
装满了人们常常翻阅的漫画书和杂志；还有两张桌子上放了游戏
机，靠近吧台的地方还有一台整天持续播放节目的电视机。短时
间逗留的客人会选择中间的桌子，而旁边的卡座总是坐着本该工
作的年纪却还不知道工作在何方的男人。杉本(Sugimoto，音译)
先生就是其中之一。2005 年，他被炒了鱿鱼。嗯……怎么说呢，
据他自己讲，也不是真的被解雇了，就是被安排到了一个没有工
作可做的岗位上。他拿着很低的薪水，每天到办公室也没有任何
工作可做，处境十分尴尬，与被解雇也没什么区别了。所以他选
择来这儿读读书，然后散散步，午饭时间找个面馆随便对付两口，
然后再回家。他并没有跟家人坦白现在的处境。办公室就在这
附近，他每天也照常乘电车过来，但这里并没有工作可做。[23] 然
而，还有更加阴暗和奇怪的消磨时间的方式。

　　漫画咖啡馆和网咖则为失业人群提供了一种更疏离、更隐私
的服务。这样的地方通常环境比较阴暗，一栋大楼里的一个大平
层被隔成很多个小隔间。沿着阴暗的过道里行走真是一种古怪
的体验：有"住客"在看录像的位置会散发出忽明忽暗的屏幕亮
光，"双人间"里的顾客一边打游戏一边窃窃私语，传出模糊不清
的嗡嗡声，有人用隔音耳机听音乐的地方则传出柔和的音乐声，
偶尔，还能听到打呼噜的声音。

　　2007 年，有调查数据显示，由于家庭关系的恶化，暂时逗留
在新兴的漫画咖啡馆或网咖里的失业人群中，约有 500 人彻底搬
进了这些 24 小时营业的场所。

　　花费 2 500 日元(约合 25 美元)，你可以在这里待 5 小时或更

图 18　京都永恒（Hachi Hachi Infinity）咖啡馆（拍摄者：近藤实）

久，还能在自动贩卖机上领一份免费的饭，次日早上还能免费洗
一次澡。这种服务对那些错过末班电车的人来说十分有用，而现
在，这里也招待那些因为这样那样的原因不愿或不能回家的人
们。对一些人来说，藏身在这些半公共的空间里要好过在家庭内
部更加私人的空间中明确承认自己的失败。

当某个"村庄"是成功的必要条件

劳伦斯·威利（Lawrence Wylie）在他经典的民族志学著作
《沃克卢斯的村庄》（*Village in the Vaucluse*）中，将咖啡馆比喻为
这座法国传统村庄的心脏。他说，咖啡馆不会给人提出任何要
求，它属于每一个人，是一个"中立的聚集场所，是唯一一个村里
村外的人们都可以自由进出的中立地点"。[24]

作为"中立聚集场所"的村庄咖啡馆担负着社区服务机构的角色：它为人们在家庭和职场以外的聚会提供空间。这里也允许积极地自我表达等非中立的行为。这里既有政治性或委婉表达的微妙举动发生，也有如巴黎大木偶剧场（Grand Guignol）一般极富戏剧性价值的活动出现，各种社团群体在这里建成并得以维系（必要的时候还可以对其进行修复）。各种信息在这里进行交换，但交换的并不是从报纸上获取的那种信息，而是本地居民们自己创造并在他们内部流通的情报。对威利而言，单单这一个功能便值得人们在咖啡馆常驻。同样地，日本的咖啡馆也既可以为人们提供必要的社团交流，也可以让人们从日常扮演的角色和承担的责任中得到解放。在日本城市中，发生在咖啡馆这座"村庄"的事情绝不会传到外部的世界之中。

威利所描述的这种咖啡馆有一群相互联系紧密的客户，他们自觉捍卫这间咖啡馆的文化，与已经离开这里的人们也保持联络。相反，城市中的咖啡馆则在持续变化的"大剧场"中为人们提供一个可以默默隐姓埋名的"坐席"，远离被赋予了各种意义和身份标签的日常生活。每个人在家庭、职场或学校里的身份都是通过人际关系和履行责任实现的。而在咖啡馆中，勤勉的学生也可以读一本轻松的漫画书，严肃的商务人士也可以放空发呆，穿着职业套装的办公室白领也可以创作一首激情澎湃的诗歌。

在咖啡馆里，人们不带任何明确社交欲望地聚在一起，抑或是单独前往寻求一份私人空间。和其他任何地方一样，在日本，无论是人际联系紧密的城市"村落"社区，还是真正的乡下村庄，居民们普遍被认为思想比较狭隘、保守、被不必要的亲密度和担心"邻居们会怎么说"的警惕性所束缚。城市生活本身就困难重重：它千篇一律、快节奏的生活让人紧张又倍感压力，到处拥挤不堪。现代日本城市中年长的人们在咖啡馆中既可以排解孤独，又可以远离城市生活的快节奏。人们认为，咖啡馆可以缓解压力、防止过多的参与，通过与人保持舒适的联系和恰到好处的社交（一位客人将这里称为"虚拟的社区"）来排遣寂寞。

村庄及其包含的社会责任带来的紧张感已经成为怀旧的对象，特别是那些从来没有在这样的环境中居住过的人们更会对它产生各种想象。在持续变化的车轮之上，怀旧是很困难的。就像詹妮弗·罗伯逊（Jennifer Robertson）描述的一样，城市化的发展过程时常伴随着拒绝的种子：在那些对乌托邦式的农业社会存在怀旧感情的人们看来，"城市"蕴含了一系列的弊病。[25]同样的，在现代新建的聚集场所（tamariba）中，可能也会包含一些带有怀旧元素的商店，或以一间咖啡馆来为这些原本毫无特征的街景制造一个中心焦点。居民们往往并没有太多的共同点，也并非从小一起长大，与社区之间也并不存在利害攸关的联系，只是彼此遵守相同的卫生服务条例或在审美上享有话语权。据说，在东京的现代精英汇聚之地、新开发的六本木新城项目诠释了住所在这些方面的意义。开发商代表森稔（Minoru Mori）先生表达了想要在高层公寓大厦里建设垂直村落的思路。他举例说明，在大厦中，每十五层会设置一个供人们聚集活动的"村广场"区域，在种植了标志性稻田的屋顶花园中，每月都有为居民们举办的烧烤派对。[26]

150

日本的"城市规划运动"（machizukuri）和努力打造"新城区的计划"怀抱相同的目标。在很大程度上，"城市规划运动"旨在创建一个环境健全又安全的城市街区，但打造"花园城市"这种乌托邦式的思路则是以农业乡村为模型，并加入了儿童和老年人福利等社会性考量。[27]在为老年人建设的新型住房社区中还包含了学龄前儿童日间托育中心和幼儿园。这表示开发者希望为住户们提供一种乡村式的跨代际混合居住体验，这种体验正是孩子数量少、没有祖辈同住的城市独立核心小家庭所缺乏的。[28]这些"乡村"式关系，城市自然无法提供，因此只有通过人为构建社区才能虚拟构建出一些类似的场景。

城市中的乡村或乡村中的城市，都以"健康生活"和创造"适宜抚养孩子"的环境为目标，它与"花园城市"意义相近，又富有更多的城市色彩。[29]20世纪初开始开发建设的"田园调布"（Den-en Chofu）*和东京西部的其他地区就给人们提供了乌托邦式的社会体验。正如城市评论家河野诚（Makoto Koono）所说，它们旨在打造"既有城市的便利性，又有乡村的宜居环境"的地方。他肯定了这类场所的必要性，因为"在日本城市中，只有通道而没有街道，有运输手段却没有真正的传递，有宽敞的公共空间却没有公园，有空地却没有居住空间，有持续的扩张但却缺乏真正的成长"。[30]这样的批判与当代普遍的城市规划宣言产生了共振。

20世纪初期大阪市的市长关一（Seki Hajime）就是这样一位改革者。他希望为他的市民们提供健康的居住环境，但他理想中的社区并不是郊区而是一座真正健康的城市，即创建"宜居城市"。不只是城市中产阶级，产业工人阶级也能享受到健康又有益的照明、空气和生活空间。总体而言，日本城市建设（以及城市规划模式）都是倾向于从欧洲模范城市寻找线索。19世纪和20世纪早期美国存在"抵制城市生活的偏见"。[31]这种现象没有在同时期的日本出现。虽然亨利·史密斯认为，在不断发展变化的日

---

　　* 田园调布（Den-en Chofu）是日本东京都大田区的地名，位于大田区最西端，邻接世田谷区最南端。1918年（大正7年）基于当时"田园都市"的构想，由涩泽荣一等人开发为日本著名的高档住宅区。——译者注

本，城市和乡村存在类似的张力，但居住在人口密度极高的城市区域（以及住在小房子、小公寓）的家庭也没有被全部推向那些确实更洁净、环境"更适合抚养孩子"的城郊区域。

理查德·桑内特（Richard Sennett）强调，现代日本创造出了一种全新的都市风格，各个社会阶层混杂在一起并相互检验，但又并没有完全社会化。[32]在咖啡馆里占据一个座位并不意味着会自动加入一个新的团体。肩并肩，而非面对面的活动（这种做法在幼儿园教育中被称作"平行游戏"）* 是不同背景和兴趣的人们在光顾同一家咖啡馆时的主要特点。比如，从穷乡僻壤来到东京大都市的人可能会暗中观察他们想要模仿的对象，但他们几乎不会主动向那些显然来自不同文化领域的人们发起语言上的交谈。

大部分大正时代的日本人对城市生活都怀有十分正面的印象——对过去乡村生活的向往到很后期才出现，且并不总是伴随着对当前城市生活的诋毁和贬损。而另一方面，对天气和高强度人力劳动的依赖性让普通农民的生活显得十分艰难，让城市生活看上去更加美好。总的来说，对城市生活的向往还是比远离城市的愿望更强烈，而城市中的社交空间更是有其独特的吸引力：许多来到城市里的人们并不希望在城里创建一个村落；他们想要的是不露身份、流动性和新鲜感，以及自主性体验带来的刺激感。

然而，在街坊社区的发展过程中，有一种创造消费和服务节

---

　　* 平行游戏：幼儿园中训练孩子们社会性的游戏形式。指两个或以上的幼儿在一起玩，他们操作同样或相似的玩具，开展相似的游戏，他们不设法影响或改变同伴的游戏活动，各玩各的，但有时幼儿会相互模仿，但彼此间没有任何联系或合作行为，也没有一起玩耍的倾向，偶尔微笑或搭话。——译者注

点的倾向。商店街的出现就是为了提高效率和利润。从周期性市场到固定市场、从小摊头到商铺的演变，而不是后工业时代企图将商业与住宅完全分开。"在步行范围内就能满足所有生活所需"这一特征并不是一个"乡村"的本质，但却是一个创建了自己完整社交和经济网络的城市社区最自然的一面。西奥多·贝斯特（Theodore Bestor）强调，东京是一个"村庄聚集体"的说法已然是一种"陈词滥调"。[33] 如他所说，创造一个可持续性的街区是对城市生活的回应，并不意味着从城市中撤退，也并不是前工业化社会的残余。

繁华街和那些地图上未标明的地方

在现代化到来以前，热闹的繁华街（生机勃勃的空间）已经悄然出现，成为一种新的城市表征，并在大城市中蓬勃发展起来。这其中包括几条小巷汇集之处形成的小小公共空间。夜晚，在这个开放的空间里，不仅有制作和售卖面条等简单食物的摊头，还有提供修鞋等服务的其他小摊位。另一种形式的繁华街就是两边汇集了酒吧、餐厅和咖啡馆的小路。在小路上闲逛的人，有这些娱乐场所的常客，也有单纯过来感受一下周边氛围的人。这种 152 "平民化"的特殊魅力吸引着上层中产阶级城市人的到来。或许他们一边坐在地铁站外的烧烤店里的椅子上喝点小酒，一边让人帮他们修鞋，准备开始或结束一个美妙的夜晚，又或是刚刚在低消费的休闲区找完乐子（观看街头艺人演出或光顾小小的风月场所），然后来这里感受所谓的"平民生活"。这些口袋空间总是一夜之间出现，又一夜之间突然消失，尤其是在那些需要非正式安排的时期坚持下来，如"二战"后初期，人们在这里进行黑市商品交易；20 世纪八九十年代，打工潮来临，新的劳动力拥向城市，这样的场所也格外兴盛。

与咖啡馆一样，繁华街也是一个可预见的相遇与体验新颖事物的可能性交织并存的场所。从这一点上看，它们可以既是"村庄"（有预料之内的安全感），又是"城市"（变化和未知是这里唯一可以预见的元素）。它们为城市体验赋予全新的意义，填补时间、空间和日常生活中功能性的空白，最终为它们提供的服务创造需求和需要。

粹（iki）：风格并不仅仅流于外表

在江户时代，繁华街的常客们会经常参加"水商卖"性质的活动。[34]莉莎·多尔比（Liza Dalby）发现，这些"水汪汪"的行业在很多方面都是流动易变的，顾客群体也会不断从一个场所流动到另外一个场所。[35]城市商人和手工业者是这些流动场所的常客，而他们自己也渐渐被染上了风月场所的底色。他们久经世故但并不"疲倦不堪"，拥有绝对的"粹"*，那是一种在艺术和感知力方面非传统的、低调朴素的天赋。[36]多尔比描述："粹将人类情感和审美理想融合在一起，碰触所有的艺术领域……事实上已经将生活本身重塑成了基于品味的人为现象。"[37]正如一位观察家所言，"粹"有它自己的模式，同时也需要一些打破这些模式的越轨行为。"粹"汇集的区域（繁华街）也是创造性的人工制品繁盛的地方。浮世绘就是其中之一。它兴盛于 17 世纪，将从事歌舞伎表

---

　　* 在现代汉语中"粋"是"粹"的异体字。本书保留"粹"的用法，表现其在日本文化中的一种独特现象。——编者注

演的演员们作为主要描绘对象，成为街头文化的一种缩影，是一种在艺术之上叠加艺术的创作手法。艺术家们通过自己在繁华街的登场为这里创造出了一个全新的阶层，同时，他们自己也成为发生在这些空间中的戏剧角色。

那时，闲暇爱好常常带有一种能够跨越这种行为本身时间和空间界限的风格，往往会占据认真追求享乐艺术的人们绝大部分的生活。"水商卖"往往都是具有社交性的活动，他们希望客人们可以经常光顾，但也并不总是以情色为目的。如果两次光顾的时间间隔太久，客人就会因为不够忠实而受到责备。有时休闲活动

153　也并不太益于放松。顾客们在参与这场知晓与被知晓的相识游戏时，必须带上伪装的人格面具，以防自己真实的身份和职业等被他人知晓，因为了解便意味着要担负无法被轻易卸下的责任。这场隐匿与交战并存的"游戏"其实十分微妙，所有蕴含着性暗示的活动都仅限于发生在这个提供慰藉的空间之内，绝不会跨越这道门槛向外部延展。

对场所的二分法其实是与人的双重性并存的，但"上班"和"下班"这两种状态并不足以形容一个都市人所拥有的那一整套复杂的人格面具。"非礼勿视"的可取之处在于，人们面对不想看到的事物时可以选择忽略从而避免给自己带来不便，但对于那些积极参与体验各种城市冲突中的人来说，这种做法并不足以对他们起到保护作用。以休闲放松为最终目的的咖啡屋，应该不仅仅是为了让人们能够从职场和家庭这类需要确认身份的空间的压力中解放出来，得到放松，它同时也可以让人们卸下参与如"水商卖"这类娱乐活动时必须戴上的人格面具，不必再为了迎合这些场所的需求而伪装表演。

在咖啡馆里，你完全不需要任何伪装；正如一位作家所言，你

甚至可以成为一个没有影子的幽灵。大正时代和早期昭和时代，日本的公子哥儿们都争先恐后地展示自己对"粹"的追求，像到处晃荡的幽灵一般竭尽全力地证明自己身上的"现代性"和"都市化"。而到了20世纪中后期，人们则开始选择到咖啡馆里去化作另一种风格的幽灵。于是，略显讽刺的现象出现了：在日本城市中的咖啡馆里，人们反而是通过卸下身上的责任来体现出现代性。

虽然咖啡馆在历史上有衰落也有重新崛起的过程，但人们对咖啡的热情一直是持续上升的。到日本咖啡馆鼎盛时期的20世纪80年代，全国有154 680间大大小小咖啡馆，总体雇员数量更是多达575 768人。[38]社会经济状况和某些类型的咖啡馆数量之间，似乎呈现出密切的负相关现象：在艰难时期，那些极尽奢华的咖啡馆（比如20世纪80年代掀起热潮又很快销声匿迹的供应金箔咖啡的店铺）日渐衰落，而一般寻常的咖啡馆群体却变得越来越强大。这些消费水平合理的场所用一杯好咖啡为人们提供一份小小的奢侈享受，这个空间内的陪伴或片刻安宁也能提供一份心灵的慰藉。

镜头下的咖啡馆文化和社会

尽管日本城市缺乏西方城市中普遍存在的公园和其他供人们享受片刻宁静和自我恢复的场所，但日本的城市生活并没有像西方一样遭到很多的诋毁和诟病。是咖啡馆这样的公共空间让不太平顺的城市生活变得不那么难以忍受，但它的功能绝不仅止于此。它为人们提供空间来消磨担负主要社会责任以外的闲暇时光，也为顾客提供场所来更好地利用工作中的碎片时间；它甚

154

至还允许那些不太可能在家庭、职场或学校里表现的行为活动发生。如今，日本咖啡已经成为顾客到访咖啡馆的理由。日本咖啡已经达到相当高的品质，且独特的日式咖啡制作方式让整个咖啡馆都充满了迷人的香气，日本已经成为全世界咖啡朝圣者们的目的地。[39]

正如我们所见，喝咖啡的场所虽然没有明确定义的目的，但也不是完全漫无目的的真空地带。日本的咖啡馆并不是一个"全球空间"（除非它是一家隶属于西雅图系咖啡连锁的店铺），但通常也不会是那种杜绝一切新客、根植于本地经营的店铺。事实上，咖啡馆并没有某种单一的模型，随着时间的推移，也并没有什么祖传的方式或传统来促成当代各种不同类型的"喫茶店"形成，这使咖啡馆变得既有趣又持久。"不知名的地方、借景（borrowed landscape）、水井边的聚会场所"都可以成为我们已经研究过的那些咖啡馆的标志性语言，但咖啡馆仍然有新的用法和形态不断涌现。定义上的开放性，以及服务和品质上的文化特点为这些场所赋予了独特的"日式"风格，这也是日本城市咖啡馆最大的魅力和保鲜剂。于是，日本的咖啡馆也蕴含着一个核心矛盾：它的内在文化逻辑带有很强的日本色彩，但咖啡馆体验又可以打破几乎所有常规的日式法则。

这种内在文化逻辑之一便是对细节的极致追求，即我们之前提到过的咖啡和咖啡馆老板们的"讲究"。年轻的女咖啡师在吧台为顾客制作手冲咖啡时，不会分神去接电话，全神贯注到甚至都不会留意店里有新的客人到来，这已经足以证明她做事时的优先顺序。小腿上布满静脉曲张变形血管的老板在客户服务上有着几乎自我惩罚一般严苛的标准。文化逻辑的另一方面体现在咖啡馆的顾客群像上：为了从自己日常所扮演的主要角色责任中解放出来，顾客从咖啡馆中找到了一种逃离社会约束和定义的理想方式。还有一项十分明显的文化逻辑是，一部分顾客希望通过享受服务、技术和热情的款待来强调自己的重要性：当她选择了角落里的深木色小咖啡桌和红色天鹅绒软包座位时，她便已经不动声色地表现出了对服务的需求。

在这种矛盾之中，咖啡馆描绘了一项极其重要的文化提示：规矩无处不在，你的身份角色似乎对你进行了严格的定义，但只要稍微低头躲过问责的雷达，你就能发现一种十分日式的折中和解之道。这种灵活性也同样是日本特色。城市生活的压力包括每日通勤路上遭遇的各种冲击和令人厌烦且一成不变、官僚味十足的工作场所。无论年老年少、男性还是女性、学生还是老师，任何类别的人群都需要时刻注意精密调整自己的行为表现，这些脚本化的身份和行为规范制造出了许多高压的生存环境。

155

图 19　京都永恒咖啡馆内景（摄影：近藤实）

　　因此，工作之间的空白时间、延误产生的时刻、一天中到访的那些不具名场所以及不受严格要求束缚的时间，才是真的能够缓解压力的时刻。这些都是必需的且能在文化上得到认同，但却仅仅存在于不显眼的、离开了"官方"责任舞台的地方。个人的逃避是日常生活的一部分，但这种逃避也有一套独特的日式编码。日本的咖啡馆提供了一种让人放心的可预见性，对这个地方的熟悉感可以使人不必像在其他场景中那样必须"有日本人该有的样子"。严格的层次划分和官方的表现方式并不是人人都那么容易做到的。咖啡馆帮助人们在难以应付的官僚主义生活和社会约束之间交涉平衡，还允许一些"偶然的"自由。它的内核是文化框架，而外在则是一剂社会处方。

　　选择包容一些在大众看来并不那么恰当的行为或事情是一种技巧，旨在缓解原本可能演变成社会性难题的。在那些写实主义的观察者眼中，"非礼勿视"的原则下，事物明明还是那么显而易见又一目了然，仍然有些虚伪。在传统的日式房屋中，用障子纸糊的隔断显然起不到任何的隔音作用，但如果你在邻近的房间听到了什么关于隐私的声音，人们允许或期望你假装什么也没听见。

　　没有特殊意义的寻常瞬间、声音、行为或空间在某种程度上都会被以文化术语进行标记，同样也会吸引外来游客的注意。日本的各场所被打上日式标签的范围和方式是多种多样的：如果一个庭院里有带石灯笼的池塘，那它就是一个"日式"庭院。世界各地的火车站可能都有相同的站台编号、时刻表、目的地等信息展示，但唯独日本的车站的站台上有出售本地特色食物便当盒子的小摊，里面装满了供旅客在车上食用的餐点。在大型折扣商场的门口，会有和服造型的人体模型站在那里不断自动鞠躬。在你从银行自动取款机出钞口取钞票的过程中,屏幕上会有一个穿着银行制服的女性卡通形象不断向你鞠躬。在肯德基餐厅门口,总是站着一个玻璃纤维制作的真人大小的桑德斯上校(肯德基创始人)的肖像,并且在仲夏的夏日祭期间,肖像还会被穿上明亮图案的传统浴衣来烘托节日气氛。这些跨文化的点头和鞠躬自然会引来游客们略带讽刺意味的微笑:它们能够引起注意是因为从它们身上多少能捕捉到一些本地文化的精髓,呈现出了一种滑稽的不和谐感。

在咖啡馆,看不到太多"日式"的行为也是意料之中的(进门你甚至都不用脱鞋)。在那里,你不会去关注那些会让你感到尴尬的事物,并且会尽可能地让自己不那么引人注意。你也不会有太多别的诉求,褪去繁琐,还原本质才是最正确的行为方式。你可以独自前往,也可以和朋友结伴而行;你可以忙着手头上的活儿或看看书,也可以只是打盹儿。并非不够日本,也不是反主流文化或"文化自由"的场所,回归到核心的文化标志性而言,咖啡馆才是最能代表日本的。

咖啡本身虽然没有什么标志性,但其实充满了文化内涵。一名受访者表示,咖啡是一种"理性,甚至有点接近禁欲主义"的事物;而另一位受访者认为,咖啡馆和咖啡都是老套又平凡无奇的存在,但却总有让人兴奋的潜力。它让这个空间中的文化品味变得十分随和;一间咖啡馆失范性的一面正是它"日式"风格的证明。在闲暇的时间里找到一个空间,寻求摆脱日常文化规约的束缚,这既不算激进,也不算新奇或异域;但是在日本,咖啡馆填补了官方与实际、场面话与真心话之间的那些间隙,这就像最深的鞠躬一样值得从文化上对其进行深刻描绘。

第八章
了解你自己的定位

在京都北部一条小小运河边,一所大型艺术院校附近,有一家名为"利宝"(Rihou)的画廊艺术咖啡馆。这家画廊的建筑由一幢老房子改造而来,尖拱形屋顶配上高雅的现代木质家具,一天仅供应一种咖啡,如果能弄到货,老板最青睐的是埃塞俄比亚咖啡豆。一楼安静地摆放着许多餐桌,楼上是画廊,供上升期的艺术家们展出那些曾在广为人知的大展会上出现过的作品。老板本人同时精通咖啡和艺术,他会在店内准备许多精美的艺术书籍供客人阅览。这里不太常聚集很多人,但所有来到这里的人大致都有相同的感受。老板是个少言寡语的人。

来到隔壁,又是另外一家叫"淳平"(Jumpei)的画廊咖啡馆。这家咖啡馆从很多方面看起来都有家的感觉:就像进入某个私人空间一样,客人们在进门前需要脱掉鞋子。老板娘致力于为每位客人营造宾至如归的感受且在顾客愿意的情况下主动与其进行友好的交谈。客人们围坐在一张长长的矩形木桌旁,可以跪坐在软坐垫上,也可以选择把腿伸进桌子下面浅浅的凹陷部位。那些在大桌上没有熟人的客人则选择在旁边的三四张带椅子的小桌子上就坐。然而,大桌上的客人们通过细微的亲昵举动和持续不断的交谈营造了这个空间的基调氛围。如果你是这里的常客,

图 20　京都利宝艺术画廊咖啡馆（摄影：近藤实）

但又一阵子未出现，有人甚至会给你打电话确认你是否还好。这两间毗邻的咖啡馆显然拥有完全不同的氛围：漂亮的"利宝"以更加朴素的方式迎客，而同样是艺术画廊咖啡馆，"淳平"则更注重营造热情友好的氛围。事实上，它们在整个咖啡馆大市场中一个极小的片段内吸引到了完全不同的顾客群体。

158

正如作家吉村元男（Yoshimura Motoo）所说，是"空间"（space）的利用方式决定了它成为一个什么样的"场所"（place）。[1]汇聚在淳平咖啡的艺术家、作家、手工编织家和陶艺家通常独自工作，但有时也需要来自团体的陪伴。那些自身家庭和职场中的人际交往过密，需要寻求一个安宁空间的人们则往往会选择利宝。咖啡馆几乎能够满足所有当代城市所需的功能，为一部分人提供空间，为另一部分人提供场所。

当代，咖啡馆最受偏爱的特征好像是提供一个不具名的场所这一功能，即在人口结构细分的基础上，在更加个体化、更少公共性的前提下对咖啡馆的空间进行有效利用。这种需求已经被标榜成了一种"潮流"。然而，对其他一些受欢迎的咖啡馆类型依然有很高的呼声。人们对任何一种咖啡馆的使用方式取决于他当下那一刻的需求：人就像咖啡馆一样，同样存在多种不同的模式，而各种各样的咖啡馆提供了广泛的选项，供人们选择，满足多样化的需求。于是，同一家"喫茶店"，对不同的人来说，也具有决然不同的意义。所以它既可以在一天当中的不同时段满足不同客人各自不同的需求，也可以在用法和功能上变得"类型化"。

在不同的场所扮演不同的自我

159　　　一个在公司的销售部工作、居于中层管理职务的人，既要持续不断地听从上级领导的指示，又要不断聆听客户的诉求。他说，当他需要找个地方说说话的时候，就会去咖啡馆。在咖啡馆里，他可以讲那些平时无法在办公室里向老板和工作伙伴讲的事情（比如创新变革的思路或对我们生活的这个世界的批判性意见）。如果他在职场中谈论这些话题，可能会被同僚们当成"怪人"；他说，就连自己的妻子也认为他这些想法很"危险"，警告他不要在公开场合这样说话。他那些关于人类沟通和社会变革的想法在外人看来绝对无伤大雅，但在日本组织结构的大环境中，可预见性往往比创新变革更具价值也更加安全稳妥，于是他发现在职场中很难找到任何机会去表达自己的这些想法。他说，咖啡馆是一个能够完全释放另一个自我的地方，这个自我可以自由地交流内心的真实感受，即便只是与自己对话。

对一个老板而言，在办公室里说的一字一句都会被严肃对待，于是在咖啡馆的交流对他来说反而是一种解脱。他表示，在这里，没有人会对一个客体、一个产品过分纠结，也不必为自己所说的每一句话负责。在这里，人与人之间的交谈十分重要，但并不是为了达成任何特定的"目标"。当老师的人则把咖啡馆作为倾听的场所：她上了一整天的课，讲给学生听和听学生讲话，现在需要一个机会来听听其他人说话。不辞辛劳努力工作的人偶尔会突然觉得自己每天做的工作"毫无意义"，喫茶店里"真实的对话"便是支撑他们前进的动力：对他们而言，咖啡馆仿佛才是"真实的世界"。这位老师经常光顾的咖啡馆位于京都同志社（Doshisha）大学附近，那里有一个被她称作"业余知识分子小组"的有趣组织，成员们各自表达自己的想法并且在思想碰撞中创造出新的灵感。

作为供人们沉溺幻象或发展兴趣爱好的场所，咖啡馆满足了人们生活中各种明确的需求。在定义上，咖啡馆是一个与职场和家庭都毫不相干的另类场所。在咖啡馆里，人们能以与其他任何场景中都不同的行为方式来表现自己。一个在咖啡馆里与人侃侃而谈的年轻人可能在职场表现得少言寡语。一个在家中受儿媳妇管制的丧偶老大爷可能在他常去的喫茶店里心情愉快地发出一连串的抱怨。在孩子去学校的空当，一个年轻的家庭主妇可能会坐在咖啡馆里画漫画。

去咖啡馆里坐坐可以取代工作成为一种新的生活重心。一位退休的老人表示，去咖啡馆就是他的兴趣所在：他有一张像鸟类观察者的观察目标清单一样的店铺列表，但他每天早上却总是去同一家店。他说，这家店不在他的工作范围之内，甚至都不包含在他的兴趣范围之内。它并不在自己的"猎物"清单里；他也没有将它放进任何一个分类之下。它就是他的大本营。

160   在日本人的习俗中，对待兴趣爱好的严肃认真态度和热情，甚至能超越工作。当某个人宣称某项活动是自己的兴趣时，他是想表示，这项活动是他出于自主选择的、十分严肃的事情，并且愿意竭尽可能地将自己投入其中。如前文所述，一家咖啡馆老板说，自己放弃了拿薪水的工作，就是为了追求自己的兴趣，实现开一家自己的"喫茶店"的梦想。对他而言，辛苦工作以致双腿的疲惫和忙碌到深夜的劳累都可以因为对这份工作的热爱消解。他说，正是因此才将这份工作变成了自己的兴趣。在日本，为了自己的兴趣爱好付出辛勤努力并不是什么矛盾的事情。

这些刻苦勤勉的追求通常被定义为"放松消遣"，是因为它与被严格定义为"工作"活动之间的差异，也因为它们总是发生在休闲活动的场所。而"休闲"空间本身并不是一个中性的存在：虽然很大程度上总是与闲暇时间和放松消遣联系在一起，但它们仍然有自己独特的形式和文化内涵。[2]像其他任何现代社会一样，"休闲"在日本有多种不同的意义和实践方式。有时候，"兴趣爱好"概念下的休闲活动在精力和奉献程度上的要求完全不亚于我们定义为"工作"的活动。在日本，"休闲"的文化同时包含了"暂停"和"继续"两方面的活动。想象一下，没有明确的终点，漫无目的地在大街上闲逛，但整个人却处于一种表现欲极强的状态，我们在大正时代常见的这种街头浪荡的行为其实就是一种休闲活动，也是新的城市现代性的侧面反映。旅游作为一种休闲活动，有其首选的目的地、职责和表现方式。当世界主义出现、经济状况足以支撑其行动范围扩大到日本城市化以外的领域，这项活动很快便被赋予了相同的文化意义。街头闲逛的人们在自己熟悉、别人也认识自己的空间内漫游，而旅行者们则在旅途中寻求匿名所带来的挑战与愉悦。休闲的时间可以用在自我提升的事情上

（旅行、参加绘画课程等），当然也可以用来进行自我修复的活动（阅读、在庭院里静坐、散步）。在社会中产阶级所尊崇的文化基础中，这些实践活动的意义都是各不相同的。一些人通过在休闲活动中展示自己的品味来衡量自己利用城市和城市空间的能力。

　　一位受访女士说，氛围，即一个场所能被看见或感知到的文化内涵，是她选择一家咖啡馆最主要的理由，对她而言，咖啡的味道反而是次要的。她想要的场所必须与家庭内部环境完全不同且必须有其他的附加值：低调而不张扬魅惑的品味，细微又极简主义的环境用来逃避家庭和职场内聚合性的氛围。她说，她不会光顾星巴克之类的咖啡连锁店，因为千篇一律的风格就会显得太过普通。另一位受访者说，星巴克这样的咖啡馆提供的是一种"虚假的消遣放松"：徒有品牌而没有其他咖啡馆随处可寻的深度。这里更没有他需要的那种放松。他说，消遣放松并不是像瑜伽一样将自己从现实世界中剥离出来，完全进入另外一个状态；它应该是一种能够帮助他更好地与现实世界交流的活动。休闲可能代表那些卸下日常担负和义务的时间，但它也可以有功能性的一面。

161

随时而异的功能和用途

　　咖啡馆之所以能够经久不衰是其便利性、灵活性和对顾客和社会需求的响应能力共同作用的结果。咖啡馆已经呈现出百花齐放的状态：市场策略要求咖啡馆在风格上不断增殖，而不断变化的受众本身也需要更与众不同的休闲环境。从邻里街坊聚会、哲学和文学之家到早餐和午餐供应点，从私人"办公室"到被高中生当图书馆来使用的咖啡馆，不同的用途和风格将咖啡馆的类别不断扩大。然而它的本质并没有改变，仅仅是需要被简化到更具普适性的状态。日本的咖啡馆已经或即将成为一个既有社会功用又有个人用途的地方，既可供人们休息放松，也可以为教育和个人及团体的拓展提供空间和新的表达领域。

19世纪80年代，咖啡馆的降临同时激起了人们对西方新奇事物的兴趣。众所周知的第一家咖啡馆可否茶馆是一个不同于以往任何组织的新奇场所，但它跟茶屋一样是一个男性主导的空间（虽然不同于茶屋，这里的服务人员也是男性）。作为社交和政治空间、文化和教育的场所，早期的咖啡馆为持续增殖和多变的城市公共空间拓展出更多的可能性。咖啡馆虽然并不是日本特有的产物，但在日本不断得到进化，展现出了独一无二的文化特征。

从历史学的角度看，我们已经探究过的那些咖啡馆和"喫茶店"可以按照他们的"遗传学"的根源和前身、用途和客户群体来进行分类。在第三章中，我们看到了"喫茶店"的发展历史，了解了它在日本本土和欧洲影响下发展到当前模式的过程。我们可以看到，现代咖啡馆的各种用途已经从早期的模式和功能演变出了巨大的多样性。当咖啡馆成为人们城市生活中极为普遍（与"外国"或"精英"截然相反）的事物，它也开始代表人们在需求和体验上开始出现多样化。只有当它成为一种"常态"，它才能开始满足新需求、反映本地文化，而在那个现代化与西洋范儿划等号的世界是无法做到这一点的。

162　　　直到"现代化"不再被与"西洋化"完全等同起来，咖啡馆一直是一个以西洋方式对日本国民开展教育的特殊场所。明治时代的"文明开化运动"与西方思想和实践方式紧密相关，并将其看作是国家建设腾飞的跳板。前文所述，官方描述的"西洋文化"在鹿鸣馆这样的场所得到了具象化体现，西洋服饰、音乐和风俗习惯在这里的精英派对上——得到展示。此外，还有一个知识分子的说法：作家和学者们借鉴西方文化，彼此交流观点，碰撞出关于社会和哲学生活框架的新思潮。于是，社交界和知识分子界的精英们也开创了他们自己版本的"文明开化"运动，但很少有普通大众能参与其中。而郑永庆于 1888 年在东京创办日本历史上第一家咖啡馆，则是出于另外的思考：他想创办一个面向全社会的社交空间，任何人，无论身份背景，都可以在这里自由碰面，探讨日本和西方可能遇到的任何问题。在他看来，鹿鸣馆对西方的学习太流于表面，他创办的可否茶馆是另外一种选择且价格更加亲民，甚至连普通学生也能负担得起。一视同仁的价格对社会中产阶级也同样有吸引力，因为他们在这里可以发挥更大的影响力。

　　虽然可否茶馆很快便倒闭了，但导致它无法维持下去的并不是理念错误而是由于缺乏有效的经营管理。它在社会和个人变革上为后来者提供了宝贵的借鉴。咖啡馆已经逐渐从提供"西方"体验的场所转变成了感受现代化（日本式的现代化）的地方。从一开始代表现代化的新鲜事物到更多本地化的表现形式，再到进一步变革的不断增殖出现，至 20 世纪 30 年代，日本的咖啡馆已经将西方的前辈们远远甩在了后面。

　　到此时，"喫茶店"已经从原本面向资产阶级、男性化色彩浓重的机构演变成了更通用的人员聚集场所：我们已经看到，从纯"喫茶店"（单纯地喝咖啡场所，是进行严肃探讨的空间）到有女招待提供服务的咖啡馆（比起咖啡和正经谈话，与女招待的互动和酒精饮品的作用更为明显），咖啡馆的归化也意味着演变出一大类的事物。我们知道，后来的"喫茶店"是从过去的"纯喫茶"发展而来，而有女招待服务的咖啡馆最后演变成了卡巴莱风格的舞厅和夜店，在"二战"爆发前期，两者之间已经有了明确的界限。而在战后，后者又演变出漫画咖啡馆、"无内裤"咖啡馆等其他的形式，而基于咖啡本身的新潮流，也有许多其他种类的喫茶店出现以满足客人的不同品味。

图 21　京都普林茨(Prinz)画廊咖啡馆和餐厅(摄影：近藤实)

从过去的"喫茶店"发展而来的咖啡馆其实包含一个相当广的范围，有供学生族们聚在一起学习（日语叫"benkyobeya"）或朋友聚会的场所，也有供退休后的老年人聚会的气氛愉悦的邻里社区咖啡馆。还有一些咖啡馆配置了供低龄小朋友们玩耍的区域，这样带孩子的妈妈们便可以坐在一起放松聊天。还有一些咖啡馆实际上在为年长的人群提供社会公益服务。在那些被我们广泛称之为"战后"的年代，这些被我们统称为"咖啡店"的场所已经不断增殖演变出我们无法再明确统一归类总结的新形式。

我给这些场所命名，只是为了提示它们各自最为主要的用途和功能,但这些名称并不足以概括它们的多样性用途。带着所有概括总结时通常需要注意的事项,我尝试着将咖啡馆家族分为以下三个大类。

"穴场"(anabateki,日语意思为不太为人所知的、隐藏的好地方)通常特指一类独立的并不太公众化的咖啡馆。这些被称为"隐家"(kakurega)的店铺,"还未被大众发现"是它们最大的魅力。显然,对于女性来讲,这样的"藏身之处"也许只是一场热络的咖啡座谈会,但在这样静谧、平静的氛围中,大多数人选择借由咖啡暂时做一名隐居人士。这些店铺并不一定要很小或十分别致,它们也可以平平无奇或掩映在火车站拱廊下面。所谓"穴场"一词说的只是它的用途,而并不是在描述它的样子。

"井户端会议"(idobata kaigi)* 指的是另一类咖啡馆,在这里,人们通常会希望能找到志趣相投的朋友或组织。在前现代时期的农村中,到公用的水井取水,是一堆家务琐事在身的主妇们唯一可以摆脱自家婆婆监控的时间,于是她们争分夺秒地彼此聊天。被归为这一类的咖啡馆通常气氛明快且由女性经营,店内会有一个公用的大桌子和少数小桌。

"借景"是日本庭园设计中有名的概念。它的意思是一些庭园会设置某些可以看到庭园外面远处的丘陵、高山或寺庙等景色的位置,借此来为庭园内的前景增添美感。在咖啡馆的文脉中,"借景"则表示咖啡馆中某一些有趣的场景设定(比如,可以通过窗户欣赏外面的庭院),吸引人们到这里来打发闲暇时光,或为沉思寻找一份审美目标。

164

---

　　* 井户端会议:日语中,"井户"是水井的意思。以前,在水井边,附近的女人们一边打水或洗东西,一边揶揄他人和闲聊是非。人们将这种行为戏称为"水井边的会议",引申为主妇们在做家务的时候聚在一起闲谈。——译者注

　　当然，无论是在以上几类咖啡馆中的哪一种，顾客都可以选择独处或与他人交流，任何一家都可以提供公共环境中的私人空间，且不需要任何特殊的理由：有人可能只是为了避雨或等人，或只是因购物或其他目的走累了来这里歇一歇。由于其千变万化的顺应能力，没有任何一家咖啡馆会给自己划定边界，拒绝那些未被明确定义的使用方式。

特应性：那些地址不详的"穴场"

　　一位来自大阪的大学生受访者讲了自己的经历："有一次，我带一个朋友去了我常常独自光顾的那家咖啡馆。在这之前，我在那里没有碰到过认识的人，我也没把这家店告诉过任何人。虽然老板好像已经认识我了，我也从来没有跟他说过话。但当我这次带朋友一起来，我都能想象老板会怎么看我：这姑娘怎么这么多话又聒噪，她跟往常一个人来的时候简直判若两人。于是我知道，我犯了个天大的错误：现在，我不得不再另外找一家用来独处的咖啡馆了。"

　　"老板对我说，'你怎么总是一个人独自坐在那张桌子上？下次到吧台这边来跟我们聊聊天呀。'我心想，好吧，其实我也并不是不想加入你们那个愉快的圈子，但从此，当我有一些需要静下来做的工作时，便再也没法带到那家咖啡馆里去做了。"这是一位来自京都的助理研究员的经历。

　　"如果你是一个人来的，那请你去大桌子上跟其他人拼桌吧；小桌子是为两人或以上一起光临的客人准备的。"在东京的一家小咖啡馆里，服务员对一名办公室白领这样说。

　　京都一家星巴克咖啡馆的经理对一名学生说："如果你要在

这里做功课，也别在遮檐下面做。"

　　东京某图书馆咖啡廊的一名学生说："我一次只能在这家咖啡馆学习两小时。"

　　通常，在采访过程中，"穴场"这个词总是在受访者提到他们最喜欢的"喫茶店"或咖啡馆时出现。"穴场"（字面意思就是一个像洞穴一样的场所）是一个可以供人们逃离纷繁复杂日常生活的隐身之地。它是一个秘密基地（或至少在你的朋友当中，只有你知晓），正如前文第一条引用中的情况一样，是一个你不愿向他人透露的地方。当然，那是一个"已知的"场所，只是每个人私下的社交圈不会在那里出现。对每个人而言，那里都是一个不具名的场所且大家都希望永远维持这种状态不被打破。那也是一个永远不会对你提出任何额外要求的地方。

　　一旦社会模式和个人的规律发生碰撞，在"喫茶店"的生活就会一下子变得纷繁复杂起来。就如我们已经看到的一样，在咖啡馆里独处具有十分正面积极的价值。在这里，人们不必再惧怕孤独，相反，有时候孤独正是这里的意义所在。人们也可以把工作带到这里来做，或带一本书来阅读。当然，咖啡馆老板所投射出的印象也存在着一些矛盾：她是想把这里做成一个沙龙，一个供人们见面和交流的聚会场所？还是一个可供人们安全地隐身、安静做自己手头上事情的地方？

　　在大多数日本人的生活中，独处的机会十分难得，却还总是容易引起他人的关注。把自己关在房间里，长时间面对着电脑屏幕的年轻人会被当成"宅男"——独处会导致性格乖张。在老师眼中，在学校里没什么朋友的孩子会被当作问题学生。独处，在理想化的世界里可能会被重视，但在现实社会中，却常会遭到质疑。总是独处的人会被认为性格阴郁，常常带有贬义，甚至会被

165

认为是危险人物。尽管如此，独处也依然是件意义重大的事情，每个人都需要为自己保留这份需求。在这个身体和社会上都拥挤不堪的生活的间隙，独处有它的价值，但如果过量则可能会打破平衡。

当代日本人生活中的这种矛盾，一部分可以通过保持工作和休闲、社会和个人空间、时间上的平衡来得到解决。"非礼勿视"（对可能引起不适观感的内容下意识地回避）的做法，可以防止人们由于他人的干涉侵入而变得毫无隐私、一切信息过于暴露的情况发生。我们仍然十分需要避免来自"世间"（seken，交际范围内的社会上的人们）批判性的眼光。一位老年人说，生活在一个墙壁很薄、街坊邻居脸皮也很薄的社区里，你必须得有点策略性。在这样一个大家紧挨着居住的环境中，你必须学会假装看不到也听不到任何别人那些无法拿到公共场面上来说的难事。在日本，学会忍耐接受是一件复杂的事，相比西方世界的相互理解，更多的是需要一些圆滑世故的生存智慧。社交，绝不是件容易的事。当代的咖啡馆，担当的并不是"世间"的角色，大多数情况下，它是一个在可以接受的基本行为准则之内极少批判的场所。在"喫茶店"发生的事情只会停留在这里。有时候，逃离到矩阵之外也是一种解脱。

之前那位年轻女性受访者说，她把其他人带到自己经常独自光顾的咖啡馆，便也亲手毁掉了这家属于自己的"穴场"，其中透露一个令人悲哀的事实，即当她将社会性的时刻带入自己的私人空间时，这份独特的魅力也会被破坏。然而，真正让她感到难过的，并不是她损失了一个原本属于自己的"穴场"，而是这件事篡改了自己在这个场所长期建立起来的形象。就因为她带了一个外人进来，她跟为她制作了好几个月咖啡的老板之间的那种朦胧的特定关系被彻底摧毁了。然而，她想象的这些问题其实非常现实：她细腻敏感的想法或许十分准确。一个可以让你放心扮演伪装角色（或完全卸下伪装）的场所，是十分珍贵难得的，且除非你自己主动改变，你在这里维持的形象就会一直保持不变。当然，这位年轻的女性还是可以随时单独回到那家咖啡馆：毕竟那是一个公共场所。她也可以再次带朋友过去，但去这样不同寻常的偏僻空间不应该带着任何社会性的目的。如果想要找个地方坐下来闲聊，我们可以有大把的选择，但如果挑这个"只有我知道"的地方，最好三思而行。

　　"穴场"咖啡馆可能对有些人来说，也就是众多社交空间之一，但是那些铁路轨道附近的咖啡馆和小摊几乎都是为那些等车或打发上班前和下班后的时光，寻求独处的人准备的。在大阪这样一个几乎包含了任何类型咖啡馆的城市，有些"穴场"咖啡馆还真的是开在地下室里。在新梅田车站的地下，有一条条全是各种店铺和餐厅的地下走廊。人们尤其爱去其中那些连锁的咖啡馆，因为这些毫无特色的店铺可以让自己变得不那么显眼。连锁咖啡馆里的店员，大多都是短期打临工的学生族，一般都不会记得你是谁。在日本各大车站的商业综合体，不被人认识简直就是一种额外的赠予。商场、车站和酒店大厅，只会发生突发性的偶遇，并不是社交的最终目的地。而在大阪，这几个场所恰好也正是有高品质咖啡供应的地方，因此，对那些一个人喝咖啡的人来说，就更有吸引力了。一位五十岁的商务人士受访者说，只有在大阪，你能在那些毫无个性特征的场所喝上好咖啡。在别的城市，如果你想不那么显眼，则只能去罗多伦（价格便宜的日本咖啡连锁品牌），但那里的咖啡品质却不怎么样。

　　前文提到，咖啡馆老板认为客人想要加入他们这个圈子，所以邀请客人到吧台前来加入他们热络的交谈；他对客人心情的判断必须得准确无误，否则，就会失去这位客人。同时，老板释放出的信号可能也是那个地方的魅力所在：每个人可能都会想要成为我的伙伴。所以他的邀请也并没什么问题。当然，这名顾客也仍然会愿意回到这个气氛友善的咖啡馆，把这里热情的社交氛围当成某种特殊的"借景"，足以给她带来一些消遣，帮她更好地专注自己手头的工作。

前文还提到，一家开在出租车站和旅游大巴停车场附近、非常受欢迎的早间"喫茶店"，司机和本地顾客众多，必须最大限度发挥餐桌的利用率。另外，店内做出这种选择，也会无意识地启动一下社会工程学*的副作用。与独自来这里的陌生人拼桌会让彼此之间刻意保持距离。因为人们都懂得如何掌控自己的个人空间（在日本，人们都会特别在意那些他们可以宣称为自己所有的物理空间，都会对这片范围的大小有意识地进行精确判断），所以老板认为坐在大桌子上的客人会理所当然地注意自己的行为，不把报纸摊得太开、不把包放在桌上占地儿或占用不必要的空间。另外，因为人们到这里的目的并不是社交，所以老板看出他们肯定会比那些跟朋友一起来的人更快离开。顾客们来这里，完全就是为了喝咖啡或吃早餐，或在开工前需要一个地方坐坐。在一天中的这个时段，很少会有人在这里长时间停留，所以如果一个客人在不那么繁忙的时段来这里，他可以坐在任何他想坐的位置。

还有一个案例是来自一名在星巴克咖啡馆被经理下达了禁

---

    * 社会工程学（social engineering）又称社交工程学，以社会科学，尤其是心理学、语言学等为理论基础，利用人们的普遍自然的心理来解决问题。——译者注

令的高中生。这家咖啡馆的地理位置十分优越：它开在京都有名的鸭川边上，这里许多的传统餐厅和茶屋在沿着河畔的一侧会设置不少带遮檐的室外座位。夏天的午后，柔柔的河风吹拂，十分凉爽。星巴克也有一个这样的遮檐，顿时给这个空间增添了不少讽刺意味。带遮檐的座位是一个供人们放松和休闲的场所，也是一个社交性的场所，所以"穴场"咖啡馆很少有这样的设置。然而，星巴克却是那些喜欢独自待一会儿的人们最喜欢的地方，特别是年轻人喜欢把功课带到那里去做。学生经常光顾的咖啡馆是一类叫"学习屋"（benkyobeya）的咖啡馆，有时候会提供参考书，甚至可以按时租赁配齐了各种学习用具的书桌。在这样的空间里进行欢乐的聚会和派对几乎是无法想象的，然而这些却正是遮檐座位最传统的活动和目的。这位经理的想法显然是，即便是连锁店，也要营造出一种休闲放松的氛围，所以他要求这名带着课本和字典来这里的学习的姑娘到室内来学习，这样就不会破坏他想要的那份檐廊座位该有的景致。

最后是另一个把咖啡馆当作"学习屋"来使用的例子。女高中生说，她在那里学习的时间被限制在两小时以内；一旦超时，经理就会过来请她离开。这家咖啡馆位于一家连锁书店内，在这个案例中，经理应该并不是担心店铺的形象，而是担忧学生顾客长期逗留会影响店里的经济收益。学生族们单点一杯饮料，然后一直占用这里的空间。相对而言，把连锁咖啡馆当成学习屋来使用更加容易，因为独立咖啡馆的咖啡通常价格更贵且整体氛围并没有那么年轻化。家里很拥挤，如果有其他的家庭成员在，就更吵闹了，就算是图书馆，也会要求学生只能在这里阅读馆内书籍，不可以在这里做功课或带电脑进来使用。这名年轻女孩的妈妈把她带到这间咖啡馆并答应经理会在两小时以后来接走她。

168

日本的咖啡馆看似带给我们很多，但就像上文提到的这些个案，有时候在它们各自能提供的内容上都有一些古怪的设定和它们自己的衡量标准。作为一个空间，咖啡馆既有理想化的一面，也有普通的一面：理想化的好地方应该在一个地方能满足你所有需求且反映你的品味和个性，与此同时，又是一个自由场所，也对你没有任何要求。

那么，最自由的就是连锁咖啡馆：你可以一家接一家的光顾，没有人会认识你，所有的体验都不带有任何社交色彩，但也不带有任何失范性空间的意义。这里也不会有任何可预见的意义或内容，你可以安心地做自己。如果说"穴场"咖啡馆是用来隐匿藏身的地方，那么连锁咖啡馆就是你公开的私人空间。

"井户端会议"：美仕唐纳滋和
友谊型群体

在你熟悉的地方，你可能会寻求一些真实的陪伴，而不是仅仅在你独处时作为背景的那一种。这种需求会引导你去那些时常有朋友聚会的咖啡馆。或者，那里的人可能并不知晓你的姓名，但可以通过你常坐的位子或到访的时间认出你。这种咖啡座谈会的氛围给一些咖啡馆带上了那里聚集的客人们的属性，例如，我在本章开始提到的位于京都北白川地区、经常有艺术家和手工艺人聚集的咖啡馆"淳平"和"利宝"。店里的常客们偶然但并不总是在咖啡馆之外也彼此认识，但是聚在同一家咖啡馆里，自然怀有某些共同的兴趣。

但是，喜欢"水井边聚会"的学生族们则更倾向于到今出川（Imadegawa）附近的美仕唐纳滋这样低消费的场所聚集。这里

营业时间长、咖啡价格便宜且总是有熟人出现。一名学生受访者
说，她更喜欢那些谁都消费得起、不会特别在意花费的地方，而
且，也不会有一个"老板"一样的人物时不时地出来干涉大家自由
甚至有点粗暴的使用这个场所。"利宝"和"淳平"的老板或多或
少在艺术方面都有一些追求，至少是属于艺术世界的。而美仕唐
纳滋的员工们没有这样的追求；他们只不过是来打工的年轻人，
负责从咖啡壶或咖啡机里给你倒咖啡。在这里，你也极少看到努
力学习的人；如果要学习，学生们可能会另外找个时间选择京都
大学附近的进进堂（Shinshindo）这样的咖啡馆，店里会有一张搁
板长桌供客人阅读、记笔记或一边学习一边小声聊天。在进进堂
这样的地方，是不允许用手机的，而在美仕唐纳滋，几乎每一个单
独待在那里的客人不是一直把手机贴在耳朵上讲电话，就是在疯
狂地发短信。每个人都知道在下午四点以后过去，朋友从这时开
始聚在一起。就像有很多老年人聚集的咖啡馆一样，如果一群人
中有一个人好几天都没有出现，那么朋友们就会开始担心他是不
是出了什么事，有人就会开始追踪这个好久不出现的人。当然，
这种"团体"的形成并不是源自老板与客人之间的互动，客人们到
来时，就已经把自己的人际关系网络也一起带来了。

　　咖啡馆也能满足老年人群"井户端会议"的需求。零花钱稍
微充足一点的老年人喜欢光顾"传统喫茶店"，其中有一些并不是
很老的咖啡馆，而是披着怀旧色彩外衣的新店。推行自助服务的
连锁咖啡馆并不受老年人的欢迎，他们更偏爱坐在位置上享受优
质的服务。老年人也不那么喜欢可以"隐姓埋名"的空间：他们
会选定一家咖啡馆，然后通过经常光顾来彰显常客的身份，在那
里见证或建立一些人际关系。即便是生活在一个大家庭中，老年
人也多半都是独处或单独居住的，所以对老年人而言，他们需要

169

的放松场所是能够让他们感受到集体归属感的地方。市场营销人员尝试分析老年人的消费习惯后发现，现在的老年人与他们的父母辈不同，已经有固定投入在规律性的休闲和娱乐活动上的开支，并没有停止的迹象，特别是现在他们有更加充裕的时间来从事这些活动。

　　一位评论员表示，诸如此类的咖啡馆往往都是靠常客支撑起来的：它既"经典"又热忱。他还强调，"团块世代"（dankai no sedai，第一波在婴儿潮时代出生的人）已经到了该退休的年纪，而他们正是决定"喫茶店"未来命运的关键所在。"退休后的人们，特别是退休后的男性，最需要的就是一个可以自处的场所。'喫茶店'就会被当作放松和产生人际交往的地方。"[3]许多人都能回想起在咖啡馆与人产生交集的瞬间。快七十岁的老人森本里奥（Morimoto Reo）[*]认为说，咖啡馆中的人际交往非常重要："在（罗巴，位于东京高园寺地区）咖啡馆，我与演员、歌手还有我所有的同僚们碰面，在一起愉快地探讨戏剧、电影、爵士乐、绘画和哲学。我们经常彻夜长谈。对我来说，去'喫茶店'就像出国一样；这是一个我们能跨越任何文化领域畅快交谈的地方。"[4]

"借景咖啡馆"：体现在咖啡馆
借来之景中的深味

　　一位咖啡馆常客在讨论自己经常光顾的几种咖啡馆类型时，将"借景"作为其中之一提了出来。这名中年日本女性发现自己

---

　　[*]　森本里奥：本名森本治行（Morimoto Haruyuki），出生于1943年，是日本知名的演员、声优和播音员。——译注

更偏爱一些有场景设置，或给人特殊"临场感"的地方。它可以是
经过精心雅致设计的室内装饰，也可以是通过充分利用已有的景
观来营造特殊的氛围。这些现有的景观可以是像东京青山区南
部小山先生经营的茑咖啡馆（见第四章）那样，从窗口望出去能看
到一小片别致小庭院；也可以像从一家茶屋发展而来的京都茂庵
（Mo-An）咖啡馆一样，坐拥从山顶鸟瞰全城的绝佳地理位置。而
作为艺术画廊咖啡馆，则可以将艺术本身纳入环境布置当中。她
表示，有时候反倒是经常光顾一家咖啡馆的常客们的个性和特征
造就了一家店铺的特殊景致。或者，像我们在第三章中看到的一
样，音乐也可以给一家咖啡馆制造某种特殊的氛围。

　　前面的章节描述过的"深棕色调"的咖啡馆提供的又是另一
种类型的"借景"，正是从过去的旧时代借来的怀旧场景吸引着人
们到这些古老的咖啡馆来坐坐。前文中提到，森本里奥先生定期
到访这样的咖啡馆："我从家里步行十分钟左右就能到达七森咖
啡馆（Nanatsumori），但却仿佛回到了过去。迎接我的，还是那扇
三十年都没有改变的大门……最近，我不常在那里与朋友聚会，
但仍然能感受到一种温暖，这是只有老铺才有的温度。坐在已经
斑驳的皮沙发上，我甚至能感受到过去曾在这个座位上待过的客
人留下的温度。"[5]

　　咖啡和"喫茶店"是相互依赖、密不可分的。咖啡馆提供的其
他任何东西，都可以成为吸引回头客的决定性因素，但正是因为
有咖啡，日本的独立咖啡馆才可以在经济紧缩时代的洪流中潜伏
和遨游。咖啡馆和"喫茶店"要想吸引回头客，必须同时在咖啡和
店内氛围两方面积极推进。如果一家咖啡馆不能同时满足客人
这两个方面的品味，客人是不会再次光顾的（当然，客人的心情会
随时变化，不排除他们会根据当时的心境来临时选择某家咖啡

馆）。一位咖啡馆老板说，她的客人们可能都是冲着她的咖啡来
的，但"一个新面孔要与一家咖啡馆建立起固定的联系，是要靠一
点点积累、循序渐进的。这个过程其实很美妙。一家咖啡馆的氛
围可以自然地融入他每天的日常生活中去"。

客人与咖啡馆之间的关系听上去十分"浪漫"，似乎也带有某
种特殊的日式情感。它反映了"风雅闲寂"的审美标准，一种休戚
相依的感受，又好像环绕着一种有一些忧郁却愉悦朦胧的小调
（像是为第七章准备的诗意的题词），当然也有与朋友寒暄时的极
大愉悦。咖啡馆跨越的一些界线，允许某些原本不太能被接受的
氛围变得易于被接纳——在公共场合独处的阴郁氛围可能会遭
到质疑，但在咖啡馆这样没有固定剧本的公共空间则可以被接
纳。在日本，阴暗忧郁中蕴含的"浪漫色彩"其实非常接近表面，
既迷人又排外。这其中可能还包含一些社会心理学的动机：如

图22　京都茂庵，前身是一家茶屋（摄影：近藤实）

果这个世界对你来说过于纷扰，咖啡馆可以为你提供隐蔽之所；在这里，即便与其他陌生人待在一起，也不会被认为侵犯到了他人的隐私。

我们可能会问，以后什么类型的咖啡馆会最受欢迎。正如我们已经看到，无论在哪个时代，咖啡馆总能满足那个时代的顾客们的任何需求。在未来，咖啡馆是否会过时，逐渐被手机、电脑和罐装咖啡取代？是否会变成只有需要陪伴的老年人才会光顾的场所，供他们在那里寻找年轻时的"喫茶店"记忆？归根结底，咖啡馆是一个你可以不带任何目的便可以去的地方，是可以一个人独处也没关系的地方，是终极手段或最简单的驿站，一个简单的聚会场所。我们已经看到，随着时间的推移，咖啡馆的用途也在不断发生变化，同时也反映了人们生活模式的改变，然而，它作为消磨休闲时光的空间这一最基本的功能，似乎一直没有消失。

什么样的变革（或正在发生的变化）可以迫使咖啡馆和喫茶店退居二线，将它们从人们的日常生活中完全摘除呢？面对忙碌的生活和积极投入的生存现状，不正是需要这样的城市空间来帮助人们保持平衡吗？通过提供切合每一个时代的社会性和个体性的功能，咖啡馆避免了消亡（它并不是一时的狂热）。我认为，咖啡馆之所以能够生存下来，并不是因为全球市场营销策略，也并不是因为咖啡产业需要填充的是一个无底洞般永不会满的杯子。是由于那些本土化的、出于个体原因的使用方式，让咖啡馆得以长期维持。如果你没有任何不去咖啡馆的理由，那就去吧。

172

附录

咖啡馆探访：一份"非权威"指南

　　最后提供一些我在为本书做研究准备时探访过的咖啡馆信息，读者们如果有机会到访日本，不妨前去体验一番。虽然不能保证它们肯定都还存在，但既然它们很多已经坚持经营了快一个世纪，至少其中应该还有不少仍在营业吧。

东　　京

1. 琥珀咖啡馆(Café de l'Ambre，日语发音为"Kafe do Ramburu")

　　店铺位于东京新桥的银座附近。已经 98 岁高龄(2011 年)的店主关口一郎(Sekiguchi Ichiro)* 老先生仍然时常出现在这家原则性极高的店铺里。该店由关口先生于 1948 年创立，当时使用的是在"二战"前准备运往德国的印度尼西亚咖啡豆。擅长烘焙陈年咖啡豆的关口先生气质特殊且对咖啡要求极高，被人们戏称为"咖啡狂人"，但店里的咖啡实在非常值得前往一品。

---

　　* 关口一郎先生已于 2018 年 3 月离世，享年 103 岁。琥珀咖啡馆则由弟子们持续经营。——译者注

地址：东京 银座 8‑10‑15

电话：03/3751‑1551

店铺主页：www.h6dion.ne.jp/～lambre

营业时间：周一至周六：中午—10:00P.M.

周日及节假日：中午—7:00P.M.

2. 圣保罗咖啡馆（Café Paulista）

圣保罗咖啡馆于 1908 年在银座创立，是日本现存最古老的咖啡馆。店名由老板水野龙（Mizuno Ryu）先生取自巴西城市圣保罗。水野先生在日本推广咖啡的活动得到了巴西政府的高度支持，巴西每年都会向他赠送上百袋咖啡豆。大正时代，许多著名的艺术家、作家和知识分子都是这里的常客。

地址：东京 中央区（Chuo-ku）银座（Ginza）8‑9

电话：03/3572‑6160

店铺主页：www.paulista.co.jp

营业时间：周一至周六：8:30A.M.—10:30P.M.

周日：中午—8:00P.M.

3. 茑咖啡店（Tsuta）

这家咖啡店，小山先生已经经营了大半辈子，现在，正希望可以子承父业，由儿子继续经营下去。这家咖啡店十分宁静，店内深色的家具和柔和的灯光仿佛带有一种永不过时的"深褐色滤镜"。店铺位于南青山地区，毗邻著名的女子大学青山学院（Aoyama Gakuin）。在本书第四章中有详细介绍。

174

地址：东京 港区（Minato-ku）南青山（Minami Aoyama）5‑11‑20

电话：03/3498‑6888

营业时间：周一至周五：10:00A.M.—10:00P.M.

周六：中午—8:00P.M.

周日：休店

4. 熊池(Bear Pond)

两家不同的门店可供顾客在两种完全不同的风格下品尝全东京最好的意式浓缩咖啡：一家位于时髦的居民街坊,另一家则在别致的市中心。位于下北泽(Shimo-kitazawa)的总店是温馨舒适的极简派氛围,十分值得前往打卡,而且在这里,你很有可能品尝到老板田中克之(Tanaka Katsuyuki)亲手制作的意式浓缩咖啡。他曾在美国咖啡行业学习和从业多年,接受过正规的咖啡师培训。新的分店位于市中心的涩谷,是偏冷调的工业风设计。

下北泽总店

地址：东京 世田谷区(Setakaya-ku) 北泽(Kitazawa)2‑36‑12

邮编：155‑0031

电话：03/5454‑2486

E-Mail：espresso@bear-pond.com

营业时间：周三至周一：10:00A.M.—6:00P.M.

周二：休店

涩谷分店

地址：东京都 涩谷区(Shibuya)涩谷 1‑17‑1

邮编：150‑0002

营业时间：每日 9:00A.M.—6:00P.M.

5. 难波屋咖啡馆(Café de Naniwaya) *

这家店虽然 2006 年才开业，但看上去比实际的年代要陈旧许多。这里一贯坚持有条不紊的手冲咖啡制作流程，每一份咖啡豆都是在客人下单后新鲜现磨，冲煮咖啡的水温也会严格把控。在这里，你还可能品尝到人生中第一份咖啡啫喱(Coffe Jelly)，它是一种由日本人在大正时代发明的食物。

地址：东京 台东区(Taito-ku) 浅草(Asakusa)1－7－5

电话：03/5828－8988

店铺主页：Http://asakusa-naniwaya.com

营业时间：周三至周一：11:00A.M.—11:00P.M.

　　　　　周二：休店

6. 西银座咖啡馆(Café Ginza West)

这家气氛安静的古典风咖啡馆除了供应咖啡和西洋茶以外，还售卖西式糕点。自 1947 年开业以来，洁白的桌布、统一着装的服务生和古董家具为店内营造出了别样优雅的氛围。当你从菜单上挑选咖啡时，店员会用不带把手的茶杯提供免费绿茶供你饮用。

地址：东京 中央区(Chuo-ku) 银座(Ginza)7－3－6

电话：03/3571－1554

营业时间：周一至周五：9:00A.M.—11:00P.M.

　　　　　周六周日及节假日：11:00A.M.—8:00P.M.

---

* 难波屋咖啡馆已于 2018 年 2 月闭店停业。——译者注

京　都

1. 茂庵（Mo-An）

这家店位于京都北部,离今出川步行约十分钟,但远离嘈杂拥挤的京都城市中心。在吉田神社（Yoshida-jinjia）附近,去往吉田山的徒步登山路径上,便能看到这家景色极致优美的咖啡馆。这家店是由一家兴建于大正时代的茶屋改造而来的,横梁外露,家具陈设简约又整洁。店内供应美味的午餐套餐来搭配咖啡或其他饮品。店内使用的餐具、陶器和玻璃器皿都是本地的艺术家手工制作的。无论是晴朗的夏日午后,还是落雪的严寒冬日,从这里俯瞰京都全城和引人入胜的山丘美景都一样动人可爱。当你第一次到访,肯定会感觉十分奇妙,而下次,你肯定会再带上他人一起过来,让他们也感受一下这份奇妙。

地址：京都 左京区（Sakyo-ku）吉田神社

电话：075/761-2100

营业时间：每天 11:30A.M.—6:00P.M.

午餐在 2:00P.M.截止供应

2. 进进堂（Shinshindo）

位于京都北部的今出川大道（Imadegawa-dori）上。创始人续木齐（Tsuzuki Hitoshi）是一位诗人,曾专门赴法国学习面包制作,1930 年创立了进进堂。他仿照法国学生咖啡馆的模式,在店内出售面包和咖啡。"二战"期间,这里曾是防空避难处。20 世纪 60 年代晚期的学生抗议运动活跃时期,学生们在店门前设置屏障来避免咖啡馆被扔在今出川大道上的燃烧弹所伤。现在,这里已经安静了许多。店内的矩形大桌和长条坐凳都出自著名的木工手艺人黑田辰秋(Kuroda Tatsuaki)之手。小庭院里，也有供人们在天气宜人的时候选用的室外桌椅。由于靠近京都大学北门，这里也成为学生们学习和学术探讨的根据地。

地址：京都 左京区白川(Shirakawa) 追分町(Oiwakecho)88
电话：075/701‑4121
营业时间：周五至周三：8:00A.M.—6:00P.M.
　　　　　周二：休店

3. 工船咖啡馆(Factory Café Kafekosen)

虽然比较难找，但这家店绝对是在京都能喝到绝品好咖啡的最有趣的场所。从今出川和河原町交叉路口的东南角出发，沿着河原町向南走，途中会路过一家美仕唐纳滋，然后穿过一条小路，不久就能在你的左手边看到一幢平平无奇的小楼，临街层有一个更加不起眼的门廊。沿着门廊可能停放着不少自行车。一路穿过这条昏暗的走廊，上楼梯来到二楼。路过几家工作室和一些空房间，靠右手边，你会看到一间摆放着富士牌咖啡烘豆机、铺着原色木地板的房间。架子上还陈列着不少其他的工具和几大麻袋咖啡豆。房间的另外一侧是店主小纱一杯一杯单独精心制作咖啡的吧台。她会给你一张画在小木板上的地图。这张图会告诉你今天供应的咖啡豆品种和产地。当她在制作咖啡的时候，一举一动都值得你仔细欣赏。在她背后的墙壁上挂着一张大海报，照片上的菲德尔·卡斯特罗正在与胡子拉碴的伙伴们一起打高尔夫球。在房间左侧，你会看到满满当当的货架和挂在墙上的自行车：这里不仅是一家绝妙的咖啡馆，同时也是一家自行车修理铺。我很爱这个地方。你从我描述的导航路线也能看出，它的确有点隐蔽难找。

地址：京都 上京区（Kamigyoku）梶井町（Kajiicho）448

店铺营业时间总是会临时变化，但如果上午十点左右去的话，应该问题不大。

4. 花房咖啡店（Hanafusa）

这是一家老式的虹吸壶咖啡馆，位于丸太町东端与白川通交汇处。如果你从东边来，它就在加油站前面一点点的位置。虹吸壶咖啡的制作过程非常值得欣赏：酒精炉加热下方玻璃壶中的空气，使内部形成真空状态，然后再把酒精灯移走，真空状态被瞬间打破，咖啡液就会顺着玻璃管一下子流到下方的球形玻璃壶里。花房咖啡馆于20世纪50年代中叶开业至今，深受老年人和出租车司机们的喜爱。当然，还有我。店内的老绅士咖啡师在制作你的咖啡之前，会仔细询问你喜欢的咖啡醇度和浓度。店里没有什么特殊的氛围。客人们恰恰就是喜欢这份朴实感——普普通通的空间中透露出的勤勉专注。

营业时间：每日 7:00A.M.—2:00A.M.

5. 夜宴"喫茶店"（Kissa Soiree）

店铺位于京都市中心，在四条通（Shijo-doori）以北、与鸭川（Kamogawa River）平行的木屋町路（Kiyamachi）上。店内装饰是由著名画家东乡青儿（Togo Seiji）设计。这间让人动情的咖啡馆虽然是1948年开业的，但店内的设计会让人联想起更老一些的大正时代风格。整个店内沐浴在蓝色的灯光之下，装饰画也都是画家东乡自己创作的，餐具也都是欧风的瓷器。

地址：京都 下京区（Shimogyo-ku） 西木屋町（Nishikiyamachi）四条通上（Shijo noboru）

电话：075/221－0351

6. 弗朗索瓦（Francois）喫茶室

店铺位于京都市中心，在四条通（Shijo-doori）以南的木屋町路（Kiyamachi）上。深受 20 世纪 20 年代欧洲咖啡馆文化影响的店主立野正一（Tateno Shoichi）于 1934 年创立这家店。立野先生当年是一名艺术系学生，也是工人运动的领袖，他开这间咖啡馆就是为了推广自己的艺术和社会主义思想。店名也是立野根据让·弗朗索瓦·米勒（Jean-Francois Millet）* 的名字所取。店内用老唱片播放着古典音乐，镶嵌了彩色玻璃的窗户让这里看上去有教堂的感觉。

地址：京都 下京区（Shimogyo-ku）西木屋町通（Nishikiyamachi-doori）四条下（Shijo-kudaru）

电话：075/351－4042

营业时间：周二至周六：10:00A.M.—11:00P.M.

周一：休店

7. 摩尔咖啡馆（Ambient Café Mole）

这家咖啡馆也位于京都市中心，在御池通（Oike-doori）偏北一点的御幸町通（Gokoomachi-doori）上。这家店的"环境氛围"主要来自由盆栽树木和植物构建的虚拟小森林景观。店主右近（Tomochika）先生说："我希望这里只被那些真正懂的人知道"；

---

* 让·弗朗索瓦·米勒（Jean-Francois Millet，1814—1875）是法国近代深受人民喜爱的现实主义画家，作品多以表现农民题材为主。代表作有《拾穗者》等。——译者注

然而，要找到这家店其实并不难，并且他们也真诚地欢迎新客人。店里播放非常有"氛围"感的巴西爵士乐，还有秋千等特别的设置。这里不仅有好喝的咖啡，还有美味的印度奶茶，也尝试供应一些有机产品。

地址：京都 中京区（Nakagyo-ku）御幸町（Gokoomachi）二条下（Nijo-sagaru）424

电话：075/256 - 2038

店铺主页：Http://cafemole.web.fc2.com

营业时间：周四至周二：11:30A.M.—6:00P.M.

　　周三：休店

8. 华丽生活（Lush Life）

店铺位于京都市北部。这家只有一个吧台的小小爵士乐咖啡馆开在出町柳（Demachiyanagi）车站对面，被各种各样的商店和餐馆包围。老板茶木哲也（Saki Tetsuya）先生和妻子三千代（Michiyo）女士从 1988 年开始经营这家咖啡馆，但在这之前他们已经在别处经营过好几家爵士乐咖啡馆。店内日常供应好吃的咖喱饭和咖啡。这种搭配是从英国伦敦码头沿岸的水手咖啡馆兴起的，日本从"二战"前开始便也出现了这种咖喱饭与咖啡的搭配。夏天，这里也会设置室外的座位，但坐在外面就无法欣赏到店内的音乐了。

地址：京都 出町柳（Demachiyanagi）车站对面的出租车停靠站旁边

电话：075/781 - 0199

营业时间：周三至周一：中午—深夜

　　周二：休店

9. 筑地(Tsukiji)

这家咖啡馆与位于东京的那个世界上最大的水产品市场"筑地"没有任何关系。该店创立于1934年,包括谷崎润一郎(Tanizaki Junichiro)在内的许多知名的大文豪都曾是这里的常客。他们到访这家维也纳风格的咖啡馆,坐在红丝绒的椅子上享受放松一刻。店铺开在京都市中心,偏离了河原町(Kawaramachi),隐藏在四条通(Shijo-doori)北面的第一条小路上。空气中萦绕的莫扎特音乐和佐咖啡的点心都透露着浓浓的维也纳风情。

地址：京都 中京区(Nakagyo-ku) 四条河原町上(Shijo-Kawaramachi Agaru) 东入(Higashi-iru)

电话：075/221‑1053

营业时间：每日11:00A.M.—11:00P.M.

10. 御多福(Otafuku) *

店铺位于京都市中心,就在四条通(Shijo-doori)往南走几步的位置,旁边就是高岛屋(Takashimaya)商场。在你的左手边,会看到一个画了微笑的女性面具图案的招牌,这就是歌舞伎剧场角色"御多福"的形象。咖啡馆开在地下室。如果你选择了吧台的座位,老板野田(Noda)先生会把你介绍给其他的客人。这里的咖啡都是一杯一杯单独手冲制作的。野田先生店里的咖啡豆都是由位于今出川(Imadegawa)北面崛川(Horikawa)的田中咖啡(Tanaka Coffee)供应的。野田先生在每一杯咖啡中倾注的风格和精准度值得被更多的人欣赏。在百万遍(Hyakumanben)附

---

　　* 御多福地址为京都市下京区寺町(Teramachi) 四条下(Shijo-sagaru)贞安前之町609。——译者注

近的知恩寺（Chionji），每个月都会举办手工艺展会。野田先生也会参加，并在那里设摊制作咖啡。

11. 斑比（Bambi）*

店里供应超好吃的早餐和品质极好的咖啡。咖啡豆是老板在店铺旁边的作坊自己烘焙的。老板儿子和儿媳负责制作红豆枫糖浆风味的华夫饼、法式吐司，还有各种其他分量十足的早餐，味道都非常赞。因为地处通往银阁寺（Ginkakuji）的必经之路上，所以也有不少带游客来银阁寺游览观光的大巴车司机来这里等候休息。

12. 普林茨（Prinz）

这家融艺术咖啡馆、餐厅、旅馆和画廊为一体的店距离京都最大的艺术高校只有步行五分钟的距离。从店内家具陈设到整体气质，普林茨都充满了典型的包豪斯风格，是一个十分适合欣赏艺术、聆听音乐和享受咖啡的好地方。室外的露台空间十分娴静。

地址：京都 左京区（Sakyo-ku）田中高原町（Tanaka Takahara-Cho）5

电话：075/712－3900

店铺主页：www.prinz.jp

营业时间：周一至周四：8:00A.M.—午夜

周五至周日：8:00A.M.—午夜

---

* 斑比具体地址为京都市左京区净土寺石桥町3－1。——译者注

13. 柳月堂（Ryugetsudo）

店就开在出町柳（Demahiyanagi）车站对面，是一家自 1950 年营业至今的古典音乐咖啡馆。如果你可以承诺不讲话，就会被允许进入"音乐厅"房间，那里有好几千张的唱片可供你选择。你可以从楼下的点心店买糕点带上楼吃，但必须在门厅就把包装都拆掉，以免在里面拆包装发出噪声会打扰其他的客人欣赏音乐。

地址：京都 左京区（Sakyo-ku）田中下柳町（Tanaka Shimonayagi-Cho)5 - 1

电话：075/781 - 5162

营业时间：每日中午—9:00P.M.

　　　　节假日：10:00A.M.—9:00P.M.

14. 网鱼（efish）*

这家店坐落在鸭川（Kamogawa）边上，从店内的落地窗可以欣赏外面绝佳的风景。这间设计风格十分有现代感的咖啡馆从某种意义上来说，也是一间艺术画廊。这里曾是设计师西崛晋（Nishibori Shin）的家，在华丽的房间里有他的作品陈列和出售。白天，这里是一家休闲咖啡馆和餐厅，晚上，则变身为一间时髦的酒吧。

地址：京都 五条下（Gojo-sagaru）木屋町通（Kiyamachi-doori）西桥诘町（Nishi Hashizuma-cho)798 - 1

电话：075/361 - 3069

店铺主页：www.shinproducts.com

---

* 该店铺于 1999 年开业，在经营 20 载后，已于 2019 年 10 月闭店停业。——译者注

营业时间：每日 11∶00A.M.—10∶00P.M.

15. 永恒咖啡馆(Hachi Hachi Infinity Cafe)

这家店也和前面提到的茂庵一样，是一间值得你花点力气去找的咖啡馆，而且第一次光顾的时候，会感觉得有点点神秘的气氛。我得感谢迈克尔·拉姆(Michael Lambe)，在他的网站"深入京都"(Deep Kyoto)上介绍了这家店，并且还附了详细的地图。这间淳朴的小屋既是咖啡馆也是面包店，店主横田(Yokota)先生专门从澳洲和德国的面包师那里学习烘焙技艺，他制作的面包在我吃过的店铺中可以算是全京都最好吃的了。他只选用天然酵母、有机面粉和坚果作为原料。如果你把它们当作普通的面包会觉得价钱有点贵，但是这些面包回味悠长，薄薄的切片实在是太美妙了。店内会客厅安排的是传统的榻榻米座位和长长的矮桌。如果天气寒冷，还可以用专门的暖桌(Kotatsu)被子盖住你的腿。他店里的咖啡和茶，也像他制作的开放三明治午餐和例汤、每日特餐一样优秀。这家店实在非常值得你去品尝。

地址：京都 上京区(Kamigyo-ku) 山王町(Sano-cho)506*

电话：075/451‑8792

店铺主页：www.hachihachi.org

---

　　* 此店铺已于 2016 年 6 月搬迁至京都市左京区下鸭膳部町 8‑12，并更名为"自家制酵母面包店"(Hachi Hachi)，且每周三、四休店不营业。店铺主页不变，可查询前往店铺的交通路线。——译者注

注　释

第一章　公共空间中的咖啡：日本城市中的咖啡馆

1　根据 2008 年的数据，日本（6 881 000 袋）是世界第三大咖啡消费国，紧随美国（24 280 000 袋）和德国（19 830 000 袋）之后。而在咖啡豆进口总量方面，则排在意大利之后，位列世界第四。咖啡豆进口量排名前三的国家同时也是咖啡豆出口大国，将经过加工的咖啡豆销往世界各地。一袋咖啡豆的标准重量是 60 公斤。

2　Gus Rancatore, communication December 28，2010.

3　随着时代的变化和消费者使用方式的不同，供应咖啡的场所也有各种不同的叫法。日本历史上第一间咖啡馆可否茶馆（Kahiichakan）于 1888 年创立。当时，咖啡被翻译作"Kahii"。到 20 世纪早期，咖啡的对应词则变成了"Koohii"。"茶馆"是个相对古老的词汇，用来形容那些供人们喝茶的场所，但是又比路边的"茶屋"显得更加正式。在那个时代，可否茶馆是英式咖啡馆的代表，也是后来的"咖啡屋"（Kohiihausu）的前身。很快，在 20 世纪早期，在巴西风格和巴黎风的影响下，"咖啡馆"（café）出现了。它们在风格和服务上与之前的"咖啡屋"有很大的不同，但它们也供应咖啡，并且到 20 世纪早期开始，"Café"一词成了对喝咖啡的场所最标准的称谓，并沿用至今。而"喫茶店"（Kissaten）通常用来指代独立咖啡馆，字面上看，更像是一种供应"茶水"，使人们恢复精力的场所。在本书中，我会用到"咖啡馆""咖啡屋""喫茶店"这些词汇，也并没有什么特殊的指代。除了在当地的语言中的意义稍有区别，大多数情况下，它们之间的意思是可以互换的。

4 Iwabuchi Koichi, *Recentering Globalization: Popular Culture and Japanese Transnationalism* (Raleigh-Durham, N. C.: Duke University Press, 2002).

5 Richard Dyck, personal communication, Tokyo 2008.

6 Takada Tamotso, "Kankoohi bunkaron [Theory of Coffee Culture]," in *Koohii to iu Bunka*, Tokyo: Kodansha International (Tokyo: Shibata Shoten, 1994), p.68; in Japanese.

7 Donald Richie, *The Inland Sea* (Berkeley: Stone Bridge Press, 2002).

8 Ian Messer, "Japan's Coffee Shops Spill Over," *Bloomberg News*, May 21, 2003.

9 Merry White, *Perfectly Japanese* (Berkeley: University of California Press, 2003).

10 它的地址是西黑门町(Nishi Kuromoncho)2番,该地址现在在地图上标示为东京都,台东区(Taitou-ku),上野(Ueno)1－1－10,上野广小路(Ueno Hirokouji)。

11 Hoshida Hiroshi, Nihon saisho no koohiiten: Kahii Chakan no Rekishi (Tokyo: Inabo Shobo, 1988), p.52; and see also Hatsuda Tooru, "The Modernity of the Downtown: Consumptive Space in Urban Tokyo," in Hankagai no Kindai (Tokyo: Toshi Tokyo no Shouhikukan).

12 Gus Rancatore, communication; Bryant Simon, *Everything but the Cup: Learning about America from Starbucks* (Berkeley: University of California Press, 2009).

13 Michel Foucault, "Of Other Spaces" (1967), *Architecture, mouvement, continuité* (October, 1984).

14 Donald Shively, "The Social Environment of Tokugawa Kabuki," in Nancy G. Hume, ed., *Japanese Aesthetics and Culture: A Reader* (Albany: SUNY Press, 1995), pp.193－211.

15 Donald Shively, "Sumptuary Regulation and Status in Early

Tokugawa Japan," *Harvard Journal of Asiatic Studies*, 25（1965）: 123 - 134.

　　16　Marius Jansen, The Making of Modern Japan（Cambridge Mass.: Belknap. Press, 2000）, chap: 14: "Meiji Culture."

　　17　Ezra Vogel, "Kinship Structure, Migration to the City and Modernization," in R. P. Dore, ed., *Aspects of Social Change in Modern Japan*（Princeton, N.J.: Princeton University Press, 1967）, PP. 91 - 111.

　　18　Kobakura Yasuyoshi, in *Ryoori Okinawa Monogatari*（Tokyo: Sakuinsha, 1983）, p.10.

第二章　日本的咖啡馆：咖啡及其反直觉性

　　1　Bryant Simon, *Everything but the Coffee: Learning about America from Starbucks*（Berkeley: University of California Press, 2009）.

　　2　Jakob Norberg, "No Coffee," *Eurozine*（August 28, 2008）; repr. from *Fronesis*, 24（2007）.

　　3　Ralph Hattox, *Coffee and Coffeehouses: The Origins of a Social Beverage in the Medieval Near East*（Seattle: University of Washington Press, 1985）. Books about coffee itself abound.本章节的准备工作中，作者还参考了以下著作：Stewart Lee Allen, *The Devil's Cup: Coffee, the Driving Force in History*（New York: Soho Press, 1999）; Kenneth Davids, *Coffee: A Guide to Buying, Brewing and Enjoying*（New York: St. Martins Press, 2001）; H. E. Jacob, *Coffee: The Epic of a Commodity*（New York: Viking Press, 1935）; Norman Kolpas, *A Cup of Coffee: From Plantation to Pot*（New York: Grove Press, 1993）; Corby Kummer, *The Joy of Coffee*（Boston: Houghton Mifflin, 1997）; Mark Pendergrast, *Uncommon Grounds: The History of Coffee and How It Transformed Our World*（New York: Basic Books, 1999）; Francis B. Thurber, *Coffee from Plantation to Cup*（New York:

Trow's Printing, 1881）；Bennett Alan Weinberg and Bonnie K. Bealer, *The World of Caffeine: The Science and Culture of the World's Most Popular Drug*（New York：Routledge，2002）；Michaele Weissman, *God in a Cup: The Obsessive Quest for the Perfect Coffee*（Hoboken, N.J.：Wiley, 2008）.

4　Ray Oldenburg, *The Great Good Place: Cafés, Coffee Shops, Bookstores, Bars, Hair Salons, and Other Hangouts at the Heart of a Community*（New York：Marlowe, 1989）.

5　Hattox, *Coffee and Coffeehouses*, p.164；Jacob, *Coffee*, pp. 153-154.

6　Pepys, Diaries, cited in Hattox, *Coffee and Coffeehouses*, p.178.

7　"一份关于镇压咖啡馆的公告：鉴于近年来我国有大量咖啡馆出现和存在的趋势……且有大批懒散又愤愤不平的人群聚集其中,给社会带来了非常有害又危险的负面影响。商人和其他职业的人员本可以将更多的精力投入到更加合法的买卖和活动中去,如今却在咖啡馆中浪费了太多的宝贵时间,另一方面,在这样的场所……充斥着太多的杂谈、错误、恶意闲言碎语和丑闻,它们被肆意报道并四处传播,其中甚至还有对神圣政府的诋毁内容,严重破坏了王国的和平与宁静。于是殿下做出了此项合理又必须的决定,宣布从此关闭和镇压现存和未来可能出现的所有咖啡馆。"——Markman Ellis *The Coffeehouse: A Cultural History*, London：Weidenfeld and Nicholson, 2004, p.86。

8　"令人极为不能接受的是,我的国民对咖啡的消费量越来越大,结果就是导致大量的财富流向了外国。每个人都在喝咖啡。这种现象迫切需要被干预。无论是陛下还是他的先辈和官员,都是喝着啤酒长大的。啤酒滋养着我们的战士,在各种战役中屡获全胜,我们的国王也不相信喝咖啡的士兵值得信赖,不认为他们在战争到来时可以在艰难困苦的环境中顽强坚守。"（1777）；Claudia Roden, *Coffee*（London：Penguin, 1977）, p.22。

9　Benjamin Wurgaft, Review of Markman Ellis, *The Coffeehouse: A Cultural History*, in *Gastronomica: The Journal of Food and Culture*, 7, no. 2 (Spring 2007); 111 - 112.

10　Ellis, *The Coffeehouse*.

11　Jürgen Habermas, *The Structural Transformation of the Public Sphere: An Inquiry into a Category of Bourgeois Society*, trans. Thomas Burger (Cambridge, Mass.; MIT Press, 1991).

12　Quoted in Roden, *Coffee*, p.25.

13　Oldenburg, *The Great Good Place*, p.16.

14　Habermas, *Structural Transformation*.

15　Donald Richie, *The Inland Sea* (Berkeley; Stone Bridge Press, 2002).

16　Elise Tipton, "The Café; Contested Space of Modernity in Interwar Japan," in Elise Tipton and John Clark, eds., *Being Modern in Japan: Culture and Society from the 1910s to the 1930s*, p. 119 (Honolulu; University of Hawai'i Press, 2000).

17　Carol Gluck, "Japan and Modernity; From History to Theory," lecture, Harvard University, March 12, 2009.

18　Elise Tipton, "The Café."

19　Shibata Tokue, personal communication, February 1992.

20　Ezra Vogel, *Japan's New Middle Class* (Berkeley; University of California Press, 1963).

21　Christine Yano, personal communication, July 17, 2010.

22　Miriam Silverberg, *Erotic Grotesque Nonsense: The Mass Culture of Japanese Modern Times* (Berkeley; University of California Press, 2006).

23　Vera Mackie, "Modern Selves and Modern Spaces," in Elise Tipton and John Clark, eds., *Being Modern in Japan: Culture and Society from the 1910s to the 1930s* (Honolulu; University of Hawai'i Press, 2000), pp.185 - 199.

24　Walter Benjamin, *The Arcades Project*, ed. Rolf Tiedemann, trans. Howard Eiland and Kevin McLaughlin (New York; Belknap

Press，2002）．

25 Saskia Sassen，*The Global City: New York*，*London*，*Tokyo* (Princeton，N.J.：Princeton University Press，2000）．

第三章 现代性与热情工厂

1 Elise Tipton，"The Café：Contested Space of Modernity in Interwar Japan," in Elise Tipton and John Clark，eds.，*Being Modern in Japan: Culture and Society from the 1910s to the 1930s* （Honolulu：University of Hawai'i Press，2000），pp.119 – 136.

2 Akiyama Nobuichi，*Koohii to Kissaten* （Tokyo：Shinano Shuppan，1968），p.13.

3 Uekusa Junichi，"When There Were Only Two Hundred Cafés in Tokyo," Bungeishunju，14，no. II (1977)：40 – 46.

4 在这个时期，火柴盒的设计能够传达咖啡馆文化背后的故事。它们多出自著名艺术家之手，展现了那个时代最流行的设计，尤其是现代派和装饰艺术方面的潮流。大正时代的火柴盒标签通常带有强烈的怀旧情感，而昭和时代则更具情色意味，大部分都是对裸体女性的描绘。昭和时代，连蛋糕店都极力主打性感形象。

5 Akiyama，op cit.

6 关于该咖啡馆名称的外国起源，一直存在着一些争议：有人认为它来自于法语中表示"春天"的词语"*printemps*"，也有人认为它是"车前草"(plantain，一种蕉类植物)的意思。

7 Edward Seidensticker，*Low City*，*High City: Tokyo from Edo to the Earthquake* （New York：Knopf，1983），p.201.

8 Nagai Kafuu，*During the Rains & Flowers in the Shade*，ed. and trans. Lane Dunlop （Stanford，Calif.：Stanford University Press，1994）．

9 Miriam Silverberg，"Constructing the Japanese Ethnography of Modernity," *Journal of Asian Studies*，51，No. I （February 1992)：30 – 54.

10　Silverberg, "Constructing the Japanese Ethnography."

11　Murata Takako, *Female Beauty in Modern Japan: Make-up and Coiffure* (Tokyo: Pola Research Institute of Beauty and Culture, 2003).

12　Chuo Koron, February 1929, cited in Miriam Silverberg, "The Cafe Waitress Serving Modern Japan," in Stephen Vlastos, ed., *Mirror of Modernity: Invented Traditions of Modern Japan* (Berkeley: University of California Press, 1998), p.211.

13　Hirotsu Kazuo, *Jokyuu*, published in *Fujin Koron* (1931), p.79.

14　Nagai Kafuu quoted in Hirotsu, *Jokyuu*, p.81.

15　Andrew Gordon, personal communication, May 14, 2008.

16　Anthony Chambers, "Introduction" to Tanizaki Junichiro, *Naomi* (Rutland, Vt.: Tuttle Press, 1985).

17　Silverberg, "The Cafe Waitress Serving Modern Japan."

18　Mariko Inoue, "The Gaze of the Café Waitress," in *U.S.-Japan Women's Journal*, 15 (1998): 86 - 89. See also S. Uenoda, *Japan and Jazz: Sketches and Essays on Japanese City Life* (Tokyo: Taiheiyosha Press, 1930), pp.13 - 19.

19　Liza Dalby, *Geisha* (Berkeley: University of California Press, 1983).

20　Elise Tipton, "Pink Collar Work: The Cafe Waitress in Early Twentieth-Century Japan," in *Intersections: Gender, History, and Culture in the Asian Context*, 7 (March 2002): 6.

21　Tipton, "The Café."

22　Edward Seidensticker, *Kafuu the Scribbler: The Life and Writings of Nagai Kafuu, 1879 - 1959* (Stanford, Calif.: Stanford University Press, 1965), p.97.

23　Kafuu, *During the Rains*, pp.25 and 89.

24　Phyllis Birnbaum, *Glory in a Line: A Life of Foujita, the*

Artist Caught between East and West （New York：Farrar Straus and Giroux，2006），p.286.

25　矢部友卫(Tomoe Yabe)是日本知名的画家，20 世纪 20 年代晚期曾赴苏联学习绘画，深受苏联艺术的影响。他也曾旅居巴黎并帮助推动了无产阶级视觉艺术同盟在日本的建立。

26　Ian Condry，*Hip-Hop Japan：Rap and the Paths of Cultural Globalization* （Raleigh，N.C.：Duke University of Press，2006）.

27　E. Taylor Atkins，*Blue Nippon：Authenticating Jazz in Japan* （Durham/ Raleigh，N.C.：Duke University Press，2001）.

28　Ishige Naomichi，*Nihon Kissa no Bunka* .

29　Murashima Yoriyuki，*Kanraku no okyo kafe* （Tokyo：Bunka Seikatsu Kenkyuukai，1929）.

30　爵士乐咖啡馆被泰勒·阿特金斯(E. Taylor Atkins)和麦克·莫拉斯基(Michael Molasky)［Atkins,《蓝调日本》；Molasky,《战后日本的爵士文化》(东京：青土社,2005)］看作是音乐的发生地，也是构建品味和风格的场所。如阿特金斯强调，这里是"无可取代的爵士乐和现代主义的汇聚之地"；作为一种内在的体验，"现代主义并不是一种信仰，而是从你的穿戴打扮和聆听的东西中散发出来的东西"。

第四章　行业中的大师：展现完美

1　"A personal passion to pursue something"：Lewis，personal communication，September 30，2008.

2　Nakamura Sae，personal communication，May 12，2007.

3　Steven Reed，*Making Common Sense of Japan* （Pittsburgh：University of Pittsburgh Press，1993）.

4　Takeo Doi，The Anatomy of Dependence （Tokyo：Kodansha International，1973）.

5　"食物要想美味，首先卖相要好"的观念将烹饪纳入了艺术的范畴。"用你的眼睛来享受美食"是烹饪实践的口号。辻静雄（Tsuji Shizuo),《日本料理：一种简单的艺术》,东京：讲谈社国际,1980。

6　Ian Condry，personal communication，September 29，2009.

7　在谈到他的那辆大大的美国福特轿车时，出租车司机表示，首先，在日本使用这辆车是完全没问题的。然而，他接着说："它其他方面都挺靠谱的，除了一件事……发动机上有几个螺栓突出在发动机舱外面……这对车子的性能表现不会有任何影响。问题是，我每次接班后的第一件事就是清理发动机，这些突出的螺栓总是会勾住并扯坏我的白手套。"——与戴克的一次私下交谈（2008.10.4）。

8　Koyama Tetsuo，personal communication，April 2009.

9　Katsuno Masao，personal communication，October 2，2008.

10　Interview with Yuka Murayama，*Ikkojin*，98（July 2008）：53.

11　Aviad Raz，*Emotions at Work*（Cambridge，Mass.：Harvard University Press，2002）.

12　美国咖啡豆烘焙师、咨询师乔治·豪沃尔斯（George Howells）与关口先生持有相同的观点，要求咖啡品尝者在咖啡煮好以后间隔 10 分钟再饮用。华氏 140 度左右（约摄氏 60 度）才是咖啡风味最佳的温度。

13　Cited in the English language in the online magazine Metropolis，at Metropolis. co. jp，May 27，2010.

14　《忠臣藏》（*Chushinkura*）是一种日本传统能剧和其他文学体裁中经常出现的古老传说。故事还有个被人熟知的名字叫做《四十七浪人物语》，讲的是一群忠义的年轻勇士牺牲自我，为主复仇的故事。这段历史发生在 1701 年，已经成为奉献一切、排除万难、一心牺牲奉献自我的同义词。

15　奥古斯托·费里奥罗（Augusto Ferraiuolo）在他的著作（*Religious Festive Practice in Boston's North End*，Albany：State University of New York Press，2009）中使用"矫形术"（oxthopraxy）一词来描述"那些通常'被认为'正确的仪式形态的创建和存续的过程"（p.175）。这个词汇从正统的仪式感的意义出发，在描述一些咖啡企业的常规做法出现仪式化的现象时，十分有用。

16　美国的咖啡专业人士们致力于将咖啡制作机器变得更加人性

化：在波士顿郊外的弗兰克林工程机械公司（Franklin W. Olin），一群年轻的咖啡技术专家研发了一款叫"Luminaire Bravo-I"的设备。它可以通过巧妙的调节，以科技来辅助日本手冲咖啡的制作程序。它允许咖啡制作者根据咖啡豆的量、烘焙程度和湿度等情况来对温度、时间、压力和水量进行调控，让这台机器成为一台能制作出完美"手工"咖啡的设备。这项技术既可以增加手冲咖啡的风味，日本专业咖啡制作师在意的方方面面也都能进行调节。我预测，这款设备很快就能在日本流行起来。然而，即便是机器制作，最终出品的品质也是手工的介入起关键作用。

17 Suzuki Yoshio, *The Tokyo Coffee Book* (Tokyo：Asahi Shoten, 2001)，p.28.

18 Shiozawa Yukito, *Tokyo to Kyoto Kakurega Kissaten* (Tokyo：Chuokoronshinsha，2005)，p.2.

第五章 日本的液体能量

1 Frank Bruni, "Finding Self-Respect, One Drop at a Time," *New York Times*, November 24, 2010, D1, D8.

2 如今，像纽约拥抱咖啡馆、波士顿地区的巴里斯摩、伏特（Voltage）、顶楼（Hi-Rise）等店铺都有类似的虹吸壶咖啡和慢滴滤咖啡供应，还有像圣弗朗西斯科的菲尔兹等许多地方的知识阶层店铺等售卖手冲咖啡的店，最近崛起的还有马萨诸塞州塞勒姆的佳禾咖啡馆，波士顿南端也有不少这种类型的咖啡馆出现。

3 Harumi Befu and Sylvie Guichard-Anguis, eds., *Globalizing Japan: Ethnography of the Japanese Presence in Asia*, *Europe and America* (London：Routledge，2001).

4 Christine Yano, personal communication, May 12, 2008.

5 明治时代，社会常用"立身出世"这句口号来鼓励人们依靠自己的努力、奋发向上取得成功。

6 Quoted in Maruo Shuzo, "The Effects of World Economic Change on Japanese Coffee," unpublished manuscript, August 1,

2005，p.7.

7　Jean de Thévenot，*Relation d'un voyage fait au Levant*（Paris：L. Billaine，1665）.值得注意的是，法属东印度公司（French East India Company）的第一任总经理是弗朗索瓦·卡洛（Francois Caron，1600 - 1673）。他曾为荷兰东印度公司（Dutch East India Company）在日本工作了二十年。1639 年至 1641 年，他出任该公司第十二任最高负责人。他于 1619 年来到日本，作为一名翻译居住在当时的江户城，后来与一名日本女性结婚并生育了六个孩子。作为法国东印度公司的总经理，他遍访东亚各地，为法属东印度公司在各地拓展根据地，还到访了现在的留尼汪和毛里求斯等岛屿，当时都是法国的海外补给站。后来，法属东印度公司将总部设在了印度的本地治里（Pondicherry）。卡洛在日本和荷兰东印度公司的出现表明在 17 世纪早期，欧洲人便对日本保持着极高的兴趣并展开了联系的网络：一个人来自哪个国家并不重要，重要的是他有能力帮助欧洲企业实现繁荣昌盛。

8　Paul van der Velde and Rudolf Bachofner，trans. and eds.，*The Deshima Diaries: Marginalia 1700 - 1740*（Leiden：Japan-Netherlands Institute，1992）.

9　Kaihyoosoosho，vol. 2，cited in Maruo，"Effects of World Economic Change，" p.5.

10　Cited in Hirokawa Kai，*Ranryouhou*（Kyoto：Hayashi Press，1804）.

11　Hirokawa Kai，*Nagasaki Bunkenroku*（Osaka：Shinjiro，1797）.

12　Yamamoto in *Komo Honzou*（1783），quoted by Hirokawa in *Nagasaki Bunkenroku*（1795）and Takahashi Kageyasu and Gentaku Otsuki in *Kosei Shimpen*（1811）；further publication information unavailable.

13　Philipp von Siebold，*Manners and Customs of the Japanese*（London：John Murray，1852）.

14　Maruo Shuzo，"Effects of World Economic Change，" p.17.

His source is Philipp von Siebold，*Nihon Kotsuu Boueki Shi*，in *Ikokusoosho*；citation unavailable.

15　Terada Torahiko，"Koohii Tetsugaku Joosetsu,"*Keizai Oorai*(1933)：74.

16　Maruo Shuzo，"Effects of World Economic Change,"p.19.

17　Ishige Naomichi，*The History and Culture of Japanese Food*(London：Kegan Paul，200I)，pp.146ff.

18　关于咖啡是如何被引入巴西的，有好几种不同的说法：有一种说法是，1670 年，作为法属圭亚那首府卡宴的法国指挥官送给葡萄牙殖民统治者的礼物，由葡萄牙人弗朗西斯科·德梅洛·帕里埃塔(Francisco de Mero Parietta)带入巴西。

19　Maruo Shuzo，"Brazilian Japanese Immigrants：From Work away from Home to Immigration and Coffee Cultivation History,"unpublished manuscript，2008.

20　圆尾修三"Brazilian Japanese Immigrants"（pp.3，8）。2005年，进口到日本的咖啡总量是 450 606 吨，增长了 25 033 倍。吨是表示咖啡豆重量时惯用的单位，1 吨合 1 000 公斤（千克），约合 2 204.62 磅。还有一种更加常用的咖啡计量方法是以每袋 60 公斤来计算咖啡豆袋数。

21　Keiko Yamanaka，"'I will go home，but when?'Labor Migration and Circular Diaspora Formation by Japanese Brazilians in Japan,"in Mike Douglass and Glenda S. Roberts，eds.，*Japan and Global Migration：Foreign Workers and the Advent of a Multicultural Society*，pp.120－149（London：Routledge，2000）.

22　Keiko Yamanaka，"'I will go home，but when?'"ibid.

23　"To the New World，and Then,"Asabi newspaper，April 28，2008.

24　Patricia Ribeiro，"Japanese Immigration in Brazil：The Kasato Maru and the First Immigrants,"http：//gobrazil.about.com/od/culturehistorylanguage/a/kasatomaru. htm， accessed October

1，2011.

25　一位叫南原千代喜（Minamihara Chiyoki，音译）的移民工人在弗兰萨（Franca）附近安了家。虽然生活艰苦，但他仍然选择把自己的家人从日本接到了这里。后来经营巴西人的咖啡种植园，又通过种植棉花才积累了一些财富。如今，已经快九十岁的南原先生与儿子一起经营自家的咖啡种植园；他们种植的咖啡被当作"巴日合作的产品"销往日本。《朝日新闻》（2008.4.28）1974 年，日本人又提出了塞拉多（Cerrado）发展计划，在稀树草原发展大型咖啡种植项目，以缓解日本国内咖啡供应的短缺。如今，巴西产的阿拉比卡咖啡豆中，有 18% 产自塞拉多。

26　Maruo Shuzo, "Brazilian Japanese Immigrants," p.2.

27　Tereza Rezende, *Ryu Mizuno: Saga japonesa em terras brasileiras*（São Paulo：Curitiba，1991）.

28　Rezende, *Ryu Mizuno*, cited in Maruo, "Brazilian Japanese Immigrants."

29　Robert Lawrence cited in Jane McCabe, *Tea and Coffee Trade Journal*（July 1，1989）：16.

30　George Field, *From Bonsai to Levis*（New York：Mentor Books，1983），pp.85‑87.

31　Maruo Shuzo, personal communication，February 17，2009.

第六章　咖啡的归化：当代日本咖啡馆中的风味

1　加藤先生于 1903 年 8 月通过的专利申请书内容也十分有趣："大家都知道，本人加藤佐取（Kato Satori），是大日本帝国的子民，现居住在伊利诺斯州、库克郡的芝加哥市，我发明了一种新型且实用的浓缩咖啡改良方法……具体的制作流程如下：首先将咖啡豆进行烘焙，然后研磨或碾压到极微细的状态，再通过高压来去掉其中的油脂。在接下来的蒸馏过程中，挥发性的油脂会从咖啡中分离出来。将去除了挥发性油脂的剩余残渣加入热水进行稀释，然后放凉。接下来，对混合物进行彻底的搅拌，使蕴含在其中的油脂全部浮出到表面，这样油脂就可以轻松地被撇去。接下来，对经历了所有这些程序的残渣进行过滤……和持续煮沸，直到所有的水分都蒸发掉，最后变成一块坚硬的物质。采用适当的方式将这种坚硬的物质破碎成颗粒，并将颗粒中的一部分（比如总重量的四分之一）研磨成细微颗粒后与挥发性油脂进行混合。将这种混合物铺在玻璃或瓷质等坚硬、干燥且平滑的表面上，置于零上的温度条件下进行干燥。为了保留咖啡的香味，这个温度最好控制在华氏 40 度以下……（然后）再与余下的坚硬物质颗粒进行混合，这种浓缩咖啡便会以某种商业形态到达消费者的手中。这种产品保留了咖啡的香味和咖啡豆所有可取的品质。这种微细的粉末可以直接使用，也可以将其压缩成小块或其他的形式。"（专利编号 735,777。申请存档：1901 年 4 月 17 日。专利证书发行：1903 年 8 月 11 日）

2 好璃奥公司生产了一种陶瓷滤杯，型号为 V‑60，它可以帮助热水更好地渗透到滤纸里的咖啡粉末中。现在，它已经成为许多日本和美国手冲咖啡店的标配。

3 到 2008 年，每公斤生咖啡豆的平均价格已经从 2002 年的 203 日元上涨到了 315 日元。

4 Cited in Maruo Shuzo, "The Effects of World Economic Change on Japanese Coffee," unpublished manuscript, August 1, 2008.

5 按照美国的标准来看，日本的咖啡杯偏小，容量大约是 6 盎司，所以浓度也较高。

6 Ian Condry, personal communication, October 2, 2008.

7 Christine Yano, personal communication, September 30, 2008.

8 这些瓶子的前身，是那些装在深棕色小玻璃瓶中的能量饮料，宿醉或体力不支的商务人士把它们当成"解药"来饮用。最初，这些小棕瓶在车站里的"Kiosk"便利店销售，后来又出现在自动贩卖机上。这种饮品含有尼古丁、糖和咖啡因和其他能够提高上班族工作表现的成分。

9 Takahashi Yasuo, "Why You Can't Have Green Tea in a Japanese Coffee Shop," in Ueda Atsushi, ed., *The Electric Geisha: Exploring Japan's Popular Culture*, pp. 26‑33（Tokyo：Kodansha

International，1994).

10　Kato Hidetoshi，"Coffee，Tea or What? The Role of Stimulants in Human Communication，"NIME. *Media*，*Culture and Education*（1992）：5.

11　Takahashi，"Why You Can't Have Green Tea，"p.31.

12　绿茶冰激凌早在 20 世纪 20 年代就已经在日本出现了，但当时并不是很受欢迎。反而是到了 20 世纪 70 年代，又重新在美国火起来了。当地的亚洲餐厅需要在菜单上增加一些至少看上去很亚洲的东西，于是绿茶冰激凌便被列入了甜品单中。其实甜品在亚洲并不那么普遍，但是在美国，人们反而会希望用甜品来结束一餐饭。这就使得亚洲餐厅里那些"东方"冰激凌（绿茶、生姜、红豆等）格外受欢迎。

13　Katarzyna Cwiertka，*Modern Japanese Cuisine：Food*，*Power and National Identity*（London：Reaktion Books，2003），p.79.

14　有一个关于食物的意义发生转变、饮食规则出现变化的例子特别有意思。在日本，有一系列的禁忌来反将大米为原料的饮品与大米制作的料理同时食用的"重复"现象：比如，吃寿司的时候喝日本清酒（sake）就不怎么符合常规。清酒的原料是大米，只能在吃大米食品前或后饮用，因为大米和大米制品不应该同时食用。这条禁忌到底是怎么来的，没人知道，普通人也觉得似乎很难向别人解释其中的原因。在"二战"后不久，这条规则就悄悄开始向西式料理中转移：在食物上桌的时候，啤酒则不能上桌，但可以在"吃完面包"以后上桌。理论可能是，米饭是日本料理中的主食，而作为西方人主食的面包就不可以和啤酒一起吃，因为啤酒也是谷物粮食（西方人的主食）做的。但是吃寿司的时候可以喝啤酒，在有些寿司店，你甚至能看到客人先是一边吃寿司一边喝啤酒，然后又一边吃刺身一边喝清酒。这大概能有两种解释：啤酒，是一种外国饮品（虽然对大部分日本人来说，啤酒是一种"平常"的日本饮料），可以不受惯例条约的限制；或者，啤酒是用大米以外的其他粮食作物制作的，与大米并不冲突。还有一种更加笼统的原则：面包和大米作为主食，应该被尊重，所以大米和面包不应该被清酒和啤酒抢了风头。另外，还有一个惯例发生转移的例子，就是西方人就着花生米喝啤酒的习惯在战后转移到了喝咖啡这件事上：很多店铺会随咖啡免费赠送一小碗带壳的花生。(来自与理查德·霍斯金的一次私下交谈,2007.3.30)

15 比起单纯供应咖啡和饮品的咖啡馆,注册可以供应餐食的咖啡馆时,所需的手续费用会翻倍。(来自与圆尾修三先生的私人交谈,2008 年 6 月 3 日)

第七章 城市公共文化：日本城市中的网络、坐标网格与第三空间

1 Research on coffee spaces in the West has produced many studies of interest and contrast to this work. Among these are Bryant Simon, *Everything but the Coffee: Learning about America from Starbucks* (Berkeley: University of California Press, 2009); Brian Cowan, *The Social Life of Coffee: The Emergence of the British Coffeehouse* (New Haven, Conn.: Yale University Press, 2005); Markman Ellis, *The Coffeehouse: a Cultural History* (London: Weidenfeld and Nicolson, 2004); Ray Oldenburg, *The Great Good Place:Cafés, Coffeeshops, Bookstores, Bars, Hair Salons, and Other Hangouts at the Heart of a Community* (New York: Marlowe, 1989); William Roseberry, "The Rise of Yuppie Coffees and the Reimagination of Class in the United States," *American Anthropologist*, 98, no. 4 (December 1996): 762 – 775; Benjamin Aldes Wurgaft, "Starbucks and Rootless Cosmopolitanism," in *Gastronomica:The Journal of Food and Culture*, 3, no. 4 (2003): 71 – 75.

2 Bryant Simon, *Everything but the Coffee*, p.95.

3 Shibata Tokue, personal communication, February 1993.

4 Maki Fumihiko, "The City and Inner Space" (orig. "Nihon no toshi kuukan to 'oku,'" in *Sekai* [December 1978]), translated in *Japan Echo*, 6, no. 1 (1979): 91 – 103.

5 Georg Simmel, "The Metropolis and Mental Life," in *The Sociology of Georg Simmel*, ed. and trans. Kurt H. Wolff (New York:

Free Press, 1976), pp.409 - 426.

6　Louis Wirth, "Urbanism as a Way of Life," *American Journal of Sociology*, 44, no.1(July 1938): 1 - 24.

7　Herbert Gans, *The Urban Villagers: Group and Class in the Life of Italian- Americans* (New York: Free Press, 1962).

8　Henry Smith, "City and Country in England and Japan: *Rus in urbe versus Kyoo ni inaka ari*," in *Senri Ethnological Studies*, 19 (1986): 29 - 39.

9　Smith, "City and Country."

10　英国诗人詹姆士·汤姆森(James Thomson)认为,伦敦是一个充满人类苦难的地方,他的这首叙事长诗的标题常常被后来的作家引用,以表现恶魔般令人沮丧的城市生活。

11　Ronald T. Dore, *City Life in Japan* (Berkeley: University of California Press, 1958), and Ezra Vogel, *Japan's New Middle Class* (Berkeley: University of California Press, 1963), laid a detailed descriptive base for the postwar Japanese city.

12　S. Uenoda, *Japan and Jazz: Sketches and Essays on Japanese City Life* (Tokyo: Taiheiyosha Press, 1930), p.7.

13　Manuel Tardits, "'Initiateurs urbains': Gares et grands magasins," in Augustin Berque, *Urbanité francaise, urbanité nippone*, pp.317 - 320 (Paris: EHESS, 1994).

14　Kobakura Yasuyoshi, *Ryoori Okinawa Monogatari* (Tokyo: Sakuinsha, 1983).

15　Walter Benjamin cited in Susan Buck-Morss, *The Dialectics of Seeing: Walter Benjamin and the Arcades Project* (Cambridge, Mass.: MIT Press, 1991).

16　在 21 世纪早期,太过独立、不与人产生社交的行为已经带上了负面的色彩。宅男们"阴暗的性格"、孤僻,甚至有点危险的"书呆子"形象已经成为一个社会问题。

17　Vera Mackie, "Modern Selves and Modern Spaces," in Elise

Tipton and John Clark, eds., *Being Modern in Japan: Culture and Society from the 1910s to the 1930s* (Honolulu: University of Hawai'i Press, 2000), p.195.

18   Jordan Sand, The Cultured Life as Contested Space, in Elise Tipton and John Clark, eds., *Being Modern in Japan: Culture and Society from the 1910s to the 1930s* (Honolulu: University of Hawai'i Press, 2000), pp.99‑118.

19   Kathleen S. Uno, *Passages to Modernity: Motherhood, Childhood and Social Reform in Early Twentieth Century Japan* (Honolulu: University of Hawai'i Press, 1999).

20   Laura Shapiro, Perfection Salad (Berkeley: University of California Press, 2008).

21   Dore, *City Life in Japan*.

22   这样的拱门，比如建在通往神社的道路起点处的鸟居（Torii），预示着从大众空间向某一个特殊空间的转换。根据来访者采购、娱乐或祈福等不同的目的，拱门的意义也各不相同。那些供人们消费采购的区域的意义丝毫不比供人们祈福祷告的场所小。

23   Brian Sinclair, *Urban Japan: Considering Homelessness, Characterizing Shelter and Contemplating Culture* (New York: AIA, 2010).

24   Lawrence Wylie, *Village in the Vaucluse* (Cambridge, Mass.: Harvard University Press, 1961), p.245.

25   Jennifer Robertson, *Native and Newcomer: Making and Remaking a Japanese City* (Berkeley: University of California Press, 1994).

26   在皇宫内的空地上，有一片小小的稻田。每年，天皇为了"祈祷保佑"来年庄稼有个好收成，都会在这里种上稻秧。在六本木"宫殿"的顶楼天台上，第一株稻秧也是森先生亲手种下的。

27   Shun'ichi Watanabe, " Toshi Keikaku vs. Machizukuri: Emerging Paradigms of Civil Society in Japan, 1950‑1980," in André

Sorensen and Carolin Funck，eds.，*Living Cities in Japan: Citizens'*
Movements，*Machizukuri and Local Environments* （London：
Routledge，2007），pp.39‐55.

28　Leng Leng Thang，*Generations in Touch: Linking the Old and*
Young in a Tokyo Neighborhood （Ithaca，N.Y.：Cornell University
Press，2001）.

29　"English garden cities"：Peter Hall，*Cities of Tomorrow*
（Oxford：Blackwell，1996）.

30　Koono Makoto cited in Jeffrey Hanes，*The City as Subject:*
Seki Hajime and the Reinvention of Modern Osaka （Berkeley：
University of California Press，2002），p.223. Also，Koono，*Toshi ka*
den'en ka? （Tokyo：Matsuyamaboo，1923），cited in Hanes，
pp.173‐174.

31　Morton White and Lucia White，*The Intellectual versus the*
City（Cambridge Mass.：MIT Press，1962）.

32　Richard Sennett，*The Fall of Public Man*（New York：W.W.
Norton，1990）.

33　Theodore Bestor，*Neighborhood Tokyo* （Stanford，Calif.：
Stanford University Press，1989），p.8.

34　"水商卖"(mizushobai)自然是起源于"水"。起初,它指的是那
些在东京的河流上停泊做生意、提供娱乐消遣的妓船和宴会船。

35　Liza Dalby，*Geisha* （Berkeley：University of California
Press，1983），p.325.

36　Ibid.，p.273.

37　Ibid.，p.271.

38　如今,全日本有超过8.3万家定位为"喫茶店"的咖啡馆。2007
年,在日本公共管理局登记备案的"喫茶店"有83 676家。其中,东京
8 036家、大阪1.3万家、京都3 000家。咖啡馆密度最大的城市是大阪,
每平方公里内咖啡馆的数量是东京的两倍("喫茶店"数据来源于2007
年东京内务与交流部统计局)。据圆尾修三先生介绍,一家店铺是否能

称为"喫茶店"，主要还是看它是否供应咖啡；出售食物是需要另外办理执照的。

39　Oliver Strand, "Ristretto: Tokyo Coffee." *New York Times*, December 16, 2011.

第八章　了解你自己的定位

1　Yoshimura Motoo, *Toshi wa yosei de yomigaeru* (Tokyo: Gakugei Shuppansha).

2　David Leheny, *The Rules of Play: National Identity and the Shaping of Japanese Leisure*, Cornell Studies in Political Economy (Ithaca, N.Y.: Cornell University Press, 2003).

3　*Asabi Shimbun*, June 11, 2005.

4　Morimoto Reo, *Ikkojin*, 98 (July 2008): 53.

5　Reo, 55.

参 考 文 献

Akiyama Nobuichi. *Koohii to Kissaten*. Tokyo: Shinano Shuppan, 1968.

Allen, Stewart Lee. *The Devil's Cup: Coffee, the Driving Force in History*. New York: Soho Press, 1999.

Allison, Anne. *Nightwork: Sexuality, Pleasure, and Corporate Masculinity in a Tokyo Hostess Club*. Chicago: University of Chicago Press, 1994.

Atkins, E. Taylor. *Blue Nippon: Authenticating Jazz in Japan*. Durham and Raleigh, N. C.: Duke University Press, 2001.

Bak Sangmee. "From Strange Bitter Concoction to Romantic Necessity: The Social History of Coffee Drinking in South Korea." *Korea Journal* 45, no. 2 (Summer 2005): 37 – 59.

Barth, Gunther. *City People: The Rise of Modern Culture in Nineteenth-Century America*. New York: Oxford University Press, 1980.

Befu, Harumi, and Sylvie Guichard-Anguis, eds. *Globalizing Japan: Ethnography of the Japanese Presence in Asia, Europe and America*. London: Routledge, 2001.

Benjamin, Walter. *The Arcades Project*, ed. Rolf Tiedemann, trans. Howard Eiland and Kevin McLaughlin. New York: Belknap Press, 2002.

Berque, Augustin. *Du geste à la cité. Formes urbaines et lien social au*

Japon. Paris: Gallimard 1993.

———. *Japan: Nature, Artifice and Japanese Culture*, trans. Ros Schwartz. London: Pilkington Press, 1993.

———, ed. *La qualité de la ville: urbanité française, urbanité nippone*. Tokyo: Maison Franco-Japonaise, 1987.

Berry, Mary Beth. *Japan in Print: Information and Nation in the Early Modern Period*. Berkeley: University of California Press, 2006.

Bestor, Theodore. *Neighborhood Tokyo*. Stanford, Calif.: Stanford University Press, 1989.

Birnbaum, Phyllis. *Glory in a Line: A Life of Foujita, the Artist Caught between East and West*. New York: Farrar Straus and Giroux, 2006.

———. *Modern Girls, Shining Stars, the Skies of Tokyo: Five Japanese Women*. New York: Columbia University Press, 1999.

Bourdieu, Pierre, *Distinction: A Social Critique of the Judgement of Taste*. Cambridge, Mass.: Harvard University Press, 1984.

Brinton, William. "The Image of Tokyo in Soseki's Fiction." In P.P. Karan and Kristin Stapleton, eds., *The Japanese City*, pp.221 – 240. Lexington: University Press of Kentucky, 1997.

Bruni, Frank. "Finding Self-Respect, One Drop at a Time." *New York Times*, November 24, 2010, D1, D8.

Buck-Morss, Susan. *The Dialectics of Seeing: Walter Benjamin and the Arcades Project*. Cambridge, Mass.: MIT Press, 1991.

Bulbeck, David, Anthony Reid, Lay Cheng Tan, and Yiqi Wu, comp. *Southeast Asian Exports since the 14th Century: Pepper, Coffee and Sugar*. Leiden: KITLV Press, 1998.

Burton, William. "The Image of Tokyo in Soseki's Fiction." In Augustin Berque, ed., *La qualité de la ville: urbanité française, urbanité nippone*, pp.221 – 241. Tokyo: Maison Franco-Japonaise, 1987.

Caygill, Howard. *Walter Benjamin: The Colour of Experience*. London: Routledge, 1998.

Certeau, Michel de. *The Practice of Everyday Life*. Berkeley: University of California Press, 1984.

Chen, Nancy N., Constance D. Clark, Suzanne Z. Gottschang, and Lyn Jeffery, eds. *China Urban: Ethnographies of Contemporary Culture*. Durham, N.C., and London: Duke University Press, 2001.

Clammer, John. *Contemporary Urban Japan: A Sociology of Consumption*. Oxford: Blackwell, 1997.

Clarence-Smith, William Gervase, and Stephen Topik. *The Global Coffee Economy in Africa, Asia, and Latin America, 1500 - 1989*. Cambridge: Cambridge University Press, 2003.

Clayton, Antony. *London's Coffee Houses*. London: Historical Publications, 2003.

Condry, Ian. *Hip-Hop Japan: Rap and the Paths of Cultural Globalization*. Raleigh, N.C.: Duke University Press, 2006.

Cowan, Brian. *The Social Life of Coffee: The Emergence of the British Coffeehouse*. New Haven, Conn.: Yale University Press, 2005.

Cwiertka, Katarzyna. "Eating the World: Restaurant Culture in Early 20th Century Japan." *European Journal of East Asian Studies*, 2, no. 1(June 2003): 89 - 116.

——. *Modern Japanese Cuisine: Food, Power and National Identity*. London: Reaktion Books, 2003.

Cybriwsky, Roman. *Tokyo: The Changing Profile of an Urban Giant*. London: Belhaven Press, 1991.

Dalby, Liza. *Geisha*. Berkeley: University of California Press, 1983.

Dalby, Liza, et al. *All Japan: The Catalogue of Everything Japanese*. New York: William Morrow, 1984.

Davids, Kenneth. *Coffee: A Guide to Buying, Brewing, and Enjoying*.

New York: St. Martin's Press, 2001.

Daviron, Benoît, and Francois Lerin. *Le Café*. Paris: Economica, 1990.

Daviron, Benoît, and Stefano Ponte. *The Coffee Paradox*. London: Zed Books, 2005.

De Blasio, Gregory G. "Coffee as a Medium for Ethical, Social and Political Messages: Organizational Legitimacy and Communication." *Journal of Business Ethics*, 72 (2007): 47 - 59.

Derschmidt, Eckhart. "The Disappearance of the '*Jazu-Kissa*': Some Considerations about Japanese 'Jazz-Cafés' and Jazz-Listeners." In Sepp Linhart and Sabine Fruhstuck, eds., *The Culture of Japan as Seen through Its Leisure*, pp. 303 - 315. Buffalo: State University of New York Press, 1998.

Dong, Stella. *Shanghai: The Rise and Fall of a Decadent City*. New York: Perennial, 2001.

Dore, Ronald T. *City Life in Japan*. Berkeley: University of California Press, 1958.

Elias, Norbert. *The Civilising Process*. Oxford: Blackwell, 2000.

Ellis, Markman. *The Coffee house: A Cultural History*. London: Weidenfeld and Nicholson, 2004.

Ferraiuolo, Augusto. *Religious Festive Practices in Boston's North End*. Albany: State University of New York Press, 2009.

Field, George. *From Bonsai to Levis*. New York: Mentor Books, 1983.

Fieve, Nicolas, and Paul Waley, eds. *Japanese Capitals in Historical Perspective:Place, Power and Memory in Kyoto, Edo and Tokyo*. London: Routledge/Curzon, 2003.

Finn, Dallas. *Meiji Revisited:The Sites of Victorian Japan*. New York: Weatherhill, 1995.

Fogel, Joshua A. "Integrating into Chinese Society: A Comparison of the Japanese Communities of Shanghai and Harbin." in Sharon

Minichiello, ed., *Japan's Competing Modernities: Issues in Culture and Democracy*, *1900 – 1930*, pp.45 – 69. Honolulu: University of Hawai'i Press, 1998.

Font, Mauricio A. *Coffee, Contention and Change*. Oxford: Blackwell, 1990.

Fruhstuck, Sabine. "Treating the Body as a Commodity: 'Body Projects' in Contemporary Japan." In Michael Ashkenazi and John Clammer, eds., *Consumption and Material Culture in Contemporary Japan*, pp.143 – 162. London: Kegan Paul, 2000.

Fukutomi Taroo. *Showa Cabaret Hishi*. Tokyo: Bungei Shunji, 2004.

Gandelsonas, Mario, ed. *Shanghai Reflections: Architecture, Urbanism, and the Search for an Alternative Modernity*. New York: Princeton Architectural Press, 2002.

Gardner, W. O. *Advertising Tower: Japanese Modernism and Modernity in the 1920s*. Cambridge, Mass.: Harvard University Press, 2006.

Garon, Sheldon. "World's Oldest Debate? Prostitution and the State in Imperial Japan, 1900 – 1945." *AHA Review*, 98, no. 3 (June 1993): 710 – 732.

George, Donald W. "The Way of Iced Coffee." In Richard Sterling, ed., *Food: True Stories of Eating around the World*, pp.134 – 136. San Francisco: Travelers' Tales, 2002.

Gerbert, Elaine. "Space and Aesthetic Imagination in Some Taisho Writings." In Sharon Minichiello, ed., *Japan's Competing Modernities: Issues in Culture and Democracy*, *1900 – 1930*, pp.70 – 89. Honolulu: University of Hawai'i Press, 1998.

Gluck, Carol. "Japan and Modernity: From History to Theory." Lecture, Harvard University, March 12, 2009.

Gmelch, George, and Walter P. Zenner. *Urban Life: Readings in the Anthropology of the City*. Prospect Heights, Ill.: Waveland Press, 2002.

Golany, Gideon, Hanaki Keisuke, and Koide Osamu, eds. *Japanese Urban Environment*. Oxford: Elsevier Science, 1998.

Guichard-Anguis, Sylvie. "Cultural Heritage and Consumption." In Michael Ashkenazi and John Clammer, eds., *Consumption and Material Culture in Contemporary Japan*, pp. TKTK. London: Kegan Paul International, 2000.

——."Villes japonaises, passé et culture." In Augustin Berque, ed., *La qualité de la ville: urbanité française, urbanité nipponc*, pp.229 – 241. Tokyo: Maison Franco-Japonaise, 1987.

Habermas, Jürgen. *The Structural Transformation of the Public Sphere: An Inquiry into a Category of Bourgeois Society*, trans. Thomas Burger. Cambridge Mass.: MIT Press, 1991.

Hall, Peter. *Cities of Tomorrow*. Oxford: Blackwell, 1996.

Hanes, Jeffrey. *The City as Subject: Seki Hajime and the Reinvention of Modern Osaka*. Berkeley: University of California Press, 2002.

——."Media Culture in Taisho Osaka." In Sharon Minichiello, ed., *Japan's Competing Modernities: Issues in Culture and Democracy, 1900 – 1930*, pp.267 – 285. Honolulu: University of Hawai'i Press, 1998.

Hanley, Susan. "The Material Culture: Stability in Transition." In Marius B. Jansen and Gilbert Rozman, eds., *Japan in Transition*, pp.447 – 469. Princeton, N.J.: Princeton University Press, 1986.

Hannerz, Ulf. *Exploring the City: Inquiries toward an Urban Anthropology*. New York: Columbia University Press, 1980.

Hashimoto, Akiko. *The Gift of Generations: Japanese and American Perspectives on the Social Contract*. New York: Cambridge University Press, 1993.

Hashitsume Shinya and Sato Kenji. "Kissaten." In Ishikawa Hiroyoshi et al.,eds., *Taishuu bunka jiten*. Tokyo: Chobundoo, 1991.

Hatsuda Tooru. *Kafe to Kissaten*. Tokyo: INAX Shuppan, 1993.

——. *Modan Toshi no kuukan hakubutsugaku*. Tokyo: Shokokusha, 1995.

——. "The Modernity of the Downtown: Consumptive Space in Urban Tokyo." In *Hankagai no Kindai*. Tokyo: Tokyo no Shouhikukan.

Hattox, Ralph. *Coffee and Coffeehouses: The Origins of a Social Beverage in the Medieval Near East*. Seattle: University of Washington Press, 1985.

Hershatter, Gail. *Dangerous Pleasures: Prostitution and Modernity in Twentieth-Century Shanghai*. Berkeley: University of California Press, 1997.

Hirotsu Kazuo. *Jokyuu*, serialized in the journal *Fujin Koron* (1931).

Honolulu Academy of Arts. *Taisho Chic: Japanese Modernity, Nostalgia and Deco*. Honolulu: Honolulu Academy of Arts, 2003.

Hori Makoto. "Gendai Jokyuron." *Chuo Koron*, 46, no. 7 (July 1931): 191–196.

Hoshida Hiroshi. *Nihon Saisho no Koohiiten: Kahi Chakan no Rekishi*. Tokyo: Inaho Shoten, 1998.

Hosking, Richard. *A Dictionary of Japanese Food: Ingredients and Culture*. London: Prospect, 1996.

Inoue Makoto. *Kohii no Sho*. Tokyo: Shibata Shoten, 1972.

Isaacs, Harold. *Re-Encounters in China*. New York: M.E. Sharpe, 1985.

Ishige Naomichi. *The History and Culture of Japanese Food*. London: Kegan Paul, 2001.

Ivy, Marilyn. "Formations of Mass Culture." In Andrew Gordon, ed., *Post-war Japan as History*, pp.239–257. Berkeley: University of California Press, 1993.

Jacob, H.E. *Coffee: The Epic of a Commodity*. New York: Viking Press, 1935.

Jansen, Marius. *The Making of Modern Japan*. Cambridge, Mass.:

Belknap Press, 2000.

Jinnai Hidenobu. *Tokyo, a Spatial Anthropology*, trans. Kimiko Nishimura [Engl. trans. of *Tokyo no kukan jinrigaku*]. Berkeley: University of California Press, 1995.

Jones, Andrew. *Yellow Music: Media Culture and Colonial Modernity in the Chinese Jazz Age*. Durham, N.C.: Duke University Press, 2001.

Kanzaki Noritake. *Sakariba no minzokushi*. Tokyo: Iwanami Shoten, 1993.

Karan, P. P., and Kristin Stapleton, eds. *The Japanese City*. Lexington: University Press of Kentucky, 1997.

Karasawa Kazuo. *Coffee*. Tokyo: Natsume Corporation, 1998.

Kato Hidetoshi, *Meiji Taisho Showa Shoku Seikatsu Seso Shi*. Makuhari: NIME, 1993.

Kawabata, Y. *The Asakusa Crimson Gang*. Berkeley: University of California Press, 2005.

Keane, John. "Introduction: Cities and Civil Society." In John Keane, ed., *Civil Society: Berlin Perspectives*, pp.1 - 36. Oxford and New York: Berghahn Books, 2006.

Kimura Ryukichi. "Senso Nihon no Koohii Inryo." In *Koohii to iu Bunka*. Tokyo: Shibata Shoten, 1994.

Kinouchi Makoto, ed. *Shanhai Rekishi Gaidomappu*. Tokyo: Taishikan, 1999.

Kitazawa Rakuten. *Setai Ninjo Fuzoku Mangashu*. Tokyo: Atorie-sha, 1930.

Kobakura Yasuyoshi. *Ryoori Okinawa Monogatari*. Tokyo: Sakuinsha, 1983.

Kolpas, Norman. *A Cup of Coffee: From Plantation to Pot, a Coffee Lover's Guide to the Perfect Brew*. New York: Grove Press, 1993.

Komecoglu, Ugur. "New Sociabilities: Islamic Cafes in Istanbul." In

Nilufer Gole and Ludwig Ammann, eds., *Islam in Public:Turkey*, *Iran and Europe*, pp.163‒189. Istanbul: Istanbul Bilgi University Press, 2006.

Kouwenhoven, Arlette. *Siebold and Japan:His Life and Work*. Leiden: Hotei Publishing, 2000.

Koyanagi Teruichi. *Ama kara no kanshoku bunka*. Tokyo: Nihon Keizai Hyouronsha, 1987.

Kracauer, Siegfried. "The Hotel Lobby." In his *The Mass Ornament: Weimar Essays*. Cambridge, Mass.: Harvard University Press, 1995.

Kummer, Corby. *The Joy of Coffee*. Boston: Houghton Mifflin, 1997.

Kunstler, James Howard. *The City in Mind: Notes on the Urban Condition*. New York: Free Press, 2001.

Kuuki Shuzo. *A Philosopher's Poetry and Poetics*, trans. and ed. Michael F. Marra. Honolulu: University of Hawaii Press, 2004.

Leheny, David. *The Rules of Play:National Identity and the Shaping of Japanese Leisure*. Cornell Studies in Political Economy. Ithaca, N. Y.: Cornell University Press, 2003.

Lee, Leo Ou-tan. *Shanghai Modern: The Flowering of a New Urban Culture in China, 1930 ‒ 1945*. Cambridge, Mass.: Harvard University Press, 1999.

Levy, Marion. *The Family Revolution in Modern China*. Cambridge, Mass.: Harvard University Press, 1949.

Lofland, Lyn H. *A World of Strangers: Order and Action in Urban Public Space*. New York: Basic Books, 1973.

Low, Setha M., ed. *Theorizing the City:The New Urban Anthropology Reader*. New Brunswick, N.J.: Rutgers University Press, 1999.

Low, Setha M., and Denise Lawrence-Zuniga, eds. *The Anthropology of Space and Place:Locating Culture*. Malden, Mass.: Blackwell, 2003

Lummel, Peter. *Kaffee von Schmuggelgut zum Lifestyle-Klassiker:Drei Jahrhundert Berliner Kaffeekultur*. Berlin: Brandenburg Verlag, 2002.

MacCannell, D. *The Tourist: A New Theory of the Leisure Class*. Berkeley: University of California Press, 1999.

Mackie, Vera. "Modern Selves and Modern Spaces." In Elise Tipton and John Clark, eds., *Being Modern in Japan:Culture and Society from the 1910s to the 1930s*, pp.185 - 199. Honolulu: University of Hawaii Press, 2000.

Maki Fumihiko. "The City and Inner Space." *Japan Echo*, 6, no. 1 (1979): 91 - 103. [Engl. trans. of "Nihon no toshi kuukan to 'oku,'" *Sekai* (December 1978)].

Makino, Catherine. "The Twenty-first Century Kissaten." *The Journal* (January 2002).

Mansfield, Stephen. "Tokyo, the Organic Labyrinth." *Japan Quarterly* (July-September 1998): 31 - 41.

Maruo Shuzo. "Brazilian Japanese Immigrants: From Work away from Home to Immigration and Coffee Cultivation History." Manuscript, 2008.

——."The Effects of World Economic Change on Japanese Coffee." Manuscript, August 1, 2005.

Maruo Shuzo, with Gotoo Masahide, Terasawa Nooko, and Hirose Yukio. "Classification of Taste of Coffee by Psychological and Physiological Factors." Manuscript, 2010.

Maruo Shuzo, with Jose Kawashima. "A Japanese Beverage Market Evolution: Success Stories." Presentation at the Specialty Coffee Association of America annual meeting, April 23 - 26, 2004, Atlanta, Georgia.

Matsuzaki Tenmin. *Ginza*. Repr. Tokyo: Shinsensha, 1986 [orig. 1927].

McClellan, Edwin. *Two Japanese Novelists: Soseki and Toson*. Chicago: University of Chicago Press, 1969.

McDonogh, Gary. "The Geography of Emptiness." In R. L. Rotenberg and Gary McDonogh, *The Cultural Meaning of Urban Space*, pp.3 – 16. Westport, Conn.: Bergin and Garvey, 1993.

Miles, Malcolm, and Tim Hall, eds., with Iain Borden. *The City Cultures Reader*. London: Routledge, 2000.

Miller, Kathryn. *Pathologies of Modern Space*. London: Routledge, 2007.

Miller, Laura, and Jan Bardsley, eds. *Bad Girls of Japan*. New York: Palgrave Macmillan, 2005.

Minami Hiroshi, ed. "Nippon Modanizumu no Kenkyu." *Gendai no espuri* (1983).

Minichiello, Sharon. "Greater Taisho Japan 1900 – 1930." In Honolulu Academy of Arts, *Taisho Chic: Japanese Modernity*, *Nostalgia and Deco*, pp.9 – 15. Honolulu: Honolulu Academy of Arts, 2003.

Miyoshi Masao. *Accomplices of Silence: The Modern Japanese Novel*. Berkeley: University of California Press, 1974.

Molasky, Michael. *Sengo Nihon no Jazz Bunka*. Tokyo: Seidosha, 2005.

Mori Ogai. "Maihime," trans. Richard Bowing. *Monumenta Nipponica* 30, no. 2: 151 – 175.

Morris-Suzuki, Tessa. *Re-Inventing Japan: Time, Space and Nation*. New York: M. E. Sharpe, 1998.

Multatuli. *Max Havelaar; or the Coffee Auctions of the Dutch Trading Company*. New York: Penguin, 1967 [orig. 1860].

Murashima Yoriyuki. "Kanraku no okyu-kafe." In Minami Hiroshi, ed., *Kindai Shomin Seikatsushi*, 10 (1929): 317 – 379.

Murata Takako. *Female Beauty in Modern Japan: Make-up and Coiffure*. Tokyo: Pola Research Institute of Beauty and Culture,

2003.

Museum of Fine Arts, Boston. *Art of the Japanese Postcard*. Boston: MFA Publications, 2004.

Nagai Kafuu. *Hiyorigeta*. Tokyo: Moriyama Shoten, 1915.

Norberg, Jakob. "No Coffee." in www.eurozine.com/articles/2007 − 08 − 08 − norbergen. html, published August 8, 2008; repr. from *Fronesis*, 24 (2007).

Oldenburg, Ray. *The Great Good Place: Cafés, Coffee Shops, Bookstores, Bars, Hair Salons, and Other Hangouts at the Heart of a Community*. New York: Marlowe, 1989.

Ortiz, Sutti. *Harvesting Coffee, Bargaining Wages: Rural Labor Markets in Colombia, 1975 − 1990*. Ann Arbor: University of Michigan Press, 1999.

Ozkocak, Selma. "Coffeehouses: Rethinking the Public and Private in Early Modern Istanbul." *Journal of Urban History*, 33 (2007): 965 − 986.

Paetzold, Heinz. "The Philosophical Notion of the City." In Heinz Paetzold, ed., *City Life:Essays on Urban Culture*, Maastricht: Jan Van Eyck Academie, 1997 [orig. 1967].

Paraná Shimbun. "Ryu Mizuno, o heroi da imigração." www. revistacafecultura.com.br, June 16, 2006.

Pendergrast, Mark. *Uncommon Grounds: The History of Coffee and How It Transformed Our World*. New York: Basic Books, 1999.

Pitelka, Morgan. *Japanese Tea Culture: Art, History and Practice*. London: Routledge, 2003.

Pottier, Johan. *Anthropology of Food: the Social Dynamics of Food Security*. Cambridge: Polity Press, 1999.

Raz, Aviad. *Emotions at Work Normative Control, Organizations, and Culture in Japan and America*. Harvard East Asian Monographs. Cambridge, Mass.: Harvard University Press, 2002.

Reader, John. *Cities*. London: Heinemann, 2004.

Reynolds, Jonathan M. "The Bunriha and the Problem of 'Tradition' for Modernist Architecture in Japan, 1920 – 1928." in Sharon Minichiello, ed., *Japan's Competing Modernities: Issues in Culture and Democracy, 1900 – 1930*, pp.228 – 246. Honolulu: University of Hawaii Press, 1998.

Rezende, Tereza. *Ryu Mizuno:Saga japonesa em terras brasileiras*. Sao Paulo: Curitiba, 1991.

Richie, Donald. *The Inland Sea*. Berkeley: Stone Bridge Press, 2002.

Roberts, Laurance P. *A Dictionary of Japanese Artists: Painting, Sculpture, Ceramics, Prints and Lacquer*. Tokyo: Weatherhill, 1976.

Robertson, Jennifer. "It Takes a Village: Internationalization and Nostalgia in Postwar Japan." In Stephen Vlastos, ed., *Mirror of Modernity: Invented Traditions of Modern Japan*, pp. 110 – 129. Berkeley: University of California Press, 1998.

———.*Native and Newcomer: Making and Remaking a Japanese City*. Berkeley: University of California Press, 1994.

Robinson, Gabrielle. "Café Kultur: The Coffeehouses of Vienna." *Contemporary Review*, 269 (July 1996): 24 – 32.

Roden, Claudia. *Coffee*. London: Penguin, 1977.

Roseberry, William. "The Rise of Yuppie Coffees and the Reimagination of Class in the United States." *American Anthropologist*, 98, no. 4 (December 1996): 762 – 775.

Roseberry, William, et al. *Coffee, Society, and Power in Latin America*. Baltimore: Johns Hopkins University Press, 1995.

Rotenberg, Robert. "The Metropolis and Everyday Life." In George Gmelch, Robert V. Kemper, and Walter P. Zenner, eds., *Urban Life: Readings in Urban Anthropology*, chap. 4. 3rd ed. Long Grove, Ill.: Waveland Press, 1996.

Rowe, J.W.F. *The World's Coffee*. London: Her Majesty's Stationery Office, 1963.

Sand, Jordan. "The Cultured Life as Contested Space: Dwelling and Discourse in the 1920s." In Elise Tipton and John Clark, eds., *Being Modern in Japan: Culture and Society from the 1910s to the 1930s*, pp.99 - 118. Honolulu: University of Hawaii Press, 2000.

Sassen, Saskia. *The Global City: New York, London, Tokyo*. Princeton, N.J.: Princeton University Press, 2000.

Sato, Barbara. *The New Japanese Woman: Modernity, Media, and Women in Interwar Japan*. Durham, N.C.: Duke University Press, 2003.

Sawamura Sadako. *My Asakusa*. Boston: Tuttle Publishing, 2000.

Schivelbusch, Wolfgang. *Tastes of Paradise: A Social History of Spices, Stimulants, and Intoxicants*, trans. David Jacobson. New York: Vintage Press, 1992.

Schulz, Evelyn. "The Flaneur Discovering the City: Tokyo Walks and Imaginary Mapping of Urban Space." Lecture, Sophia University, Tokyo, April 27, 2006.

———. *Revival of the Roji in Modern Japan: The Role of Indigenous Urban Structures in the Discourse of the Urban*. Review of Asian and Pacific Studies 32. Tokyo: Center for Asian-Pacific Studies, Seikei University, 2007.

Seidensticker, Edward. *Kafu the Scribbler: The Life and Writings of Nagai Kafu, 1879 - 1959*. Stanford, Calif.: Stanford University Press, 1965.

———. *Low City, High City: Tokyo from Edo to the Earthquake*. New York: Knopf, 1983.

———. *Tokyo Rising*. Cambridge, Mass.: Harvard University Press, 1991.

Sekiguchi Ichiro. *Kohii Denpashi*. Tokyo: Inaho Shoten, 1992.

Sennett, Richard. *The Fall of Public Man*. New York: W.W. Norton, 1990.

Shelton, Barrie. *Learning from the Japanese City: West Meets East in Urban Design*. London and New York: E and FN Spon, 1999.

Shigeta Tadayasu. *Fuzoku Keisatsu no riron to jissai*. Tokyo: Nankosha, 1934.

Shiozawa Yukito. *Tokyo to Kyoto: Kakurega Kissaten*. Tokyo: Chuokoronshinsha, 2005.

Shively, Donald. "The Social Environment of Tokugawa Kabuki." In Nancy G. Hume, ed., *Japanese Aesthetics and Culture: A Reader*, pp.193 – 211. Albany: State University of New York Press, 1995.

Silberman, Bernard, and H. D. Harootunian, eds. *Japan in Crisis: Essays on Taisho Democracy*. Princeton, N. J.: Princeton University Press, 1974.

Silverberg, Miriam. "Constructing the Japanese Ethnography of Modernity." *Journal of Asian Studies*, 51, no. 1 (February 1992): 30 – 54.

——. *Erotic Grotesque Nonsense: The Mass Culture of Japanese Modern Times*. Berkeley: University of California Press, 2006.

——."The Café Waitress Serving Modern Japan." In Stephen Vlastos, ed., *Mirror of Modernity: Invented Traditions of Modern Japan*, pp.208 – 225. Berkeley: University of California Press, 1998.

Simmel, Georg. "The Metropolis and Mental Life." In *The Sociology of Georg Simmel*, ed. and trans. Kurt H. Wolff, pp.409 – 426. New York: Free Press, 1976.

Simon, Bryant. *Everything but the Coffee: Learning about America from Starbucks*. Berkeley: University of California Press, 2009.

Sinclair, Brian. *Urban Japan: Considering Homelessness, Characterizing Shelter, Contemplating Culture*. New York: AIA, 2010.

Singerman, Diane, and Paul Amar, eds. *Cairo Cosmopolitan: Politics*,

Culture, and Urban Space in the New Globalized Middle East. Cairo: American University in Cairo Press, 2006.

Smith, Henry D., II. "City and Country in England and Japan: *Rus in urbe versus Kyo ni inaka ari*." *Senri Ethnological Studies*, 19 (1986): 29–39.

——. "Tokyo and London: Comparative Conceptions of City." In Albert Craig, ed., *Japan: A Comparative View*, pp. 49–99. Princeton, N.J: Princeton University Press, 1979.

——. "Tokyo as an Idea: An Exploration of Japanese Urban Thought until 1945." *The Journal of Japanese Studies*, 4, no. 1 (Winter 1978): 45–80.

Soja, Edward W. "Heterotopologies: A Remembrance of Other Spaces in the Citadel-LA." In Sophie Watson and Katherine Gibson, eds., *Postmodern Cities and Spaces*, pp. 161–185. Cambridge: Blackwell, 1995.

Sorensen, André. *The Making of Urban Japan: Cities and Planning from Edo to the Twenty-first Century*. London: Routledge, 2002.

Sorensen, André, and Carolin Funk, eds. *Living Cities in Japan: Citizens' Movements, Machizukuri and Local Environments*. London: Routledge, 2007.

Soseki, Natsume. *Sanshiro*. London: Perigee Trade, 1982.

Stallybrass, P., and A. White. *Politics and Poetics of Transgression*. Ithaca, N.Y.: Cornell University Press, 1986.

Steele, M. William. "The Emperor's New Food." In his *Alternative Narratives in Modern Japanese History*, pp. 110–132. London: Routledge, 2003.

Suzuki, Barney T. *The First English Pipe Smoker in Japan*. London: Press Group, International Pipe Academy, 1997.

Suzuki Yoshio. *The Coffee Book*. Tokyo: Asahi Shoten, 2001.

Takada Tamotsu. "Kankoohi bunkaron." In *Koohii to iu Bunka*,

Tokyo: Kodansha International. Tokyo: Shibata Shoten, 1994.

Takahashi, Yasuo. "Why You Can't Have Green Tea in a Japanese Coffee Shop." In Atsushi Ueda, ed., *Electric Geisha: Exploring Japan's Popular Culture*, pp.26‐33. Tokyo: Kodansha 1994.

Takeuchi Yoshimi. *What Is Modernity? :Writings of Takeuchi Yoshimi*, ed. And trans. Richard Calichman. New York: Columbia University Press, 2005.

Tamagawa Hidenori, ed. *Sustainable Cities: Japanese Perspectives on Physical and Social Structures*. Tokyo: United Nations University Press, 2006.

Tanizaki Junichiro. *Naomi*, trans. Anthony Chambers. Tokyo: Charles E. Tuttle, 1985.

——.*Some Prefer Nettles*, trans. Edward G. Seidensticker. New York: Vintage Books, 1995 [orig. 1928].

Tardits, Manuel. "Initiateurs urbains: gares et grands magasins." In Augustin Berque, ed., *La qualité de la ville: urbanité française, urbanité nippone*, pp.317‐320. Tokyo: Mason Franco-Japonaise, 1987.

Thang Leng Leng. *Generations in Touch: Linking the Old and Young in a Tokyo Neighborhood*. Ithaca, N.Y: Cornell University Press, 2001.

Thévenot, Jean de. *Relation d'un voyage fait au Levant*. Paris: L. Billaine, 1665.

Thurber, Francis B. *Coffee: from Plantation to Cup*. New York: Trow's Printing Company, 1881.

Tipton, Elise. "The Café: Contested Space of Modernity in Interwar Japan." in Elise Tipton and John Clark, eds., *Being Modern in Japan: Culture and Society from the 1910s to the 1930s*, pp.119‐136. Honolulu: University of Hawaii Press, 2000.

Tokuda Shuusei. *Rough Living*, trans. Richard Torrance. Honolulu:

University of Hawaii Press, 2001.

Tsumuraya Hiroshi. *Kafe Bunka no Shogensho*. Tokyo: Shakai Gaitosha, 1928.

Uekusa, Junichi. "When There Were Only Two Hundred Cafes in Tokyo." *Bungeishunju*, 14, no. II (1977): 40 - 46.

Uenoda, S. *Japan and Jazz: Sketches and Essays on Japanese City Life*. Tokyo: Taiheiyosha Press, 1930.

Ukers, William H. *All about Coffee*. and ed. New York: The Tea and Coffee Trade Journal, 1935.

Uno, Kathleen S. *Passages to Modernity: Motherhood, Childhood, and Social Reform in Early Twentieth Century Japan*. Honolulu: University of Honolulu Press, 1999.

Urry, John. *Consuming Places*. London: Routledge, 1995.

Velde, Paul van der, and Rudolf Bachofner, trans. and eds. *The Deshima Diaries: Marginalia 1700 - 1740*. Tokyo: Japan-Netherlands Institute, 1992.

Vlastos, Stephen, ed. *Mirror of Modernity: Invented Traditions of Modern Japan*. Berkeley: University of California Press, 1998.

Vogel, Ezra. *Japan's New Middle Class*. *Berkeley*: University of California Press, 1963.

——."Kinship Structure, Migration to the City and Modernization." In R. P. Dore, ed., *Aspects of Social Change in Modern Japan*, pp.91 - 111. Princeton, N.J.: Princeton University Press, 1967.

Waley, Paul. *Tokyo: City of Stories*. New York: Weatherhill, 1991.

——."Tokyo: Patterns of Familiarity and Partitions of Difference." In Peter Marcuse and Ronald van Kempen, eds., *Globalizing Cities*, pp.127 - 156. New York: Wiley-Blackwell, 2000.

Watanabe Shun'ichi. "Toshi Keikaku vs. Machizukuri: Emerging Paradigms of Civil Society in Japan, 1950 - 1980." In André Sorensen and Carolin Funck, eds., *Living Cities in Japan: Citizens'*

Movements, Machizukuri and Local Environments, pp. 41 - 55. London: Routledge, 2007.

Weinberg, Bennett Alan, and Bonnie K. Bealer. *The World of Caffeine: The Science and Culture of the World's Most Popular Drug*. New York: Routledge, 2002.

Weisenfeld. Gennifer. "Japanese Modernism and Consumerism: Forging the New Artistic Field of 'Shogyo Bijutsu.'" In Elise Tipton and John Clark, eds., *Being Modern in Japan: Culture and Society from the 1910s to the 1930s*, pp. 75 - 98. Honolulu: University of Hawai'i Press, 2000.

——. *Mavo: Japanese Artists and the Avant-Garde 1905 - 1931*. Berkeley: University of California Press, 2002.

Weissman, Michaele. *God in a Cup: The Obsessive Quest for the Perfect Coffee*. Hoboken, N.J.: John Wiley, 2008.

Westney, D. Eleanor. *Imitation and Innovation: The Transfer of Western Organizational Patterns to Meiji Japan*. Cambridge, Mass.: Harvard University Press, 1987.

Whyte, William H. *Social Life of Small Urban Spaces*. New York: Project for Public Spaces, 1980.

Williams, Raymond. "Metropolitan Perceptions and the Emergence of Modernism." In his *Politics of Modernism: Against the New Conformists*, ed. Tony Pinkney, pp. 13 - 24. London and New York: Verso, 1989.

Wolff, Janet. "The Invisible Flaneuse: Women and the Literature of Modernity." In *Theory, Culture and Society*, 2, no. 2 (1985): 37 - 46.

Wurgaft, Benjamin. Review of Markman Ellis, *Coffee House: A Cultural History*. *Gastronomica: The Journal of Food and Culture*, 7, no. 2 (Spring 2007): 111 - 112.

——. "Starbucks and Rootless Cosmopolitanism." *Gastronomica: The*

Journal of Food and Culture, 3, no. 4 (Fall 2003): 71 – 75.

Wylie, Lawrence. *Village in the Vaucluse*. Cambridge, Mass.: Harvard University Press, 1961.

Yamanaka Keiko. "'I Will Go Home, but When?' Labor Migration and Circular Diaspora Formation by Japanese-Brazilians in Japan." In Mike Douglass and Glenda Roberts, eds., *Japan and Global Migration*, pp.120 – 149. London: Routledge, 2000.

Yanagita Kunio, ed, and comp. *Japanese Manners and Customs in the Meiji Era*, trans. Charles S. Terry. Tokyo: Obunsha, 1957.

Yano, Christine. "Defining the Modern Nation in Japanese Popular Song." In Sharon Minichiello, ed., *Japan's Competing Modernities: Issues in Culture and Democracy, 1900 – 1930*, pp.250 – 264. Honolulu: University of Hawaii Press, 1998.

Yazaki, Takeo. *Social Change in the City in Japan*. San Francisco: Japan Publications, 1968.

Yeh, Catherine. *Shanghai Love: Courtesans, Intellectuals and Entertainment Culture 1850 – 1910*. Seattle: University of Washington Press, 2006.

Yokomitsu Richi. *"Love" and Other Stories*, trans. Dennis Keene. Tokyo: University of Tokyo Press, 1974.

——.*Shanghai*, trans. Dennis Washburn. Ann Arbor: University of Michigan Center for Japanese Studies Monograph no. 33, 2001.

Zukin, Sharon. *The Cultures of Cities*. Hoboken, N. J: Wiley-Blackwell, 1995.

致　谢

　　这是一个蕴含了太多人际联系的课题：多亏了咖啡行业巨大网络中各位知名和不知名人士的不断引荐，才得以顺利完成。邦尼·斯洛尼克（Bonnie Slotnick）为我引荐了间岛义信（Yoshinobu Majima 音译）先生，间岛先生又把我介绍给了圆尾修三（Maruo Shuzo）教授——我的心灵导师和关于咖啡的一切信息的来源。圆尾老师总是不厌其烦地解答我所有的疑问，从咖啡树到咖啡豆、再到一杯咖啡，他无不精通，这样潜心的研究精神一直鼓舞着我。山田先生、辻先生等等圆尾老师的咖啡界伙伴们都给了了我慷慨无私的帮助。京都财团的所玲房子（Fusako Shore，音译）、和田多鹤子（Tazuko Wada，音译）也是起了关键作用的联系人，全京都所有那些美妙的场所都是他们带我找到的。从日本东京到柬埔寨的拉达那基里（Ratanakiri），理查德·戴克（Richard Dyck）为我引荐了许许多多的咖啡人和咖啡馆，并给我提供了不少深刻周到的点评。还有不少在日本结识的朋友和伙伴，比如伊莱恩（Elaine）和吉姆·巴克斯特（Jim Baxter）、查理（Charlie）和佐和子·福克斯（Sawako Fox，音译）、麦克·莫拉斯基（Mike Molasky，他在爵士乐咖啡馆的工作对我启发很大）、亨利和吉米·史密斯（Henry and Kimi Smith），他们几乎陪伴我喝遍了城市中大大小小的咖啡馆。

盐见纪子（Shiomi Noriko，音译）、山本洋子（Yamamoto Yoko，音译）、中村纱枝（Nakamura Sae，音译），这几位我最得力又富有创造性的研究助理，几乎帮助我翻遍了咖啡馆历史的每一个角落。咖啡馆本身也为我提供了不少的灵感和信息，那张角落里的桌子也为我的观察和写作提供了场所。在这里，我不可能将它们全部列举出来：我把我最常光顾的那十四家（也许更多）咖啡馆统称为"家"，且对它们致以最诚挚的感谢。我已经把其中的一些店铺列在了附录的指南当中。每一家店都值得我单独进行点评介绍，如果我可以再复制出一个自己来，我肯定会全部点评一遍。然而，在这里我只能简单地介绍其中少数几家：萨甘咖啡馆热心的老板们对我的工作给予了很大的支持和帮助，愿意花时间与我分享他们的经历，甚至还借给我一台家用烘豆机，虽然由于我的思虑不周，体验并不是很好，但依然十分感谢他们。位于京都吉田山顶的茂庵咖啡馆环境优美又娴静，烤饼也是美味无比。在同样位于京都的御多福咖啡馆，老板野田先生邀请我到吧台边就坐。田中先生的烘豆工坊不仅供应品质极好的咖啡豆，还开展手冲咖啡课程，店里的椅子也舒适极了，老板还能陪你畅聊咖啡。光顾淳平的手艺人和艺术家们因为咖啡聚在一起，他们向我展示了一个团体和成员间最棒的谈话如何在一杯杯咖啡和一碟碟蛋糕的滋养下熠熠生辉。

在日本城市中探索一直是我的乐趣所在。我读的第一本关于现代日本的书籍是罗纳德·多尔（Ronald Dore）写的《日本城市生活》（*City Life in Japan*），受到这本书的启发，我才开启了探访日本的旅程。为了向多尔的这本书致敬，我的这本书取了这样类似的标题。

感谢罗拉·马丁内斯（Lola Martinez）博士，允许我使用伦敦东方与非洲研究学院(School of Oriental and African)的图书馆设备。我在高尔街(Gower Street)附近找到了一家 RADA(Royal Academy of Dramatic Arts,皇家戏剧艺术学院)咖啡馆,即便不是为了工作目的,这里的环境也十分适合小憩:在那里,时常会有刚刚开始学表演的演员们聚在一起慷慨激昂地练习台词,我的注意力一下就从自己正在阅读的 17 世纪荷兰日记中跳脱出来,被他们彻底吸引。2008 年冬天的京都十分寒冷,下楼到街上的进进堂买杯咖啡都需要鼓足勇气。幸运的是,通过凯瑟琳·路德维克(Catherine Ludvik)热心的协调引荐,《东亚研究》(*Scuola di Studi sull'Asia Orientale*)的主管西尔维奥·维塔(Silvio Vita)慷慨地为我提供了一张办公桌和毛毯,并允许我使用图书馆,让我在那个寒冷的冬日得以正常开展工作。这次日本之行还得到了日本国际交流基金会(Japan Foundation)的支持,在这里一并表示诚挚的感谢。

我的这项工作同样得到了家人、朋友和家庭内部空间的支持。当我遇到棘手的难题,我的儿子本·温加伏特(Ben Wurgaft)总是愿意与我探讨,并不厌其烦地帮我审阅大量的原稿。我在伦敦大学亚非学院工作时,尝试探索伦敦咖啡行业,其间,我的女儿詹妮弗·怀特·卡拉翰(Jennifer White Callaghan)给予了我极大的鼓励。我期待有一天能将我的孙女梅根(Meghan)也带到这项任务中来。当我变得过度狂热,滔滔不绝地大谈特谈咖啡的时候,我的兄弟亨利·伊萨克斯(Henry Isaacs)总是能适时地给我一些"泼冷水"般的鼓励:"喂,不就是咖啡嘛。"不知道多少次,黛博拉·瓦伦兹(Deborah Valenze)陪伴我喝着咖啡探讨原稿,我俩的合作简直是上天的恩赐,她自己关于牛奶的书籍《牛奶的地方史与全球史》(*Milk: A Local and*

Global History，New Haven，Conn.：Yale University Press，2011)和我这本关于咖啡的书几乎同时成型。亚当·泰司(Adam Tessier)是一个聪明、乐于助人、善于纠错又充满热情的编辑，读我的原稿常常让他精疲力竭，却始终没有放弃。克里斯汀·矢野(Chris Yano)阅读了本书不少章节，并贡献了她一贯诙谐幽默的评论，让我受益匪浅。西蒙咖啡馆老板西蒙(Simon)和巴里斯摩咖啡馆的杰米·万·施恩德尔(Jaime Van Schyndel)和克丽丝(Chris)不仅与我分享了许多专业知识，还带来了不少他们关于咖啡的故事。

如果没有下面介绍的这两位女性，恐怕就不会有这本书。珍妮·怀特(Jenny White)总是在我被写作的焦虑打败的时候，不厌其烦地给我最温情的支持与鼓励；她在研究、写作和编辑方面的完美技能也总是能让我受到启发。我还要感谢加利福尼亚大学出版社(University of California Press)的希拉·莱文(Sheila Levine)和她的同事们。在希拉的耐心和鼓励下，我一稿一稿地修改，最终才有了现在这一版原稿。

我总是在位于哈佛广场(Harvard Square)的顶楼咖啡馆里写作，这里可以说是我的第二个家。还有我最好的咖啡师贾德森·麦克雷(Judson Macrae)。在隆冬季节，我在天花板低矮的二楼房间写下了这本书中的好多内容。从贾德森的咖啡里，我能喝出日本的味道。他是一个真的有"讲究"的咖啡师。还要谢谢他将东京的熊池咖啡馆介绍给我。无论贾德森在哪里，我都会追到那里去喝他制作的咖啡。

在顶楼咖啡馆的庭院里，有一个"搞笑诺贝尔(IgNobel)沙龙"，每周都有有趣又温情友好的交流在这里发生。感谢总是调动我们积极性的灵魂人物马克·亚伯拉罕斯(Marc Abrahams)，还要感谢聒噪又博学的常驻嘉宾简·伯尔克·格里森（Jean Berko Gleason）。按理说，这就是咖啡馆应该带给我们的东西吧。

格斯·兰卡托雷（Gus Rancatore）为这本书把脉并给了它一剂强心针。他提出问题，并给出了所有正确的答案，在衬衫纸板上草草写下贴心的注释，在我跌跌撞撞地尝试理清思路时，他总是耐心聆听。将这本书，还有我的爱，献给格斯。

译　后　记

　　本书的翻译过程是伴随着咖啡香的，捧着咖啡杯阅读原文是译者工作的常态。这本书常常把译者的思绪带回到在日本京都学习和生活的六年时光。虽然秉承着谨慎和专业的态度对待翻译工作，尽自己最大的努力字斟句酌，力求将原作的信息精准地传递给中文读者，但仍然可能存在一些疏漏和偏差，欢迎读者朋友们指正。在这里，译者对翻译过程中的几个问题的处理方式做简单的说明。

　　作者在序言中提到，本书中所有的日本人姓名均按照日语的习惯书写，姓在前、名在后（见原书序言末尾页下注），但实际在本书中，有多处日本人姓名仍然是按照英语习惯姓名颠倒的顺序表记的。中文译本中，所有的日本人姓名均保留了作者原有的拼写顺序，但为了更加符合中文读者的阅读习惯，中文译文则按照日语"姓前名后"的顺序做出翻译。

　　日语与中文一样，也存在同音字的现象，同一个发音可能对应几个甚至十几个不同的汉字。译者通过查阅资料、检索日本网站等方式确定了本书中大部分日本人姓名、地名、店铺名称的准确对应汉字。但原书中的部分日本人姓名可能是普通的受访对象，或作者的家人和私交好友，无法确认准确的对应汉字。译者通过邮件询问作者，也没能得到准确的答案，所以，这部分姓名在翻译时采用了音译处理,在文中均有标注。

作者在书中提到了许多日本和欧美等地的咖啡馆。译者认为,一家咖啡馆的名称是它们的主理人(或创始人)向顾客传递自己咖啡理念的方式。顾客从那一个简单的英语或法语词语中,便已经能感受到这家咖啡馆中的异域风情。然而,为了符合中文出版行业规范,译者将每一家店铺的名称都翻译成中文,通过音译或意译为它们取一个中文名字。如果读者朋友们在阅读本书后,对日本的咖啡馆产生了兴趣,待有机会到访日本,准备前往书中提到的这些咖啡馆探店,请按照每家咖啡馆中文名称后面括号中备注的原文店铺名进行搜索。

沿着作者为我们梳理的日本咖啡和咖啡馆发展历史线索,译者仿佛已经能闻到来自东瀛的那一缕混合着浪漫樱花粉的咖啡香。精致的日式手冲和醇厚的意式浓缩,你选哪一款?愿本书能帮你找到答案。

图书在版编目(CIP)数据

从咖啡到珈琲：日本咖啡文化史 ／（美）梅里·艾萨克斯·怀特著；陈静译 .— 上海 ：上海社会科学院出版社，2023

书名原文：Coffee Life in Japan

ISBN 978‐7‐5520‐3997‐9

Ⅰ.①从… Ⅱ.①梅… ②陈… Ⅲ.①咖啡—文化史—日本 Ⅳ.①TS971.23

中国版本图书馆 CIP 数据核字(2022)第 204418 号

上海市版权局著作权合同登记号：图字 09‐2020‐1018

从咖啡到珈琲：日本咖啡文化史

［美］梅里·艾萨克斯·怀特(Merry Isaacs White) 著 陈静 译
责任编辑：章斯睿
封面设计：黄婧昉
出版发行：上海社会科学院出版社
　　　　　上海顺昌路 622 号 邮编 200025
　　　　　电话总机 021‐63315947 销售热线 021‐53063735
　　　　　http://www.sassp.cn E-mail：sassp@sassp.cn
排　　版：南京展望文化发展有限公司
印　　刷：上海景条印刷有限公司
开　　本：890 毫米×1240 毫米 1/32
印　　张：10.25
插　　页：1
字　　数：238 千
版　　次：2023 年 4 月第 1 版 2023 年 4 月第 1 次印刷

ISBN 978‐7‐5520‐3997‐9/TS·015 定价：78.00 元